U0337045

养育联盟

新手父母需要了解的 85 个关键问题

BECOMING US
The Couple's Guide to Parenthood

［澳］埃利·泰勒（Elly Taylor） 著

戴思琪 译

机械工业出版社
CHINA MACHINE PRESS

图书在版编目（CIP）数据

养育联盟：新手父母需要了解的 85 个关键问题 / （澳）埃利·泰勒（Elly Taylor）著；戴思琪译.

北京：机械工业出版社，2024．7．-- ISBN 978-7-111 -75988-1

Ⅰ．B844.5-44; G78-44

中国国家版本馆 CIP 数据核字第 20241JH968 号

机械工业出版社（北京市百万庄大街 22 号　邮政编码 100037）

策划编辑：曹延延　　　　　责任编辑：曹延延

责任校对：贾海霞　张　征　　责任印制：常天培

北京铭成印刷有限公司印刷

2024 年 10 月第 1 版第 1 次印刷

170mm×230mm·18.5 印张·1 插页·316 千字

标准书号：ISBN 978-7-111-75988-1

定价：69.00 元

电话服务　　　　　　　网络服务

客服电话：010-88361066　机　工　官　网：www.cmpbook.com

　　　　　010-88379833　机　工　官　博：weibo.com/cmp1952

　　　　　010-68326294　金　书　网：www.golden-book.com

封底无防伪标均为盗版　机工教育服务网：www.cmpedu.com

Becoming
Us

赞　誉

　　《养育联盟》是一本深刻洞察育儿挑战、帮助新手父母在养育孩子的过程中经营伴侣关系和自我成长的指南。本书极其重视父母之间的稳固关系，而这正是在养育孩子的过程中常常被忽视但却至关重要的基础。此外，作者结合真实经历与前沿理念，不仅揭示了孩子出生如何影响了伴侣关系与新手父母的自我觉知，还提供了应对育儿压力、维系家庭新形态的平衡的有效方法。

　　无论你是新手父母还是已有育儿经验的父母，都能在阅读本书的过程中找到共鸣与实用的建议。

　　　　　　——苏静 心理学硕士，国家二级心理咨询师，丁香妈妈签约专家，二孩宝妈
　　　　　　——叶壮 心理学学者，北京交通大学特聘讲师，中国心理学会成员，二孩宝爸

我从未见过像《养育联盟》这样的作品。这个世界需要这本书！

　　　　　　　　　　　　　　　　　　——肯特·霍夫曼（Kent Hoffman）
　　　　　　　　　　　　　　　　　　Circle of Security 联合创始人

《养育联盟》是一个里程碑。它填补了一个巨大的、被严重忽视的空白，为帮助一个个家庭在组建之初就能够绽放迈出了很大一步。

　　　　　　　　　　　　　　　　　　——乔丹·保罗（Jordan Paul）
《为了你爱我，我就放弃自己吗？》（*Do I Have to Give Up Me to Be Loved by You?*）
　　　　　　　　　　　　　　　　　　一书的合著者

本书将为人父母的旅程娓娓道来，并且轻松自如地带领读者走上这条鼓舞人心的道路。

——安妮·道尔特（Anni Daulter）

《神圣的怀孕：新手妈妈关爱指南》

（*Sacred Pregnancy: A Loving Guide and Journal for Expectant Moms*）一书的作者

父母需要得到情感上切实的支持。本书关照了父母的内心，能细心地引导他们从容地应对新生儿给伴侣关系带来的改变。

——罗宾·格里尔（Robin Grille）

《心连心育儿》（*Heart-to-Heart Parenting*）一书的作者

精彩、有料、必备！

——马尔西·阿克斯内斯（Marcy Axness）

《和平育儿》（*Parenting for Peace*）一书的作者

很少有人把注意力放在新生儿真正需要的最重要的基础——父母之间的稳固关系上。这就是我喜欢本书的原因。本书强调了常常被人们忽略的问题，提供了作者独特的见解，我向所有新手妈妈和新手爸爸强烈推荐本书。

——达伦·马托克（Darren Mattock）

Life of Dad 创始人

对于父母和专业人士来说，《养育联盟》是一个游戏规则改变指南。

——萨莉·普拉克辛（Sally Placksin）

《照顾新妈妈》（*Mothering the New Mother*）一书的作者

谨将本书献给所有的家庭

怎样做是对的，

怎样做是错的，

在两者之间还有一个世界。

我在那里等你。

——鲁米

Becoming
Us

前 言

你们的人生之旅

如果你在第一个孩子出生之前就发现了本书（也许是你非常要好的朋友送给你的），那么现在你和你的伴侣正处于最佳准备阶段，为即将开始的独一无二、奇妙无比的终生旅程——成为父母——做好准备。第一个孩子的诞生会让你成为一位新手妈妈或新手爸爸，也会让你们变得更强大。本书将为你们两个人未来的旅程提供指引。

如果你的宝宝已经出生了，那么恭喜你！你可能意识到，在冒险开始之初，自己并没有像想象中一样做好充分的准备。大多数新手父母都有这种感觉。没关系，本书将帮助你找到自己的立足点，从当下开始展开规划。

如果你的孩子现在正处于蹒跚学步阶段，那么你正处于这段旅程的中心地带！人们常常把这段时期称为为人父母的"过渡期"，但这个词其实具有误导性。作为一个家庭的成员，你和你的伴侣需要共同面对很多新问题：怀孕、生产、为人父母早期的生理需求、家庭开支的调整、生活方式的改变，甚至还可能涉及你与伴侣的父母之间出现的新问题。在应对这些过渡时，你会发现有时候一帆风顺，但突然之间，气候就会发生变化。有时你会觉得一切尽在掌握，有时你感觉自己深陷困境。本书将帮助你开辟一条道路。

即使你的孩子已经长大了，你也能在这里得到帮助。你已经体验过家庭生活的许多快乐，但你也会发现自己在为人父母的过程中会遭遇强烈的风暴——令人困惑和不知所措的时刻，这往往令最有经验的父母也会感到迷茫和孤独。本书邀请你在前行之前回顾过去。你可以看到你和你的伴侣曾经走过的道路，甚至可以看到你们在什么时候、什么地方走向了不同的方向。你可能感到有一点悲伤，但你也会对自己、自己的生活、伴侣、伴侣的生活产生新的认识。你们将发现一条共同的道路、一个指引方向的指南针、一起前行的步伐，以及保护彼此免受未来风暴侵袭的技能。

如果你们正在期待第二个（或更多）孩子的诞生，你们就会发现无数个"重新来过"的机会，在这个过程中你们能治愈彼此。

值得庆幸的是，对所有的父母来说，为未来做好准备永远都不晚。无论你们处于为人父母的哪个阶段，下一个阶段总会在不远的将来到来。在组建家庭的第一天，你们可以为接下来的日子做准备。在组建家庭的第一个月，你们可以为接下来的几个月做准备。在组建家庭的第一年，你们可以为未来的岁月做准备。你们总是可以重新定位，一步步靠近你们想要到达的地方。你们的孩子也会跟随你们。

如果你是一位在生产、医疗、心理健康服务领域工作的专业人士，需要与新手父母或有一定育儿经验的父母一起工作，那么本书也适合你。你会知道，虽然我们期待为人父母的经历，享受其中的喜悦，但做好准备应对未来在许多阶段的挑战是非常重要的。本书是一本有价值的指南，也是你所关心的为人父母和经营家庭不可或缺的资源。

无论你处于哪个阶段，现在都是你阅读这本指南的最佳时机。距离做好充足准备应对为人父母的日常挣扎还存在一定差距，我们现在又在一个更不可预测和不确定的世界中养育家庭。

接下来你将发现，组建家庭是一个关于成长和变化的过程。了解作为一个家庭如何与变化共处，而不是与它们对抗，这是你和你的伴侣能在为人父母过渡期中生存下来，并在经历了其中的奇迹与挑战后得以进化的关键所在。

这种进化既发生在第一个宝宝诞生的时期，也发生在最后一个宝宝诞生的时期，无论是传统家庭还是非传统家庭，无论父母的年龄、种族或收入如何。"成为我们"的指引既适用于有亲生孩子的家庭，也适用于通过其他方式迎来孩子的家庭。家庭之间的相似之处远多于不同之处。

对你的宝宝来说，在子宫里度过的几个月是他们成长得最猛烈的时期。对你和你的伴侣来说，你们的飞速成长期是宝宝出生之后的几个月到前几年。而且它并不会就此结束——你的孩子每进入一个新的成长阶段，你和你的伴侣都会经历更多的成长，使你们成为比以前更优秀的个体和伴侣。

我称之为"成为我们"。

我的人生之旅

我自己的家庭有一个美好的开始。我怀孕期间一切顺利，我喜欢做产前瑜伽。我们参加了内容丰富的产前育儿课程，幸运的是，在我生宝宝的那天晚上，我最喜欢的助产士正好值班。

助产士诺琳教我的丈夫如何在生产的前期站在我身后，双手放在我的臀部，做出一个"生产圈"，感觉我们就像在跳舞。当疼痛感加剧时，她教他如何对我进行穴位按摩，我对他的触摸感到感激。当生产时刻来临时，她建议他在我身后保持半蹲的姿势，这样我就可以靠在他的怀里。无论现实还是心理上，我都感觉他在支持着我。我们已经准备好组建我们梦想中的幸福家庭了。

然而，第二天在医院停车场，我们作为新手父母第一次发生了争吵。在回家的路上，我们又争吵了一次。

我说："你开车开得太快了。"

他说："你不信任我吗？"从那时起，一切都开始走下坡路。

现在回想起来，我发现问题的一部分源于我内心的变化。在我怀孕期间，特别是在孩子出生之后，我在某些方面感到更自信、更坚强，然而在其他方面又感到更不安全、更脆弱。我无法用语言描述这一切。此外，我深陷于新手妈妈的角色之中，被新手妈妈的责任压得喘不过气来，以致我甚至没有停下来想一想，我的伴侣内心发生了什么变化。

在接下来的几年里，我发现自己不得不应对一些我们完全没有做好应对准备的问题。为人父母意味着我生活中的大部分方面，以及我和最亲密的人之间的关系开始发生变化。尽管我丈夫的生活和他的一些人际关系也发生了变化，但这些变化的剧烈程度远不及我的。我们很难理解彼此，更不用说互相支持了。我们都感到压力重重、心情沮丧。

于是，我们做了一件很多伴侣在生完孩子后对彼此不满时会做的事情：我们又要了一个孩子。

与此同时，我希望从学习心理学转向成为一名情感咨询顾问来弄明白这一切。我之后所发现的远远超出了我的预期。我发现组建家庭会撕裂伴侣关系的结构，种种转变使他们作为两个个体进入了一个新的生活阶段，同时作为伴侣进入了一个新的关系阶段。

为人父母会影响人的身份认同和自尊；它会改变伴侣之间的权力平衡，破坏他们之间的联结，这些都是很剧烈的变化。

难怪我们会非常挣扎！

我开始进行深入研究。早在20世纪50年代，心理学家就发现了为人父母对伴侣关系的影响。在美国进行的一些重要的长期研究清晰地表明，生孩子会让一切事情都变得复杂。这些结果被发表在一些专业书中。英国的育儿专家伊丽莎白·马丁（Elizabeth Martyn⊖）甚至为这种现象取了个名字：宝宝冲击（babyshock）！

统计数据确实令人震惊。研究人员发现，高达 92% 的伴侣报告说，在宝宝出生的第一年里，与伴侣之间的分歧和冲突有所增加。67% 的夫妇在组建家庭的头三年里，感受到了伴侣关系满意度的下降。

这让我感到震惊，但同时也松了一口气。我和我的伴侣（以及我所知道的大部分父母）可能都在挣扎，似乎大多数父母都在以某种方式挣扎。我们是正常的。既然我们是正常的，那么我们肯定会没事的。

于是，我们又要了一个孩子。我继续摸索。

在这个过程中，我一直在思考，如果生孩子后的伴侣矛盾如此普遍，为什么没有人能让我们做好准备应对各种挑战呢？我想要得到这个问题的答案。当我们组建一个家庭时，会发生什么？真正做好为人父母准备的方法是什么？对我们的孩子和我们自己来说，哪怕是做了一点点准备，会有怎样的不同？

我拥有了一种使命感。人们说，没有什么能让伴侣对为人父母做好准备，但我要告诉你这完全不正确。在过去的 25 年，我发现：

1. 伴侣可以对为人父母做好准备，即使在孩子出生后仍然如此。
2. 当父母为应对挑战做好准备时，他们就能享受到更多快乐。
3. 如果伴侣能作为一个团队做好准备并应对挑战，那么整个家庭会在未来很长的一段时间内受益。

请将本书视为一本为人父母之旅的指南，我将成为你的私人导游。我将告诉你需要为哪些方面做准备、如何做、如何支持自己和伴侣，以及如何在可能需要帮助的时候获得帮助。

在本书第一部分，你将了解为人父母的技巧：爱、学习和成长，以及如何

⊖ 原书疑有误。——编者注

将它们结合起来，使整个家庭绽放，尤其是在面临挑战的时候。

在本书第二部分，你将了解为人父母的各个阶段。这些阶段从孕期（甚至是考虑组建家庭）开始，直到宝宝出生后的头几年。你可能惊讶于为人父母如何将伴侣各自推向不同的方向。我将告诉你，你与伴侣要如何共同努力。

在本书第三部分，你将发现应对为人父母过程中一些最具挑战方面的额外支持。第一部分和第二部分的指导将帮助你和伴侣避开这些问题。但是，如果你出于任何原因无法避开这些问题，你将在这一部分了解如何应对这些挑战，从而使你与伴侣变得比以前更强大。

在接下来的篇幅里，我将与你分享那些已经走在前面的父母诚实地与我分享的经验，包括为人父母过程中最艰难的部分，以及应对它们的最佳方法。有些部分可能让你感觉像是一场未知之旅，你将发现自己从未经历过的事物、从未遇到过的挑战。在其他部分，你可能意识到自己和伴侣之前应对过类似的情况，为顺利渡过难关感到庆幸。

在整个过程中，请你慢慢体验。我会鼓励你多花时间享受宝宝的到来和家庭生活。检验了解的理论，实践习得的技巧。在此过程中适当休息和放松。为人父母是一项耐力运动，而非一场比赛。与你的伴侣、朋友、家人、专业人士讨论一些（大胆的）议题，做一些笔记，以便有更多空间进行探索。

请准备好拥抱你的人生之旅，拥抱伴侣。你准备好了吗？让我们出发吧！

Becoming Us

目 录

赞誉

前言

第一部分　为人父母的必备技能

爱   3

    爱的生命周期——伴侣关系的不同发展阶段   4

学习   8

    压力的迹象   13

成长   18

    成为自己——你的个体发展阶段   20

    成为自己——你的童年阶段   20

    成为自己——一次又一次   22

    成为自己——你的成年阶段   26

    情绪的成熟   28

    与情绪建立联结   31

    保留空间   32

    找寻自己的声音   33

绽放   36

    了解自己的"滤镜"   37

了解触发因素　　　　　　　　　　　37

关于亲密交流的建议　　　　　　　　38

给发言者的建议　　　　　　　　　　39

亲密交流的四个步骤　　　　　　　　41

给倾听者的建议　　　　　　　　　　43

更高水平的为人父母技能　　　　　　45

解决问题的三个步骤　　　　　　　　45

治愈性的道歉　　　　　　　　　　　47

第二部分　为人父母的各个阶段

第一阶段　准备迎接宝宝（宝宝到来之前）　　53

生活变化　　　　　　　　　　　　　54

调整预期　　　　　　　　　　　　　56

复杂感受　　　　　　　　　　　　　60

建立联结　　　　　　　　　　　　　64

焦虑和抑郁　　　　　　　　　　　　65

为生产做好准备　　　　　　　　　　69

性生活　　　　　　　　　　　　　　71

与伴侣父母的关系　　　　　　　　　73

身为爸爸的担忧　　　　　　　　　　76

财务状况　　　　　　　　　　　　　78

休假时间　　　　　　　　　　　　　79

第二阶段　筑巢（为人父母的最初几周）　　81

母乳喂养　　　　　　　　　　　　　82

疲惫 83

孤身在外 85

初期的冲突 88

产后抑郁症 90

恢复性生活 92

力不从心 93

杂乱的屋子 95

爸爸的参与 96

第三阶段 管理期望（为人父母的最初几个月） 102

对伴侣关系的期望 103

对他人的期望 106

对自己的期望 107

对伴侣的期望 110

对孩子的期望 112

爸爸的期望 115

育儿任务与家务劳动 116

社会和职场的期望 118

第四阶段 搭建大本营（抓紧一切时间） 122

仍然需要更多支持 123

获得安全感 126

需要被看到 129

感到被理解 130

感到被接纳和被尊重 132

成为真正的伴侣 133

重新获得平衡感 135

友谊与欢乐　　　　　　　　　　　　　138

第五阶段　拥抱你的情绪（为人父母的第一年）　140

感到震惊　　　　　　　　　　　　　141

感到失控　　　　　　　　　　　　　142

感到不知所措　　　　　　　　　　　144

感到幻灭　　　　　　　　　　　　　145

不确定有何感受　　　　　　　　　　147

感到沮丧和愤怒　　　　　　　　　　149

感到怨愤　　　　　　　　　　　　　151

感到焦虑　　　　　　　　　　　　　153

感到失望　　　　　　　　　　　　　156

感到伤心　　　　　　　　　　　　　157

感到内疚　　　　　　　　　　　　　161

感到嫉妒　　　　　　　　　　　　　163

没有太多感受和表达　　　　　　　　163

感到更为敏感　　　　　　　　　　　165

感到从未感受过的满足、快乐、感激、希望和爱　166

第六阶段　培养你的父母自我（为人父母的最初几年）167

自我的新面貌　　　　　　　　　　　168

伴侣的新面貌　　　　　　　　　　　171

身体形象　　　　　　　　　　　　　172

自尊　　　　　　　　　　　　　　　174

社会图景　　　　　　　　　　　　　176

无聊而无所适从　　　　　　　　　　178

陷入家庭生活中　　　　　　　　　　180

父亲的角色   181

第七阶段　在差异中共同成长

      （为人父母的最初几年以及未来）   187

没有时间交流   188

伴侣不愿倾听   189

唠叨   191

不交流   192

换种方式处理冲突   194

频繁发生冲突   195

警示信号   197

关于育儿的冲突   198

准备放弃   201

被争吵淹没   204

权力的使用和滥用   205

权力与亲密   209

在孩子面前争吵   210

大家庭   211

家务及宝宝护理   212

与孩子一起学会走路   214

管教孩子   215

第八阶段　用亲密感来建立联结（永远如此）   218

感觉与伴侣失去联结   219

情感联结   221

共度时光   223

对爱的渴望   224

没有时间在身体上亲近　　　　　　　227

不匹配的意愿　　　　　　　　　　　228

皮肤过度接触　　　　　　　　　　　231

身体意识　　　　　　　　　　　　　232

欲望之语　　　　　　　　　　　　　236

第三部分　为人父母的额外支持

应对生产创伤、悲伤、抑郁、焦虑　　241

生产创伤　　　　　　　　　　　　　241

丧失与哀伤　　　　　　　　　　　　245

父亲的哀伤　　　　　　　　　　　　247

围产期抑郁和焦虑　　　　　　　　　248

父亲的心理健康　　　　　　　　　　251

从不忠、成瘾、虐待中康复　　　　　254

不忠　　　　　　　　　　　　　　　255

成瘾　　　　　　　　　　　　　　　259

虐待　　　　　　　　　　　　　　　261

后记　　　　　　　　　　　　　　　　266

致谢　　　　　　　　　　　　　　　　268

参考文献　　　　　　　　　　　　　　271

Becoming Us

第一部分

为人父母的必备技能

为人父母就像是一场冒险。你首先会产生期待，然后对宝宝的出生萌生丰富的想象。在宝宝出生的头几天，你会沉浸在时常惊叹生命奇迹的心情之中，之后几周你会开始感觉时间被拉长，你心生幸福感，同时内心变得坚韧。

之后便是几个月的全新体验了——从摆弄宝宝小脚趾的美妙乐趣，到需要不断给宝宝换上新尿布的无聊重复；从总是觉得自己做得不够好的挫败感，到宝宝终于睡下所带来的安静快乐——如此循环往复，每天经历数次。

你和伴侣日复一日地经营着你们的家庭。你们可能开始发现自己越来越渴望慢下来，过上一种简单的生活，腾出更多的空间，探索更多生活的意义，与亲密的朋友建立更深层的联结。这时，"你们"便会发展成一个全新版本的"我们"。

为人父母的过程会使你们用新的方式理解事物、体验世界，你们会拥有更丰富、更清晰的视角。为人父母的体验就像是从二维世界进入了三维世界，你们的内心世界也会发生这样的变化。

为人父母拓展了你的世界。在有些时候，你可能因得意扬扬而感到内心膨胀，因防御过强而感到百爪挠心，因太过沮丧而濒临崩溃。这些都是为人父母的正常体验，这能让你照见内心深处的自己，你的伴侣也会产生这些感受。

组建家庭也拓展了你与伴侣之间的联结。为人父母每天都要应对的问题——感到疲惫、家务问题、经济问题、代际关系、抚养孩子——会影响你和伴侣之间的关系。这些问题会时不时为你们的关系带来负面影响。你们之中可能有一方想继续解决问题，而另一方想停下来休息一会儿，等待问题自行消失。在有些时候你们会共同渡过难关，而在另一些时候你会感觉你和伴侣如同在两个世界。

一个很简单的真相就是，经营一个家庭意味着你们也要经营彼此之间的伴侣关系。接下来你会读到经营伴侣关系的四种技能。你现在可以选择通读这四种技能，为迎接伴侣关系的不同阶段做好准备，或者你可以跳到对应你们的伴侣关系阶段的内容，稍后再了解这四种技能。你可以自己做出选择，当你或者你的伴侣需要这些技能时，请记得，它们就在这里。

Becoming
Us

爱

　　在与伴侣共同组建家庭的过程中，许多新的需求会出现，而最初令你们走到一起的那种联结很容易被忽视，要知道，在你们的感情刚刚萌芽时，你们都很珍视这种联结。你们需要提升爱的能力，来应对那些在你们之间发生的问题。

　　组建家庭能够让你和伴侣变得更亲密。你们的自我得以成长，你们的生活真正融合，这些美妙的事情会为你们培育更为深厚的、充满滋养的、充实的伴侣关系。你们会以一种前所未有的方式联结在一起——成为一个真正的团队。

　　更重要的是，你们共同建立的充满爱、信任、支持的联结会为你们所组建的家庭奠定基础，也会为孩子的成长提供支持。

　　随着时间的推移，爱会逐渐变得成熟，特别是在你们有了孩子之后。那些令你们走到一起、共同经历人生之旅的特质会永远存在。此外，长程的爱需要持续不断的滋养，若一段爱能持续终身，它会经历三个主要阶段，每一个阶段的存在都有重要的原因。

爱的生命周期——伴侣关系的不同发展阶段

走到一起

这个发展阶段实在是缤纷炫目，你与伴侣刚刚走到一起，沉醉于醉人的幸福之中。有一种魔力令你们相互吸引，佐以浪漫和性感，你会感觉自己成了更好的人，生活也变得更美好，你感觉自己遇到了真正的爱人。

在这个非常浪漫的第一阶段，你会展现自己最好的一面，也就是你的伴侣爱上的那些样子。你最初也是因为对方身上最美好的那些特质坠入爱河的。你可能发现，在恋爱早期，你们总是围绕着彼此的共同点——那些你们多么适合在一起的方面——来谈天说地。

你可能觉得，这是因为你们很般配，你们简直就是灵魂伴侣。如果你们是被对方那些与自己相反的特质所吸引的，你们就会觉得双方互补，对方能让自己变得更"完整"。在某种程度上确实会这样，因为在恋爱早期，当你们专注于对方身上自己所欣赏的方面时，你们的个人边界开始融合，这会给你们带来一种"合而为一"的满足感，这实在是一种美妙的体验。你们甚至可能开始期待，随着时间的推移，彼此能够分享更多各自的经历和感受，你们之间的关系会变得更为亲密，彼此自然会变得更为相似。

但我恐怕要向你浇一盆冷水……

浪漫只是一个开始。欲望、激情，甚至是一些戏剧性事件，都会让你们之间产生强烈的情感联结，这是一个不错的开始，但爱情的火苗终将熄灭。心理学家称，爱情火苗的熄灭通常会发生在伴侣关系建立六个月到两年的时间里。

有些人在伴侣关系发展到这一阶段时，会误以为与伴侣之间的爱消失了，或者伴侣其实根本不是自己真正的爱人。他们可能逐渐被其他人吸引，新的伴侣关系起初也会发展良好，可一两年后又会给他们带来爱已消失的感受。

浪漫是一个很好的开始，也是伴侣关系的重要组成部分。不过，它并不能坚实地支持"永恒的爱"的存在。浪漫往往建立于双方为彼此带来快乐的基础上。在"合而为一"的状态中，你很容易对伴侣与自己之间的差异产生很多意见，或者认为差异的出现是一种对自己的拒绝。因此，对于伴侣，尤其是已为人父母的伴侣来讲，了解伴侣关系发展下一阶段的情况是至关重要的。

走向不同

大约两年之后，伴侣之间开始形成一种"依恋关系"。你与伴侣在某些方面共同成长，在某些方面走向不同，由此依恋得以形成。你们之间的关系此时就像一条粗大的蹦极绳，随着彼此之间的信任与日俱增，你会感觉自己放松一些了（或是非常放松）。那种和伴侣"合而为一"的感觉日益减弱，你发现自己开始独立做更多的事情，开始拓宽自己的边界和视野，与那些和自己共同点不多的朋友或并不那么适合自己的活动重新建立联结。在这个阶段，你能做到这样，同时仍然和伴侣之间心意相通。

你对这段伴侣关系的安全感与日俱增，可以不再只向伴侣展现自己"最好的一面"，也不必再刻意和用力。你可以展现自己脆弱和真实的一面，向对方展示更全面、更深层的自己，这会把你们的关系带入一个更深入的新层次。

在"走向不同"这一阶段，你们一开始可能会感到抓狂，但这会使你们之间的关系变得更健康。如果你与伴侣没有经历这个阶段，那么你们可能会陷入心理学家所说的"过度投入"（enmeshed）的状态——把伴侣视为自己和自己生活的延伸，而不是一个独立的个体。这种在个人自我成长和伴侣关系发展之间的平衡，能让你们成为全新的更舒展的"我们"。

走向不同能让你们完整地做自己。这一点很重要，只有当一个人能完整地做自己时，他才能全心全意地爱别人。

发现你们之间的不同会将更多不同带入你们的关系之中。这也许让人很难理解，但这会是一件好事。在这段长程的爱中，你们不断成长，更多地拓展自己、分享自己，这使你们的关系不断深入发展，从而能让你们为爱保鲜。

然而，对为人父母的伴侣来说，事情更复杂一些。组建家庭会在短时间内将彼此的许多不同带入伴侣关系之中。这会让一对伴侣突然进入"走向不同"这一阶段，没能循序渐进，然而通常他们的关系还不能令他们很好地进入这一阶段，尤其是当两人意外有了孩子的时候，情况就更加复杂。如果你正处于这种情况之中，请不要感到绝望。在读完本书后，你会了解如何让事情朝着好的方向发展。

宝宝的到来会带来很多不同，因为新生命总是包含各种各样的可能性。随着宝宝的诞生，你们会感受到新的使命感，体验到更强烈的家庭归属感，产生一种为自己的孩子创造美好的生活、构建更好的世界的愿望。为人父母会促使你们更强烈地体会到自己是谁，想成为怎样的人，要去往哪里，以及要留下怎样的人生印记。这些全是你们在"走向不同"这一阶段需要解决的问题。

大多数父母遇到的问题是，这些不同催生了不必要的冲突。你会期望——随着时间的推移，你和伴侣逐渐同化，变得比以往更亲密。但有时突然涌现的这些不同会让你有些烦恼，你处理这些烦恼的方式在一步步构建家庭的未来。而且，如果你爱的是伴侣真实的样子，而不是他带给你的感受，你就可能不会觉得这些不同将带来许多困难。

爱伴侣真实的样子，而不是他做了什么，或者给你带来了怎样的感受，这能使你们在步入为人父母的过程中做好准备。如果你们的孩子已经诞生了，你就一定能明白我的意思，你给予孩子的就是一种无条件的爱。

你们需要拓展对彼此的爱。如果你们还没有做好准备，那么可以先考虑在互为爱人的同时，将伴侣视为自己的朋友，这样做有许多好处。好朋友之间，彼此知根知底，能够理解并接受彼此真实的样子，包括那些稀奇古怪的、有点烦人的小缺点。友谊是一座桥，帮助伴侣跨越种种不同所形成的鸿沟。

友谊使你们彼此联结。走向不同会让人们感到害怕，但友谊能缓解这种分离焦虑。走向不同是一个正常而健康的阶段，它有一个非常重要的作用：拓展你们的关系，这样你们就可以兼顾个人的成长。在你们不得不适应孩子已经长大了的阶段，这一点就更重要了。在走向不同这一阶段维系你们之间的联结，就像是对为人父母做好准备的训练场，因为有了孩子之后，伴侣关系会经受更大的考验。婴儿时期的孩子会在这个训练场上蹦蹦跳跳，到了青少年时期就开始疯狂搞破坏了。因此，只有浪漫的联结是不够的，你们之间也需要更牢固的友谊的联结。与第一阶段不同的是，友谊可以随着时间的推移，不断加深。

共同成长

你们之间的伴侣关系的发展并没有到此结束，它确实变得更容易维系了。你们已经从第一阶段的彼此依赖转向了第二阶段的各自独立。而在最后这一阶段，你们会意识到，你们对彼此负责，你们相依相偎。作为爱人和朋友，你们可以共同构建一种富有激情的友谊，从此过上幸福美满的生活。

你们需要彼此信任。在这一阶段，你们会觉得在一起很舒服，分开也很舒服。你们在伴侣关系中构建的安全感让你们有信心探索外面的世界，去冒险，去承担风险。因为你们知道，在每一天快要结束的时候，你们都可以回到彼此温暖的怀抱之中。

爱需要信任。这份安全感也给你们带来了向内探索的信心。你们可以开诚布公地交流，可以勇敢、真实地展露脆弱，分享彼此最深的恐惧、最崇高的愿景、最不羁的本性和最疯狂的念头。你们可以探索内心深处的自我，与对方分享，这会为你们的关系带来广度和深度，为"我们"的每一个维度添光增彩。

你们可以开始了解、接受并珍视彼此的方方面面——好的方面、坏的方面、恼人的方面。明白即使自己身处最糟糕的状态，对方也会爱你，这会给你们带来足够的安全感来爱自己的每一面。

就像推动你们"走向不同"一样，组建家庭也将你们推向"共同成长"这一最后阶段。孩子的诞生会为你们建立前所未有的联结。正因如此，为人父母不仅是对孩子许下承诺，也是伴侣之间的再次许诺。之前你们可以拥有相对独立的生活，而孩子的诞生会让你们的生活真正交织。组建家庭是一种终极合作形式，你们的自我得以交融。

但这一次，它不同于那个浪漫的"你使我变得更完整"的开始阶段，你们逐渐建立的信任使你们将所有不同看作彼此的自我表达，而不是对彼此的拒绝。

你们之间的联结有益于孩子的成长。对整个家庭来说，你和伴侣之间构建的关系就像一块安全毯，它应该是让人感到安全、被信任和温暖的。孩子的成长建立在你们关系的基础之上，他会将其看作"正常"的标准。你和伴侣之间的关系越好，孩子对"正常"的理解就会越好。读到这里，你可能会不由自主地想起自己与父母之间的关系。我们之后会谈到这个话题。

"走到一起"这一阶段只会持续几年，"走向不同"这一阶段持续的时间取决于你们各自如何应对它，而"共同成长"这一阶段（如果幸运的话）可以持续一生。

然而，就像本书第三部分所描述的那样，当你们的关系遇到一些危机的时候，你们会再次走向不同，这很正常。每一次你们经历这样的阶段，你们就会多一次机会在更深的层次上共同成长。你们之间的联结会变得更紧密。

为人父母促使伴侣经历一段长程的爱，因为即使是在充满挑战的时候，你们也会发现，为人父母为伴侣关系的探索带来了无数个新机会，同时滋养着你们的爱，并让它开花结果。

这些经历对你们来说都是好事，是绝妙的机会。因为在很多方面，为人父母也在一遍又一遍地考验你，考验你的伴侣，考验你们的伴侣关系。

只要你们齐心协力迎接这些考验，你们就可以攻克所有难关。

Becoming
Us

学 习

首先，我想讲一讲历史上为人父母的过程都是怎样的，这样你就会拥有更多看待它的视角。

在人类比较古老的文化中，为人父母更像是一种成人礼。在传统上，它包含三个主要方面。

1. 放弃旧有的生活方式。

2. 面对未来的不确定性。

3. 肩负更多的责任，拥有更高的社会地位，拥有更高的自尊。

这听上去很棒，对不对？几个世纪以来，经由这三个方面，女性群体培养出新手妈妈，彼此交换故事，分享智慧，安抚恐惧。新手爸爸则是由肩并肩工作的兄弟和叔父来引领，彼此提供建议，分享欢笑，分担痛苦。

在很多相对传统的社会中，在新生儿出生的头一个月，会有其他女性照顾新手妈妈，即使到今天也是如此。她们会带来食物和一些生活必需品，帮忙招待客人和做家务。这样就能让新手妈妈稍事休息，享受一段属于自己的休养时间，并逐渐熟悉身为妈妈所需要做出的所有调整。

然而在一些地方，大多数个体缺乏亲缘关系的保护。在这种情况下，组建家庭并不是一个受人欢迎的主流选择。

我们现在也会在一定程度上遵循传统，对为人父母举行庆祝仪式，但你有没有注意到，我们现在的庆祝方式更关注表面了，而缺乏对变化的更深层次的觉察和认知。我们越来越倾向于只关注浪漫和物质方面，而不从整体上了解为人父母这件事，大多数情况下我们就是通过不断消费来做准备的。

在孩子出生之后，我们不是花时间解读和欣赏这个重大生活变化的意义所在，而是聚焦于如何让生活恢复之前的样貌，并开始思考为什么自己的生活开始分崩离析。

你注意到一些关于为人父母完全无益的误区了吗？比如，为人父母本就应该是自然而然的事情，你看到孩子的第一眼就会对他产生感情，养育孩子简单又有趣（确实挺有趣的，但并不总是有趣）。当有一个棉花球被不小心塞进孩子鼻子里时，你凭本能就知道要怎么办。当然，在某些方面，父母确实自然而然就了解如何养育孩子，但也有很多方面需要父母付出大量的时间和精力来学习。

初期，你可能要学习分辨孩子在哭是因为饿了还是累了。之后便是学习在孩子情绪爆发时处理好自己的沮丧情绪。这些事情需要你付出许多时间、精力和努力。有些时候你会觉得自己遇到的情况更棘手一些，需要你学习更多知识。在这些日子里，如果你的伴侣一直伴你左右，你会感觉好一些。

为人父母就像一场在职培训，我们是在为人父母的过程中不断学习与成长的。你会发现，在组建家庭这个问题上，你与伴侣的学习边界会逐步拓展，包含以下这七门重要课程。

第一课：有时候就是会压力很大。 给扭来扭去的宝宝换尿布，躲避调皮的孩子扔来的面包片，一直都在整理房间因为一整理好就会在10分钟之内被孩子弄乱，这些都让人倍感压力。一边抱着像章鱼一样黏在自己身上的宝宝，一边推着购物车，这也让人感到吃力。你体验过开车载着一直在哭闹的宝宝吗？你照料过发高烧的宝宝吗？更不用说聚会迟到、忘记拿溢乳垫、每天只能通过四小时支离破碎的睡眠来恢复体力和精力这些事了。类似的事情太多了，数也数不过来……

我非常坦率地告诉你，在有些时候，为人父母就是会让人感觉压力很大。承认自己确实感受到了这一点并不代表你是一个糟糕的人，也不意味着你是不称职的父母或者你不爱你的孩子。这件事只能说明你是一个正常人。事实上，承认为人父母倍感压力这件事非常关键，有以下两个主要原因。

1. 大多数对新生命满怀期待的父母都不了解为人父母的常见挑战，也不知道如何为之做好准备，之后在他们不可避免地遇到这些问题时，他们会觉得自己之所以如此挣扎，是因为自己、伴侣、伴侣关系出现了问题，然而，事实上其他伴侣也在为同样的问题而挣扎。

2. 为人父母有时让人倍感压力，而你和伴侣应对压力的方式可能成为一种永久性问题。关于这件事，我们之后还会讨论更多。

变化会给人带来压力，即使是好的变化也是如此。 换了一份新工作，搬了新家，结婚……这些事情都让人兴奋。尽管如此，这些事情的发生也包含一定程度的不确定性、计划受阻的可能、预期之外的决策，以及意料之外的调整。为人父母也是如此。

在所有这些变化中，为人父母所带来的变化给人的压力是最大的。 为人父母这件事会让人在极短的时间里经历极多的变化。你会逐渐发现，组建家庭会给彼此带来社交、心理、情感（以及更多）方面的转变，这些转变让你们生活的方方面面都发生了改变，而且它们几乎是在一夜之间发生的（如果你很幸运地把生产时间控制在 12 小时之内的话）。

对此甚至有一个术语：产后压力。 研究母亲群体的温迪·勒布朗（Wendy le Blanc）发现，88% 的妈妈报告自己体验过产后压力，我相信她们的伴侣也有同感。

压力是可以测量的。 在 1967 年，研究人员霍姆斯（Holmes）和拉赫（Rahe）开发了一个生活事件量表（Life Events Scale），针对 100 个生活改变，对事件进行压力评级。结果发现，经历伴侣去世的评级为 100，经历离婚的评级为 73，怀孕和为人父母的评级都在 40 左右。再加上睡眠模式、经济状况、工作等方面的改变，压力评级会上升到 120。你可以找到这一量表，看看是否需要添加其他生活事件。测量自己的压力等级很重要，因为评级超过 150 的人患压力相关疾病的概率为 30%，达到 300 患病概率为 50%，超过 300 则患病概率高达 80%。没有父母想要在孩子需要有人照料的时候生病。

有些父母比其他父母的压力更大。如果你自己或者你的朋友需要面对不孕症，经历了悲喜交加的辅助治疗才得以怀孕，又不幸经历了生产的创伤或是流产的心碎，你就会明白我的意思了。

第二课：一些带来压力的变化在为人父母阶段会更为明显。 比如睡眠不足（这可能非常糟糕），新的日常规划，有一段时间需要用一个人的工资供养三个人，以及关于如何处理孩子的头几次争吵（很难体面）。然而，其他一些变化就没那么好分辨了，比如需要调整你们的期望，在各自的需求之间找到平衡点，感觉在很长一段时间都丢失了自己。那些难以言说的变化往往比可以用语言表达的变化让人感到更有压力。

想想看：如果你在工作中需要经历这种变化，你一般都会得到一些专业帮助。 在你经历公司合并或者被接管的过程中，任何负责任的企业都会给你提供帮助，支持你应对各种变化。许多人都会经历公司被合并或者被接管的情况，但有人期望你在没有任何培训和支持的情况下能独自很好地应对这一切！

只有其他父母能够理解你。 你有没有发现，当你说自己很有压力的时候，那些没有孩子的人可能很难共情你？在一些其他生活领域遇到挑战时，你可能还会得到一些理解和有益的建议，但公开地谈论为人父母的压力感受似乎是一种禁忌。人们通常只是回答"孩子很快就长大了"，在事后你会觉得这种回答没什么问题，但当你深受困扰时，这句话对你来说简直没有任何帮助！

这太糟糕了。 我们确实需要多多谈论为人父母的压力感受。不能表达内心的挣扎会给人带来更大的压力，让人更难应对困难。人们回避谈论这些事情，久而久之会出现一种共识，这样其他的父母就更难以处理他们所面对的难题。

应对压力和变化是一项生活技能。 我们大多数人在孩提时代都没有学习过如何应对压力和变化。"如何应对变化"并不是一项在学校里甚至在你非常需要的产前育儿课中会教授的技能，"如何应对伴侣关系的变化"也不是。你可能像我一样，以为爱能够让自己渡过所有难关。在很多方面，情况确实如此，但并不总能在你最需要它的时候实现。

养育孩子可能是你人生中第一个真正了解压力和变化是如何影响自己和伴侣的机会，因此，请培养自己和伴侣应对压力和变化的技能。

现在你知道了，组建家庭有时候让人很有压力，有些压力比其他压力更为明显，接下来是下一课的内容。

第三课：重要的不是压力，而是你如何应对压力。 压力会激活我们大脑和身体"战斗或逃跑"的自动反应，让人要么握紧拳头，要么一溜烟儿逃跑。最初，当我们不得不躲避满嘴尖牙的老虎的追赶，或是与隔壁洞穴的原始人争夺最后一根野牛肋骨时，这种与生俱来的保护机制帮助人类生存了下来。

如今，凶狠的捕食者没有那么多了（但是可能有些人的行为就像它们一样），然而我们的战斗／逃跑反应仍然活跃。如今，能引发我们做出战斗／逃跑反应的也许是一些不太危及生命的事件，比如迟到、丢失钱包、堵车、无法安抚一直哭闹的宝宝等。

你甚至可能发现，使你做出许多反应的压力甚至不是真实的压力。有些父母会担忧一些其实永远不会发生的事情，总是想"要是……怎么办"。比如，要是把宝宝摔到了地上怎么办，要是不知怎么地忘记去托儿所接孩子了怎么办。为人父母的责任太重了，需要担忧的事情太多了，新手爸妈在待产期和为人父母初期常常感到非常焦虑，这一点儿也不奇怪。

问题是，你的身体难以分辨哪些是真实的压力，哪些是你想象出来的。一直担心有事发生会营造一种持续弥漫的低水平压力氛围，这令人十分内耗，因为要保持这种状态需要消耗一定的能量，与此同时，压力还使你无法完全放松。所有这些都是为人父母需要制订压力管理策略的重要原因。我们之后还会讨论更多相关内容。

压力在体内不断积聚，是否有释放压力的自然途径？ 躲避老虎的追赶或是与洞穴野人争夺食物都能够释放他们从战斗／逃跑反应中所积聚的能量。如今，你仍然可能被启动反应，通过争论或攻击的方式来"战斗"，或是通过否定自己或避而不谈的方式来"逃跑"。

如今又加入了两种现代的反应：通过让自己变得无能为力、无法行动来"僵住"，或是通过一股脑扎进去寻找并不成熟的解决方案来"修复"。但这些解决方案通常都站不住脚，因为你没有花时间真正了解事情的真相。所有这些自动反应的问题在于，它们不仅不能释放你从压力中所积聚的能量最终让你放松下来，而且会增强你的受挫感，使你处于更有压力的境况之中。

我并非想要怂恿你和别人打架，或者在街上挥舞手臂、高声尖叫。相反，人们（特别是新手爸妈）需要找到（社会接受的）有效方式来管理自己的压力。因为压力的不断积聚对人们的身体、精神、情绪都没有好处。

它也会对家庭关系造成不良影响。压力会让人产生连锁反应，尤其是当你与自己最亲密的人相处时。影响家庭中一个人的事情会影响这个家庭中的所有人。

压力的迹象

压力会激发我们最坏的一面，让我们显得有点自私，因为当我们感到压力大时，往往会通过只关注自己需要的东西来克服压力。压力影响我们的思维方式，在压力之下，我们会显得心不在焉，变得健忘，难以集中注意力、做出决策、记清细节。在生理上，压力使我们精疲力尽、焦躁不安。在情绪上，压力有时候让我们不知所措，过多的压力会引发焦虑、抑郁、生理疾病。在为人父母初期感到压力大的一些常见迹象如下。

竞争性。我今天给宝宝换了多少尿布，你又换了多少？我有多少时间可以休息，你又有多少？这种竞争其实是在说："我在努力完成我的任务，而你却没有觉察到这一点。"记分也是表达"我需要你的帮助"的一种消极方式。这两种方式都有可能成为冲突的导火索。

降低生活品质。为了应对压力，人们会开始只关注生活的某一个方面，比如工作、养育孩子，而忽略其他方面，比如自我关怀、交友、人际关系。你会因此产生一种自己在充分掌控那一个生活方面的感觉，这在为人父母的最初几周是正常现象，但如果你一直处于这种生活状态之中，那么未来你可能需要面对更多问题。

憎恶干扰（"守门员"反应）。那些只专注于一件事的人（比如养育孩子）会憎恶所有外界的打扰（即使是在他人想要提供帮助的时候），并努力"守护"自己的领地，来让自己感觉良好，仿佛自己能够掌控全局。这里的问题是，这种"守护"很可能将伴侣排除在外，令双方相互憎恨、发生冲突。对于一位感觉自己在以男性为主导的当代社会中处于弱势地位的女性来说，这可能是一个机会，不管她自己能否意识到，她都可以重新强大起来。

指责。指责出现的根本原因通常是想要推卸责任："我应对不了这个问题，因此要把这个问题交给你，你能够解决它。"只要你还在不断抱怨，你就一直陷在自己无法改变的困境之中。此外，为人父母所遇到的大多数问题并非需要双方解决，而是需要两人作为一个团队共同探索和应对。

让自己过分忙碌。有些人会通过持续不断地给自己布置任务，使自己投入一些必须完成的工作，通过这种分散注意力的方式来管理自己的压力。让自己忙碌起来也成为一种方式，来回避感情或规避与他人建立更为深层的联结时可能出现的风险。

现在你可以休息一会儿，或者继续学习下面的内容。

第四课：为人父母的压力很可能让你们远离彼此。即使已经共同面对了其他一些生活挑战，并成功地战胜了它们，大多数父母还是发现，为人父母所经历的变化具有一种神秘的力量，会拉远两人之间的距离，至少在为人父母初期是这样的。

在这一方面，研究人员贝尔斯基（Belsky）和凯利（Kelly）曾经展开了重要的研究。他们发现，在幸福的伴侣和没那么幸福的伴侣身上，这种现象都会出现。他们还发现，在孩子出生后，伴侣关系是更为亲密还是持续恶化，主要取决于伴侣"跨越差异"的能力。

这种巨大的变化不仅是为人父母需要应对的，还会将妈妈和爸爸引向不同的人生方向。

似乎所有这些还不够，伴侣之间经历变化的节奏也有所不同。妈妈（或孩子的主要照顾者）往往比爸爸（或孩子的次要照顾者）转变得更为彻底和迅速。这可能是因为妈妈在怀孕期间已经经历了一些变化和挑战。

为人父母会让父母回归传统的性别角色。现在大多数伴侣都倾向于共同分担有偿工作和无偿的家务劳动——直到他们有了孩子。在孩子出生后，许多父母会将责任进行划分，各自负责其中一个方面。比如，爸爸可能成为"守护者和挣钱的人"，而妈妈则负责照顾孩子和家庭。

性别角色通常是无意识的——你甚至可能意识不到它的存在。你可能意外地发现，你的态度或想法会让你想起你的父母。你有没有感觉自己现在说起话来很像你的父母，而因此感到震惊？为人父母为你提供了一个新的机会，来定义自己的性别角色。这可能对你有益，也可能给你带来很大的挑战。

父母双方可能有不同的关注点、优先级和压力。在传统上，妈妈对孩子的健康和幸福往往负有更多责任，她们一天中的大部分时间都在做一些琐碎、无聊、重复的体力劳动。我说了重复这个词吗？妈妈可能在一段时间内放下事业、身体健康和休闲娱乐，会觉得自己的存在只是为了满足别人的需求。

当男士成为爸爸时，他们便不再只是工作，而是要养家糊口。许多领域的就业竞争非常激烈，就业者有可能失去工作保障。那些对自己当前工作并不满意的人会对离职风险感到担忧。这种感觉就像你被困住了，同时无法享受家庭时光。

再加上，我们生活在这个世界，本来就会面临许多问题，现在你能明白为什么为人父母非常需要指引了吧。读完接下来的第五课的内容，你会了解到一些好消息。

第五课：有了孩子之后，过去你的哪些缓解压力的方法可能受到限制？ 在有孩子之前，你有很多时间和收入，可以选择自己想要的几乎任何方式来缓解压力，比如在海滩上待一天，在沙发上躺一下午，在健身房运动一个小时，出去玩一个晚上，白天去做个按摩，或者找个周末出去旅行，任何能够让你休息和补充精力的方式都可以。

自从有了孩子，父母双方的责任都增加了，同时你的压力出口减少了。留在家中照顾孩子的一方往往需要得到更多帮助，因此在外工作的一方会发现，自己每天疲于赶回家解救伴侣。然而，如果在工作压力和回家后的紧张关系之间没有一个熔断机制，伴侣就会把工作压力带回家，增加双方的压力。这听起来耳熟吗？

当然，每个家庭的情况都是不同的。在有些家庭，孩子出生后，妈妈会返回工作岗位，而爸爸或者长辈成为宝宝的主要照顾者。不管你的家庭决定以何种方式安排谁来挣钱养家、谁来照顾家庭，你们过去应对压力的方式都会因新生儿的到来而受到显著影响。

孩子出生后，你们各自的生活将变得和以往截然不同。 你们可能很难对彼此的压力感同身受，会理想化对方的生活，对对方的处境心生嫉妒。在外工作的一方会喜欢上一整天都待在家里，留在家中照顾孩子的一方会想要腾出一个小时来吃午饭。关于谁付出的努力更多、时间更长，或是谁做的工作更有价值，很容易引起争论。事实是，伴侣双方都在为整个家庭付出努力，只不过努力的方式有所不同。

直面并说出自己的压力，这就已经成功解决了一半问题。这一节的内容可能让人读起来心情复杂，但你已经能感受到自己为什么需要了解这些内容。从现在开始，试着识别和承认自己和伴侣的压力，并开始克服它们。之后，你们可以整合资源，组成一个团队来共同管理它们。

这一点非常重要，我们之前讨论过，在这段时期你们处理压力的方式可能引发永久性问题。以下就是一些例子。

1. 你可能没有准备好面对为人父母所带来的变化、挑战和压力，因此你可能可以很好地应对问题，也可能无法很好地应对问题。

2. 你的伴侣可能也没有做好准备，因此他也可能可以／无法很好地应对问题。你可能看到了一些迹象，但觉得是伴侣出了问题，或者他不知怎么地变了。

3. 你可能开始对伴侣做出和之前不同的反应。

4. 当你对伴侣做出和之前不同的反应时（比如，不再那么支持他了），你的伴侣可能也会以与以往不同的方式来回应你。

5. 如果你们都继续不再支持彼此，那么随着时间的推移，你们的伴侣关系很有可能发生变化。你们之间可能开始出现更多争吵，对彼此的爱意逐渐减弱。

这显然对你们很不好，但接下来，这里有一个真正的好消息。

如果你能够意识到你们双方都有压力，你就能够对伴侣做出合适的反应（比如，更加支持他）。他很可能以更积极的态度来回应你。如果你们继续下去，那么随着时间的推移，你们之间的关系很有可能发生变化——向着更好的方向发展。你们会减少争吵，变得更加亲密，建立更深的联结。你现在能够理解这种作用机制吗？你可以立马投入实践。

第六课：为人父母是一段学习的时期。你可能已经忘记学习是什么感觉了。你可能会用消极的想法来打击自己。即使旧有方式很明显不再起作用，你也可能不会尝试新的行为方式。你可能发现自己沉溺于往事，或者对未来感到焦虑，以至于在当下动弹不得。

然而，爱和被爱的渴望为你提供了动力。如果你允许自己和伴侣成为学习者，而不是要当专家，那么会有很大的回旋空间，方便你们找到适合自己的路，并且和谐相处。

向你们的宝宝学习。一个正在学习走路的宝宝会放开咖啡桌足够长的时间，来摇摇晃晃地迈出第一步。他摔倒，爬起来，再摔倒，再爬起来，他一遍一遍地这样做，直到开始找到平衡。他充满耐心、好奇心和毅力，而不会感到羞耻、尴尬或局促不安。他不会因为第一次没有做好而责备自己或者妄自菲薄，他也不会放弃。

你现在准备好学习接下来的最后一课了吗？这一课信息量很大。

第七课：为人父母是一段能够拓展思维的时期。大多数父母都没有意识到的一个挑战是，为人父母需要拓展自己的思维：从为一个人（自己）考虑，到为两个人（自己和伴侣）考虑，再到需要同时考虑三个人（自己、伴侣、宝宝）。这对有些人来说很难做到，但这样做所得到的回报会体现在方方面面。

让我们通过一个思维实验来解释我的意思吧。假设你和伴侣从没见过大象，对大象没有任何概念。这时如果让你站在一头大象面前，你的伴侣站在大象身后，请你们告诉我看到了什么，你们会如何描述这头大象呢？

当然了，你们两个可能都会说，它大大的、是灰色的，你们都同意这一点。但你肯定会坚持认为一头大象会扇动着大大的耳朵，长着温暖的棕色眼睛，鼻子会冲人喷气；而你的伴侣会坚持说它长着一条小尾巴，要是你靠得太近，它就会拿小尾巴来拍打你的脸，如果待的时间够长，它还会在你脚边拉上一坨大便。你们可能因为这些差异争论好多年，试图让伴侣同情自己脸上沾上了大象的鼻涕，或者脚沾上了大象的大便。你们或许会对双方都能看到的部分达成共识，并且接受伴侣可能拥有看待事情的不同角度，以及伴侣会因为自己的经历而产生不同的想法和感受。

之后，如果你能够进一步拓展自己的思维，想象你未来的孩子站在大象身子的一侧，离大象稍远一些，观察分别站在大象前后的你和伴侣。孩子会看到什么呢？

为人父母最大的挑战之一就是，开始用"两者兼顾"的方式来思考问题，而不是"非此即彼"。因此，一头大象并非要么只是它的头的样子，要么只是它的尾巴的样子，它的样子既包括它的头和尾，又包括它的头和尾之间的部分。在大多数的育儿问题上，情况也是这样的，问题不是非对即错的，伴侣之间的视角不同，孩子的视角也不同。

作为一个团队来共同学习为人父母的这七门课程，这使你和伴侣都能够更多地享受所有令人兴奋、快乐和奇妙的经历——谢天谢地，美妙的经历还是很多的。看到你们的宝宝、蹒跚学步的孩子在你们做得很好的时候（或者差不多好，孩子都是非常宽容的）回应你们，这是很温暖的。作为一个团队，你们也可以享受彼此的陪伴，为共同生产了这么棒的宝宝的奇妙联结而欢欣鼓舞。

到现在为止，你感觉怎么样？我希望你已经在本书中吸取了足够多值得思考的东西，我猜可能比你之前想象的还要多。如果你需要的话，可以休息一下，运动运动，或者喝一杯水。当你做好准备继续阅读的时候，我们要来讲述一节非常不同的历史课——关于你的历史。

Becoming
Us

成　　长

　　很快我们就要进入关于为人父母不同阶段的内容了，但在此之前，我想请你回顾一下自己的成长经历。

　　在为人父母的过程中展开回顾很重要，最好是一开始的时候就这样做，因为你的成长模式很有可能在你自己组建的新家庭中显现出来。也许你做事的风格会像你父母当年一样，因为那就是你眼中的"正常"模式。或者也许你没那么喜欢自己的童年，因此你要以一种完全相反的方式行事。然而，在处理新家庭中遇到的问题时，这些相同或是相反的方式很多时候都不是最佳的方式。

　　我来给你举个我自己的例子：我十几岁的时候每天往返学校要花一个小时。虽然学校到家只有 15 分钟的车程，但因为我的妈妈没有车，我只好步行去搭乘公交车，之后乘坐小火车（有时还会错过一两班小火车），下车再步行到学校。现在，我的孩子从家里步行到学校只需要 15 到 20 分钟，但我还是喜欢每天开车送孩子上下学，尽管对他们来说，多走一走更加健康。

　　这里的难点是，如果你对自己童年的某些方面不满意，你可能需要做一些艰难的工作来做出改变，甚至让自己成为自己想要看到的那个变化。好消息是，改变不会一蹴而就。本书第二部分将会谈论更多关于这方面的内容。

改变对于不同的人有着不同的意义。改变可以令人非常兴奋。如果你喜欢冒险，你可能热切地期待未知的一切。如果你很谨慎，但很有信心应对未知的挑战，你也会感到兴奋。

然而，对我们大多数人来说，改变是件糟糕的事。改变既困难又可怕，还会花费很长时间。改变对我们来说很有挑战性，它会给我们带来困惑、迷茫、压力。改变会消耗我们的资源，将我们推向自我的深渊。

如果你经历过巨大的生活改变，你可能发现，改变为你带来了新的机遇、新的洞察，为你种下了成长的种子，打开了探索真实自我的窗口，让你有机会学习关于生活和爱的珍贵课程。

改变也会给你带来机会，来滋养和加深你最为亲密的关系——你与伴侣、父母或其他家人、朋友之间的关系，尤其是在他们需要得到你的安慰的时候，因为改变对他们来说也很难。在改变之中，奇妙的（有时是完全意想不到的）新事物得以生长。

为人父母是一个让人产生重大改变的时期。对许多父母来说，这可能是一个完善自我的时期，每位父母需要完善的地方有所不同。对于一些父母（特别是妈妈）来说，他们可能开始专注于拥抱自己的内在力量，其他父母可能开始拥抱自己内在的柔软。你们的下一代可以自由地做完整的自己，你也可以为你的孩子做完整的自己。

个人的成长对整个家庭来说很重要。 你们所获得的生活技能和知识越多，就有更多的智慧和经验来传授给你们的孩子。当然，孩子会认为这是理所当然的，但你们会对此感到非常满足。

在为人父母的过程中，你们可能在日常事务、心理、情绪、精神等方面都感到非常紧张。虽然通常是在为人父母早期会产生这种感受，但其实在迎来每一个新生儿以及当孩子走入每一个新阶段时，情况都是如此。

有时候，你们也需要拓展你们之间的伴侣关系，来为这个一直在成长的家庭腾出更多空间。如果你们在发生改变并适应这些改变时，伴侣关系没有随之改变，就很容易引发焦虑与冲突，而无法为彼此带来安全感和慰藉。

另外，在你看到宝宝令伴侣展现出他最好一面的时候，爱的源泉会被开启。当伴侣直接介入处理你没能应对的危机时，温柔地照顾宝宝磕碰而成的伤口而没有抛下他不管时，或是修理宝宝玩坏的玩具、和宝宝在地板上玩上好几个小时

（而你在几年前就已经放弃了这件事）的时候，你会感到非常欣慰。令许多妈妈最为欣慰的事情之一是，为人父会让伴侣展现出更温柔、更敏感的一面。这似乎能够让人再次坠入爱河。

成为自己——你的个体发展阶段

从你出生到成人，你一直在爱，在学习，在成长。

你从出生到成人经历了八个发展阶段，而身处这过程之中的你可能对此并不了解。心理学家埃里克·埃里克森（Erik Erikson）因提出这一人格发展理论而闻名。了解你的个体发展阶段将为你展开一幅地图，帮助你了解自己、伴侣，以及沿着自己的成长轨迹发展的你的孩子。

成为自己——你的童年阶段

信任感（0 ~ 18 个月）

最初，你相信照顾者会满足自己的需求：当你饿的时候你会得到食物，你的尿布脏了就能及时得到更换，你还能随时随地得到拥抱。你的需求可能不会一直得到满足，但大多数情况下都能得到满足，因此你知道大家都很好，你感到安全。你就是这样与自己的照顾者一点儿一点儿建立联结的，如果出于某种原因，你无法依赖你的父母或者照顾者，你就可能在成长的过程中缺乏安全感。我们在稍后的内容中会来谈谈这可能意味着什么。

后来，你学会了相信自己。你不停地把处在后面的一只脚挪到前面，最终你就再也不会摔倒了；当你的肚子开始咕咕叫时，你开始知道这是自己饿了的信号；当你觉得很热的时候，就该脱掉一件衣服了。你就是这样开始与自己建立联结的。

信任感是一件持续终身的事情。作为一个成年人，相信自己意味着坚定地听从自己内心的声音。自己感觉累了？那就休息一下。自己感觉压力很大？那就想个办法释放压力。要做到这样，你就要能够觉察到自己的想法和感受，而不是忽视它们。通过这样做，你会逐渐更加了解自己，知道什么是适合自己的，自己的局限在哪里，并不断培养自己的直觉敏锐度。

信任感支撑你成长为父母。你可能不知道如何哺乳，也不知道如何与伴侣商量买哪一辆婴儿车，但你知道你可以一点儿一点儿学会做好这些事情。

当你信任你的伴侣时，你会收获安全感。你可以构建这样一种伴侣关系，在这种关系中，你不担心自己犯错误，也不担心从头再来。你感到能够放心地做真实的自己，能够真实地进行自我表达，而不是只表现出自己好的一面。你感到自己可以放心地成长、改变、进化。信任感给你信心进入下一个发展阶段。

自主感（18个月～3岁）

在这个阶段，你变得足够勇敢，能够走出自己的舒适区，不断拓展学习的边界，探索自己周边的世界。在这个阶段，你第一次拥有一种力量感，感到自己能够控制自己和所处的环境，能够做出选择，以及影响他人。

在理想情况下，你的父母会鼓励你自主地思考和做事情，他们会通过这种方式来支持你，即使这意味着你会常常穿错袜子，屋子会常常乱糟糟的。当这个世界看起来很可怕的时候，他们会陪在你身边，安慰你，直到你做好准备再次探索这个世界。你学会了在自主与依赖之间找到平衡点。

作为一个成年人，自主感使你将他人视为平等而不同的人。你可以有自己的想法、感受、观点、信仰、恐惧、希望和梦想。你不会常常拿自己和他人做比较，你能够做出适合自己的决定，即使他人可能对此并不同意、并不赞成。因为你懂得信任，你与伴侣之间的不同也不会使你们过分担忧，你知道在伴侣关系中就是会出现这样的问题。

自主感帮助你走出自我，能够站在别人的角度思考问题，这是为人父母处理冲突的一项重要技能。你不必事事都同意伴侣的看法，但对于经营一段健康而平衡的伴侣关系来讲，试着从对方的角度看待问题，这对你们双方都有好处。

相信自己并有自主感，这意味着你有能力尝试新鲜事物，进而引导你进入下一个阶段。

任务感（3～5岁）

在这一阶段，你迈出第一步，尝试新鲜事物。在理想情况下，你的父母会鼓励你用心创造、发挥想象，你不会感到羞耻或是难为情。随着你能力的不断提高，他们会鼓励你冒一些险，适当模仿一些行为，给你选择，帮助你把事情想清楚，最终找到自发行动与遵守规则之间的平衡点。

作为成年人和父母，任务感可以帮助你应对压力和变化。当旧有方式不再起作用时，你可以灵活地寻找新的方法。

任务感能够帮助你在伴侣关系中规避问题，解决问题，给伴侣制造浪漫的惊喜，为你们的性生活增添情趣。

成就感（5 ~ 12 岁）

在童年的这一最后阶段，成就感帮助你坚持那些你自主选择的事情，将想法落实为行动。成就感能够不断滋养人的自信、自尊、毅力、自控力，它给你带来一种内在的力量感，来构建自己的生活。

对于成年人来说，成就感帮助你建立、维系和改善你的人际关系，发展你的生活能力和育儿技能，以及应对挑战。成就感是通过不断试错和大量练习来获得的。

看着伴侣逐渐感到自己有成就感，这会增强你对他的尊重、倾慕和信任。为人父母成就感的提升也会增强孩子对你们双方的信任，他们会不断从这种良性循环中受益，你明白了吗？

成为自己——一次又一次

一个令人喜忧参半的问题是，你在一生中会有三次主要的成长机会。第一次成长机会显然是在童年。第二次是在青春期，你需要面对与童年时期相同的发展问题和关系问题，但这次是从更深的层面。

第三次成长机会便是你为人父母之时，打起精神来。在你的孩子经历自己的各个发展阶段时，你将面临挑战，需要从更深的层面重新经历这些发展阶段，你的伴侣也是如此。

这就解释了为什么为人父母如此艰难又如此治愈。当你肩负着照顾宝宝的巨大责任时，如果你感觉自己（或者可能表现得）像个孩子，不要感到惊讶。你可能重新体验到幼儿时期或是青春期时所感受到的沮丧、痛苦、无助、叛逆。你的"内在小孩"仍然住在你心里，他简直和你的孩子一样，需要得到抚慰、打消疑虑。这没什么可感到羞耻的，这很正常。

你会重新经历每一个发展阶段，有时候你可以及时地引领孩子很好地度过某个阶段。当你的孩子处于新生儿阶段时，你会重新思考与安全和舒适有关的问题；当他刚学会走路时，你会考虑拓展边界、冒险、应对强烈情绪的问题；当孩子再大一点儿时，你可能开始反思怎样才算取得成就；当孩子成长为青少年时，你会思索有关认同的问题；当你的孩子长大成人后，你可能重新衡量自己的教育、职业、探索世界的愿望。在孩子第一次体验这些发展阶段的时候，你会重新经历所有这些问题，并重新整合自我。

在为人父母的过程中，你不断成长，一次又一次地成长。

坏消息是，这些成长问题不断出现。好消息是，它们还会持续不断地出现。你会不断得到机会来更好地应对它们，你的伴侣也是如此。这些机会不是随处可得的，可能要等到你们有了另一个孩子之后，才能从头经历一遍，之后随着孩子的成长来不停地应对这些问题。我们的三个孩子现在都长大成人了，我们仍然在寻找重新经历与成长的机会。

我们之前谈论了在成为自己的过程中你的童年阶段的内容，之后我们会很快进入与你的成年阶段有关的内容，但在此之前，也许你应该放下书休息一下，尤其是如果本书之前的一些内容已经令你大为震撼，你就更应该放松一会儿。你可以写一写日记，也可以和伴侣或朋友聊一聊，这样你就能在继续阅读本书之前，消化之前的内容。

因为下一节内容可能让你更为震撼。

我们大多数人都没有意识到这些，然而它们对于伴侣关系至关重要，尤其是在为人父母阶段，这些内容会使你整个家庭的未来发生翻天覆地的变化。因此，如果你在阅读之后有任何不适，请你积极寻求心理咨询师或专家的帮助（最好是专门研究孕期和为人父母早期所面临的特殊挑战的心理专家），这样你就能够在这一方面探索更多。

好，现在深吸一口气。在你刚出生的几年，在你能够意识到自己处于信任感阶段或自主感阶段之前，你被养育的方式构建了你的"依恋类型"（attachment style）。你的依恋类型是关于你对关系的亲密度或距离的"默认设置"，尤其是你与伴侣之间的关系。当你和你的父母或照顾者之间具有高度的信任时，你很可能发展出"安全型依恋"。除此之外还有三种不安全依恋的类型，许多研究表明，它们开始在人群中变得越来越常见。让我们从这些不安全依恋谈起，一步步向着好消息和极好的消息迈进。

第一种不安全依恋的类型叫作**回避型依恋**（dismissive or avoidant attachment），我们之中有大约 25% 的人（主要是男性）拥有这种依恋类型。如果你一直没有滋养内在的需求，那么你可能拥有这种依恋类型。也许你更愿意出去闲逛、与人闲聊，你可能更喜欢专注于做事而不是关注人，常常不愿与人分享自己的内心感受。

在充满挑战的时期，你更有可能藏好自己的压力，试着自己应对。你不喜欢寻求帮助。当你面对可能发生的冲突时，来自伴侣或他人无意的询问都可能让你感觉自己在经历审问。你很可能不多想就忽略伴侣的想法，你可能很难意识到这会影响他们。比起他人，你更愿意相信和依赖自己。

你的伴侣有时候会形容你冷漠、冷血、对人漠不关心。如果人生（以及为人父母阶段）是一场旅行，那么拥有回避型依恋的人会更喜欢裹上皮衣，戴上头盔，跳上摩托车，出发。

第二种不安全依恋的类型叫作**焦虑型依恋**（anxious or preoccupied attachment），我们之中有大约 20% 的人（主要是女性）拥有这种依恋类型。如果你不喜欢独处，需要得到抚慰，发现自己常常依赖他人（他们可能会 / 不会让你失望）来满足自己的需要，你可能拥有这种依恋类型。

在面对压力时，你可能会过度分享，说得太多、太快，这会让一些人不知所措。你常常担心伴侣不够爱你或者对你的承诺不够。在冲突之中，你更有可能显得十分痛苦。你甚至可能要求得到他人的关注或者抚慰，如果你得不到这些，你很有可能感到沮丧。你更倾向于相信和依赖他人，而不是自己。

你的伴侣有时候会形容你黏人或者难以取悦。如果这让你听起来很熟悉，那么在人生这场旅行中，你更喜欢的为人父母的方式可能是骑双人自行车。

第三种不安全依恋的类型叫作**混乱型依恋**（disorganized or fearful attachment），我们之中有大约 5% 的人拥有这种依恋类型。你可能想要获得亲密的关系，但与此同时，你不相信自己能够得到它，你会因为害怕遭到拒绝而避免建立伴侣关系。

在面对压力时，你会想要得到支持，但你不会为此冒险，因为你害怕自己得不到想要的回应。在冲突之中，你可能变得困惑、僵住、宕机。你会想要向伴侣求助，但又找不到合适的机会开口，因此常常就放弃了。你往往不相信自己或者他人能够满足自己的需求。

你的伴侣可能对你感到非常困惑，他们永远不知道你想要什么。在人生之旅中，有时候你想和伴侣一起骑双人自行车，但一旦他们停下，你就会马上骑上摩托车，扬长而去，将尘土甩到伴侣脸上。

我们之中有大约 50% 的人拥有**安全型依恋**（secure attachment），这种依恋是我们通过与父母（或其他照顾者）之间所建立的信任关系构建起来的。我们也有可能通过其他的支持性关系，比如与祖父母、朋友、爱人，构建一种习得性安全依恋（earned secure attachment）。如果你属于这种情况，那么你更容易与人建立持久的情感联结。你在伴侣关系中会感到舒适，也愿意花时间滋养内在的自我。在面对压力时，你更容易向他人诉说自己的挣扎，寻求他人的安慰和帮助。当你为人父母时，这些对你来讲都是很好的事情。

在面对冲突时，你会更有弹性，能够做好准备与伴侣朝着双方都想得到的共赢局面而努力。你能够更好地判断什么时候应该向伴侣或者他人敞开心扉，什么时候应该保持沉默。重要的是，你能够很好地控制自己，倾听对方的观点。你更有可能接受这样的事实：大象的某些部分你看不到，而你的伴侣能看到。你相信自己，也相信他人。

在人生以及为人父母的旅程之中，你可能喜欢乘坐一辆 SUV 汽车（或者一辆大众牌复古巴士）。在车中你感到温暖干燥，你和伴侣可以都坐在前排，轮流驾驶。车的后部有足够的空间，可以容纳更多的人。当你们需要探索新的地形地貌的时候，你们可以把车停下锁好，之后步行去欣赏那些美好的风景。这样的旅行方式让你们更加自由、能够不走寻常路，去爬山，或者跳伞，你和你的伴侣偶尔都可以做出这样的尝试。当你们累了，或者天气变了，你知道你们的 SUV 汽车就好好地停在那里，它安全、舒适，一直在等你回来。

你拥有哪种依恋类型？你觉得你的伴侣拥有哪种依恋类型？当你们都要进一步为孩子着想时，这些答案对你们来说意味着什么？当你们生活顺利时，你们各自拥有的依恋类型往往不会引发太多问题，而当你们面对压力时，在你们都很脆弱的时候，或者在面对冲突时（比如处于孕期和为人父母早期），就有可能爆发危机，使你们陷入沮丧，阻碍你们前进的步伐。

下面是可能改变我们一生的重要内容，我一直想和大家分享。

为人父母是你一生中最好的机会，让你变得更有安全感，无论是对你自己还是对你的伴侣来说都是这样。这是因为，促进父母与他们美丽而珍贵的宝宝安全地建立联结的生物学过程，也能够促进你与伴侣彼此获得更多安全感。

不管你拥有何种依恋类型，你和伴侣都有无数机会与之共处，并通过你将在本书第二部分了解的为人父母的各个阶段，来构建你和伴侣之间的联结。本书将指导你经历各个阶段，并为你们作为一个团队共同前进指引方向。在这个人生旅程之中，你会发现成百上千的方法来放下自行车，与伴侣携手走过各个阶段，成为"齐心协力的我们"。

以这种方式经历为人父母过程的巨大好处是：

1. 无论你拥有哪种依恋类型，在伴侣身上获得安全感都让你们更能应对为人父母的各种压力、改变和挑战。

2. 在自己和伴侣身上获得安全感会降低你在孕期和为人父母早期的焦虑或抑郁风险。事实上，焦虑和抑郁在父母身上非常常见。

3. 感受到与伴侣之间的联结，这为整个家庭的长期稳定发展奠定了坚实的基础。

展望你们的未来。你和伴侣之间的安全联结会为你们带来更高的自尊，更多的爱、关心和支持，让你们之间更为亲密，拥有令彼此满意的爱情生活（我们之后会讨论更多这方面内容），也给你们带来了共同的承诺，保护你们之间的关系不受负面影响（我们之后也会讨论更多这方面内容）。

你拥有的依恋类型可以预测一些事情，比如你对自己为人父母的感受，对自己和伴侣的期望，对自己育儿能力的信心，以及本书将在第三部分讨论的一些风险。

关于这方面内容，我们之后还会讨论更多，现在让我们先回到你的成长阶段上来。

成为自己——你的成年阶段

是的，你已经猜到了，作为成年人，你的成长也分为各个阶段。对父母来说，这是一个特别棘手的问题——因为为人父母会对每一个发展阶段都产生影响。

同一性（12 ~ 18 岁）

你对认同的追寻，你对自己究竟是谁的思考，这些都始于你的青春期，这时你开始从童年的自我转向想要弄清楚自己是谁，自己想要成为怎样的人。

如果不培养自我意识，你就很有可能按照别人的规则、标准、期待来成长，把精力放在成为自己"应该"成为的人，而不是真正的自己上。

你可能不敢轻易做出承诺，因为做出承诺包括信任、分享自我、做出选择、坚定选择。这对一个不了解自己，不知道自己想要什么的人来说非常困难。

弄清楚自己是谁，自己想要成为怎样的父母，这两件事非常重要。事实上，为人父母的整个过程都围绕着这两件事来展开。同一性这个阶段可能让人感到非常困惑，给人带来矛盾的情绪，对一些父母来说，这个阶段简直是一场危机。本书将在第二部分讨论更多这方面的内容。

亲密感（18 ~ 40 岁）

当你与你的伴侣坠入爱河时，这便是生命中最为美好的时刻。让这一阶段充分美妙的关键在于培养亲密感的能力。亲密感（intimacy，看看这个英文单词的构成吧：in-to-me-see，进–入–我–看看）是与另一个人分享你的想法、感受、需要和脆弱。这需要人们具备信任他人、主动、自信和沟通的能力。现在你能了解各个发展阶段是如何建立在伴侣关系的基础之上了吗？为人父母可能使你们之间的伴侣关系受到影响，这往往是冲突的主要来源。亲密感这一阶段是伴侣们需要好好把握的阶段，本书也会在第二部分讨论更多这方面的内容。

生产力（40 ~ 65 岁）

"生产力"是指超越自己的需求，为他人的利益奉献自己的一种愿望，比如为人父母、养育孙辈、教导他人、创办慈善机构、做志愿者、参加维权运动、拯救环境等。

但对于父母来说，这里有一个潜在的问题：你和伴侣可能不会同时进入生产力这一发展阶段。有时候伴侣关系中的爸爸会早一步到达这一阶段。不过，通常情况下，妈妈在生产和为人父母方面所承担的更大的责任能够推动她早一点儿进入这一阶段。

不要与伴侣相互指责。假设你是留在家中照顾孩子的一方，你率先进入这一发展阶段，开始为了家庭牺牲个人需求。在这种情境中，一方面，你可能认为伴侣专注于维护自己的个人利益是自私的，你可能对此感到怨愤；另一方面，你的伴侣感受到你想要他减少个人时间的压力，感到你在控制他，这也会引发冲突。

整体感（65 岁以上）

最后一个阶段是回顾和衡量你的过去的阶段，理想情况是，你能够带着自豪感或者成就感来回顾，而不是满怀遗憾或者失望。

为人父母能够培养人正直的品格。 即使为人父母有许多挑战，孩子也往往能够为父母带来最大的快乐、使命感、成就感和对生活的满足感。有时候，年迈的父母唯一的遗憾就是他们没有花更多的时间来陪伴子女和孙辈。

这些都是我们需要经历的成长阶段。如果出于某种原因，你没有一个得到充分滋养的童年，你可能发现自己仍然有很大的成长空间，为人父母就能够催促你成长。

展望未来就是回首过去。 如果你没有成为自己想要成为的样子，没有成为自己想要成为的那种父母，那么请你回顾自己过去的这些发展阶段，从培养信任感开始，朝着让自己更有安全感的方向进发，这是培养一个完整而健康的自我的方法。成长是一个随着时间的展开不断前进的过程，就向前走吧，相信这一过程。

情绪的成熟

你有没有注意到，在你祖父母那一代，甚至在你父母那一代，他们接受的教育提倡不要表露自己的情绪。他们通常觉得表达自己的情绪（特别是那些强烈的情绪）是不礼貌的、可耻的、不恰当的、令人尴尬的。

因此，虽然我们可以运用大脑进行非常有效的交流，但我们很多人在成长过程中都没有掌握表达自己内心想法的方法和语言。这对我们的心理、情绪健康、人际关系都有着巨大的影响，因为人际关系，尤其是我们与最亲密的人之间的关系，从根本上来说依靠的就是一种情绪联结。

在为人父母的过程中，你会感觉自己的情绪像坐过山车一样忽上忽下。快乐会填满你的胸膛，责任会把你吓得魂不守舍；你会产生一种强烈的保护欲，甚至感觉自己为了孩子可以不顾一切。有时候你可能觉得自己要爆炸了，或是孤独的浪潮就要把你拍倒了。

你可能对这些情绪感到不适。 你甚至会对自己产生的这些情绪感到害怕、羞耻、不知所措。然而，正是你的这些情绪使你成为真正独立的个体，并与你最亲密的人建立联结。情绪的作用方式非常复杂，因此了解如何与自己的情绪相处非常重要。我们从这里开始讲起，在为人父母的第五阶段我们还会讨论更多。

你所有的情绪都是有功能的。在所有文化中，人们都有相同的基本感受：恐惧、快乐、厌恶、愤怒、悲伤。每一种情绪都有重要功能，使人类得以生存下来。

快乐被分享给他人才是最好的。笑声和情绪会把你和他人联结起来，让你感受到更多被保护的感觉，拥有更强烈的归属感。

对于他人的入侵甚至侵犯，你自然会感到**愤怒**。当有人越界时，愤怒能帮助你划清自己的生理边界和心理边界。愤怒如果经恰当的方式表达，便能保护你的善良本性不被他人利用；而如果愤怒被不当地表达出来，就会给人造成极大的伤害。

悲伤是一种对自己所受到的情绪伤害或生理伤害的反应，时不时哭一哭是有利于健康的。眼泪中含有缓和情绪的化学物质，还能向他人传递你需要得到安慰的信号。这能帮助你和那些关心你、保护你的人建立联结。把自己受伤的感受藏起来会拉远你和他人之间的距离。

面对危险与威胁，你会感到**恐惧**。恐惧会触发我们之前提到的"战斗／逃跑／僵住／修复"反应。

厌恶能够帮助你回避那些可能让你生病的事物，也会让你远离那些可能给你带来痛苦或创伤的景象，保护你远离那些可能对你造成伤害的人或事。当你一想到某人或某事就感到不舒服时，这种不舒服的感觉便是厌恶。

我们所有的情绪都是对环境的正常且自然的反应。这件事本来非常简单，但是几百年以来，人类经历的智化、社会化、条件化等阻塞了我们产生这些基本情绪的天然通道，让我们这些"现代人"在这方面的发展非常迟缓。现在我们的基本情绪演变成了几十种，而我们大多数人不知道如何应对它们。事实上，常见的心理健康问题（比如焦虑和抑郁）的出现的部分原因可能是人们在体验和表达他们的自然产生的情绪时没有得到支持。

情绪是有能量的。感受是一种不断流动的能量，有些感受能让你向前（比如欲望、渴望、兴奋），有些感受（比如恐惧、羞耻、厌恶、失望）会让你退缩，还有些感受（比如困惑、焦虑、无助）会让你的能量降低。

你可以与这种能量共处，也可以与之对抗——听从自己的感受，或是与自己的感受对抗；听从伴侣的感受，或是与伴侣的感受对抗；听从孩子的感受，或是与孩子的感受对抗。

人们会积极地运用这种能量，也会消极地运用它。 比如，愤怒这种情绪并无好坏之分，但人们运用它的方式是有好坏之分的。在你感到自己无能为力的时候，愤怒能帮助你变得自信；而当愤怒转变为攻击时，它便会成为一种具有破坏性的存在。

情绪是一种信号。 情绪能够帮助你判断形势、进行决策，或者提醒你要注意某些事情。困惑感提醒你要了解更多信息；无助感提醒你要收集更多资源；挫败感提醒你，是时候休息一下了。

当你感到沮丧或者焦虑的时候，这些情绪提醒你要对自己温柔一些，寻求更多支持，或者做一些让自己感到放松和愉悦的事情。如果你继续忽视这些信号，那么焦虑和抑郁可能会内化进你的自我，而不再仅仅是一种短暂的情绪状态。

在经历社会化过程后，男孩和女孩会感受到不同的情绪。 自古以来的文化都不鼓励小男孩表达自己的悲伤或苦恼，而他们表达愤怒是可以被接受的，这时大家会说"男孩就是这样"。然而，小女孩是不被鼓励表达愤怒的，大家会说这样的女孩"一点儿也不淑女"，而如果女孩哭了，她们更容易得到安慰。

这些现象在孩子长大成人之后更有可能带来问题。 愤怒如果向内发泄就可能转变为抑郁，因此，女性患抑郁症的概率是男性的两倍，这也许是有道理的（也有可能男性更好地掩藏了这一点）。如果不能很好地运用愤怒的积极能量，女性就会一直处于被动地位，不论是在伴侣关系中，还是在她们所处的社群中，乃至整个世界之中。

男性比女性更容易表现出攻击性。 男性不去理解和表达自己那些细腻的情绪，他们会通过这种方式自我设限，并剥削那些他们最爱的人。我们都无法见到他们最好的一面。

如果你一直忽视自己的情绪，那么事情会变得越发复杂。 如果情绪能量不断在你内心积聚，你也不允许它释放，那么久而久之，你的原始情绪会被诸如沮丧、不知所措、无助这些情绪淹没。还有研究表明，随着时间的推移，未被表达的情绪的不断积聚会对身体产生不良影响，比如引发头痛、胃痛、免疫功能下降，甚至会引发癌症和心脏病。如果你自己还没有经历以上状况，那么你也许可以想一想父母现在的情况。

释放自己的内在。 如果你不进行自我表达，你就可能显得木讷、冷漠、对他人漠不关心。如果你不能恰当地表达自己那些强烈的情绪，你就可能把自己的愤怒或痛苦发泄到他人身上，从而面临虐待他人的风险。无论你有怎样的感受，如果你没有很好地将它们表达出来，它们就可能会不断酝酿和积聚，你的伴侣或者孩子可能也无法预知何时就会点燃你的情绪。

现在，深呼吸。由内心深处萌发的感受不仅会影响你的心情，而且会改变你的自我。现在认识到这一点，将给你带来很多力量。你是两代人之间的纽带。你可以向自己的父母学习如何成为情绪稳定的父母，成为孩子的榜样。他们会因此更爱你。

与情绪建立联结

情绪就像洋葱一样，它是有层次的。你在剥去一层后会发现下面还有一层，一层一层剥开后，你便能够看到它的内核。最令你感到熟悉的感受总是更接近表层的。若要接触自己那些更脆弱的深层情绪，你需要投入更多的时间、注意力和决心。

比如，你会更容易留意到自己的受挫、愤怒等表层感受。这些是你在面对冲突时会产生的感受，它们能对你起到保护作用。

但是，如果你和自己的这些表层感受多多相处（或者和一个好的倾听者谈一谈它们），而不是对它们采取行动，那么你可能会发现，在这些表层感受之下，有一些更像是困惑或者焦虑的情绪。同样，如果你和这些情绪多多相处或者多和他人聊一聊它们，你就可能发现，自己内心深处真正的感受是恐惧、失望、悲伤。通过承认自己这些深层感受的存在，并将它们表达出来，你将能更诚实地面对自己，与他人变得更亲密，而不是拒人于千里之外。

你可能感到害怕，如果允许自己感受这些深层情绪，自己会被它们淹没，或者失控。这解释了为什么在心理咨询的安全环境之中探索自己的感受会很好。随着时间的推移，人们往往会发现事实正好相反。你对自己的感受感到越舒服，它们就会消失得越快，而不断地回避或者压抑自己的感受更有可能引发问题。

然而，做真实的自己，将自己更深层的情绪表达出来能带来自我疗愈的效果，使自我变得更完整，并拥有更多与他人的联结。这正是我们的社群、我们的社会所需要的。

情绪是潜在需求的信号。联结、保护、安全、支持、安慰，这些都是我们的需求。如果你不允许自己感受自己的感受，你就无法触及自己内心的需求。当你触及自己的需求时，你可能把它表达出来，并充满希望地满足它。这是应对生活挑战的基石，也是创造友爱的、健康的、稳定的各种人际关系的基础。

当注意力发生变化时，能量也开始流动起来。因此，我们要关注需求，而不是关注反应。如果你在伴侣生气或者沮丧的时候拒绝了他，他会感到生气、沮丧，或是受到了忽视，接下来他们会有更多层次的感受需要剥开。支持你的伴侣，陪伴他，发现他的需求，这既能帮助他克服困难，还能为你们的关系建立更多的信任。

需要阐明的一点是：这里我们谈论的是感受，而不是行为。我们的目的是容忍自己表层的愤怒、沮丧等情绪，一段时间之后它们便能消散。这并不意味着要容忍对人、财产、精神具有破坏性的愤怒行为。愤怒或沮丧的感受可能事出有因，可以是恰当的反应。在本书为人父母的第七阶段的内容中，你会发现，与这些感受相处能够使你和伴侣之间变得更为亲密。

保留空间

保留空间是支持自己和他人情感成长的有力方式。保留空间为你的内在自我制造了一个安全的容器，填满肥沃的土壤，为自我的成长做好准备。保留空间的具体做法是以下几步。

1. 找到一个安静的地方，放松，深呼吸，让自己的思绪平静下来。

2. 向内走，了解你体内的所有感觉。

3. 对开始形成的所有感受保持开放，注意到它们的存在，让它们如其所是。不去评判自己的这些感受，这会把你带回到你的头脑中。你要回到内在，与内在感受相处。

4. 与这些感受相处，就像和你最好的朋友坐在一起，陪伴着他。你越是能够和自己的感受多多相处，你就会发现这件事情变得越来越容易，你也越来越能够触及自己的深层感受。

我们也可以为他人保留空间，只要我们完全地安住于当下，把注意力集中在他们身上，充满耐心地等待他们经历"存在和成为自己"的内在过程。之后就可以进行下一步了。

保留空间为成长制造了一个容器。我们也可以通过完全地安住于当下、关注他人、不对他人评头论足、耐心地等待他人经历自己的内在过程，来为他人保留空间。之后就可以进入下面的步骤。多多练习，最终，你能够为你的孩子保留空间。

情绪成长有三个步骤。根据情绪聚焦疗法（Emotionally Focused Therapy，EFT）的提出者苏·约翰逊（Sue Johnson）所说，这三个步骤分别是：

1. 走进你的感受，倾听它。
2. 让你的感受来指引你发现自己的需求。
3. 直接而清晰地向他人表达你的需求。

这些步骤就像你的内在导航系统。你甚至会发现，你所需要做的就是承认自己拥有怎样的感受。当你读到本书第二部分有关各阶段的内容时，你就能够了解数百种方法来审视自己的情绪导航系统，看看它们是如何指导自己的。

通过与你的伴侣、朋友、家人或其他给你安全感的人分享自己所有层次的情绪感受、吐露你的情绪和需求，你可以逐渐治愈自己的伤痛，构建信任，并与人建立更为亲密的关系。

产生情绪是你与伴侣建立联结的主要方式。最终，如果你能够不断坚持管理自我情绪这一过程——向伴侣吐露心声，并支持他们也这样对你诉说自己的感受——你会发现，你们遇到的每一个困难都能够增强你们之间的联结。你们两个人在恰当地表达自己的感受和需求方面做得越好，就越会对彼此产生更多的尊重和爱慕。通过这种方式，你们所建立的关系使你们能够包容分歧与差异，并最终经受住时间的考验。

找寻自己的声音

自我表达是一种挑战。这需要一项我们很多人在成长过程中都没有学会的技能：自信。自信是爱、学习、成长的结合体。自我表达冒着这样的风险——做真实的自己，向他人揭露自己的心路历程，并相信他人会一直陪伴自己。

对很多人来说，自信不是与生俱来的。我们很多人在成长过程中可能很被动，可能很强势，或者介于两者之间。值得庆幸的是，自信是一种态度，也是一项可以后天习得的技能。认识到自信与被动或强势之间的区别是一个好的开始。

自信意味着你对自己和伴侣都很看重。被动可能意味着，比起自己，你更看重伴侣。强势可能意味着，你更看重自己而不是伴侣。自信是一种相互尊重的态度——你们认为彼此是平等的。

自信会影响预期。如果你很被动，你的预期可能过低；如果你很强势，你的预期可能过高。自信意味着你的预期会符合实际，因为你与伴侣会相互审视彼此的预期。

自信会影响需求。被动意味着你会牺牲自己的需求，强势意味着你会期待伴侣自我牺牲来满足你的需求。有了自信，双方的需求变得同样重要，这样便为你们带来协商需求的良好起点。

自信源自内心的力量。被动源于内在力量的缺乏或缺失。强势常常会推动权力的斗争。本书在第三部分还会讨论更多这方面的内容。

有了自信，你可以自信地表达自己——你可以把自己的心里话告诉别人。无论何时何地，只要你需要，你都可以向他人寻求帮助、安慰、空间和建议。你可以让他人了解，他们什么时候越界了，以此来降低再次出现越界行为的风险。

我们都有权利在我们的关系中被善待，但我们有责任让他人了解自己的边界。有一种说法是"沉默意味着同意"，不表达自己会让伴侣或他人无法完全了解我们。

自信让人拥有健康的伴侣关系。敌意和强势使你们成为彼此的敌人。独自沉思和生闷气会使你们之间的距离越来越远。自信使你们成为真正的伴侣，无论是在生活中，还是在你们的家庭中。

自信能够帮助你避免伤害、误解、失望，这些会为伴侣关系带来痛苦，将问题升级。如果你能够表达自己的想法、感受和需求，并倾听伴侣的想法、感受和需求，就可以避免指责和怨愤的出现。

自信始于自我意识、自我接纳、自我尊重。你与自己之间的关系是你生命中所有最重要关系的开始。

自信整合了个人健康发展的几个阶段——倾听自己内心的声音，相信自己内心的声音是重要和有价值的。自尊来自内心，独立于他人对你的看法。你有全部的自主性来表达自己、清晰地与他人沟通。这就是你与自己（同一性）和他人（亲密感）建立关系的方式。

自信是通过语调、肢体语言和用词表达出来的。自信的语调不过于柔和也不过于响亮，自信的肢体语言是正对他人，与对方保持舒适的眼神交流。你的用词会反映出你是否以平等的身份和你的伴侣说话，尽管他们对这一点可能更为清楚！

这些爱、学习和成长的技能使你和伴侣在未来的岁月中一起渡过所有的挑战。它们交织在一起，为你们将要构建的家庭奠定了基石。当你遇到困难的时候，你可以用"爱、学习、成长"作为提示语，提醒自己要慢慢来，要善待自己和伴侣，要平稳地走下去。

你也可以将这些技能传授给你的孩子，支持他们在自己的人生中爱、学习和成长。

Becoming
Us

绽　放

　　我希望到目前为止，你的人生旅程已经铺就了一些内容。现在我们将之前谈到的所有关于爱、学习、成长的理论付诸实践。你和伴侣之间的联结方式对你们整个家庭的未来有着直接的影响。因此，将这一章的内容放入你人生旅程的行囊之中，在未来几年或更长的时间里，当你需要它的时候拿出来读一读，其中满是你为人父母所需掌握的高水平技能。

　　你需要这些技能，你一次又一次地需要它们。因为总有一些时刻你会感到迷茫，总有一些日子你一无所有，总有一些时候你无法清醒地思考，总有一些时候你会想要知道自己或者伴侣到底变成了什么样子。

　　在深入之前，我们先来谈一谈有关"绽放"（thriving）的内容。最近人们频频提到这个词，我并非在暗示你作为伴侣和父母的成长过程轻松、毫不费力。恰恰相反，为人父母会经历比自己能够意识到的更多的爱、学习和成长，这令人感到疲惫，甚至筋疲力尽。但是令人更加心累的是停止成长。掩盖、限制真实的自己，或者试图维系表面现象会消耗大量能量，久而久之会使灵魂枯竭。

　　当你开始关注某人（你自己、你的伴侣、你的孩子），让其敞开心扉，充满爱意地满足其需求时，你便开始绽放了。当你和伴侣倍感压力、在泥泞的战壕中挣扎时，你们最需要的就是绽放。这也是爱能够绽放的地方，因为至少你们是在一起的。通过这种方式，整个家庭的韧性得以发展，这并非无视挑战，而是在挑战之中绽放。

你与伴侣之间的关系是独一无二的，因此你们之间联结的方式是独特的。你的伴侣非常了解你，没人能比他更懂得如何抬高你，或是拖你下水。他对你的态度可以让你枯萎，也可以让你绽放。他的话语可以伤害你，也可以治愈你。你拥有和他一样的力量。出于上述这些原因，你们在交流中所投入的精力和关心甚至比实际的交流结果更加重要。向前看，你会希望你们之间的关系比可能出现的问题更为重要。你们的孩子也会这么想。

我们先来看看，为什么有时候和伴侣说话会那么难。

了解自己的"滤镜"

你在自己爱、学习和成长的旅程中，已经通过自己的"滤镜"形成了自己的信息处理方式，你的滤镜可以帮助你决定关注哪些信息、忽略哪些信息。这些滤镜由你从父母那里感受到的人生态度、你的依恋类型、你作为一个人在这个世界上成长的经历统合而来。你的滤镜是独一无二的。

你的滤镜塑造了你的个人信念、决策和假设。它也会扭曲你对事物的理解。没有人对信息的过滤方式与他人一模一样。误解就是这样产生的。

虽然你也许没有意识到这一点，但其实滤镜的背后通常是一种"如果……那么……"的思维模式，比如："如果你是这样的，那么这一定意味着……""如果你生气了，那么这意味着你不爱我"，或者"如果你不听我的话，那么这意味着你不在乎我"。

了解触发因素

触发因素能够激发情绪反应，通常是极端的情绪反应。这一反应发生在当下，却利用了你过去的感受。它可能让你（和你的伴侣）感到困惑，因为你们可能都不了解它的来源和意义。

　　触发因素可以是他人的语调（比如，听起来很生气、责备的语气）、措辞（比如"你总是这样"）、面部表情（比如皱眉、翻白眼）。触发因素往往来自看似无关紧要的事情，你可能想知道自己为什么感到如此沮丧。

　　怎样才能知道自己依然在对过去的事情做出反应呢？ 如果你开始反应过度，便有可能如此了。如果你对自己的情绪强烈程度感到惊讶，或是不明白自己为什么会产生某种反应，那么你很有可能重新踏入了自己的旧有模式中。

　　比如，如果我和伴侣发生了争吵，之后他冲出了家门，我就很有可能感到不安，觉得自己被抛弃了，同时我会感到害怕，就像小时候父母离开我时的感觉，那时我可能同样不知道父母还会不会回来。

　　如今，如果我的伴侣冲我大喊，我就会感到非常焦虑，但他的这种行为会像过去我父母的行为一样，产生某种力量将我压制下来。

　　我来给你提个醒。在未来几年的生活中，可能出现很多触发因素，因为它们通常与为人父母这个课题紧密相关。

　　激活这些触发因素就像重新揭开旧伤疤，因此，尽早了解如何应对这些触发因素，避免出现伤害，这对你们彼此都有好处。

　　通过学习和练习本书中的技能（你也可以请一位人生导师或者心理咨询师帮助你学习和练习），并避免在未来出现一些不必要的痛苦，你可以探索这些触发因素，不再回避过去的痛苦回忆，使过去的伤痛得到完全治愈。你能够更加理解万事万物，也能够让爱再次绽放。

　　这些以开放、尊重、支持性沟通为目标的建议不仅可以帮助你迎接为人父母的挑战，还可以使你和伴侣之间的关系绽放。我知道学习和练习这些技能是很费力气的，但是请相信我，现在行动起来能够为将来节省更多的时间和精力。

关于亲密交流的建议

　　保密，直到你能做好为止（孩子都有超凡的听力）。

　　投入注意力。 关闭手机、电视、笔记本电脑等。找一个舒服的地方，和伴侣面对面坐下。眼神交流能够帮助你们建立联结，并让伴侣了解到你对此很感兴趣，但过度的眼神交流有时候会让人感到紧张。

对人温和，对事坚定。把事情和人区分开来，不要演变成人身攻击或谩骂。批评和评判会扼杀彼此之间的信任，助长相互的敌意。为针对个人的不良言论道歉，之后我们还会讨论更多这方面的内容。

允许沉默的存在。如果你的伴侣陷入了沉默，这可能是因为他在处理或者转换自己的情绪。给他一些空间。

解释你为何沉默。沉默可以有不同的解释。如果你需要更多的时间来消化彼此说过的话，就向对方提出这样的请求。如果你想让对话的节奏慢下来，就主动提出请求。如果你没能理解对方刚刚所说的内容，就请对方详细解释一下。

以双赢为目标。协商、妥协，之后形成统一战线来支持你们的孩子，这样他就会感受到，家人共同组成一个团队来思考可能的选择和前进的道路。这样，即使你们之后没能想出问题的解决办法，善意也会保留在你们的心中。

讲求秩序。谁提出想要讨论的问题，谁就首先做出完整的发言，对方要耐心地倾听。当他已经完全理解这些发言内容时，就轮到他表达自己的想法了。

不要说个不停。贪多嚼不烂，控制每次交流的内容量，让双方都更好消化。有些伴侣会在成为发言者时手里拿着一个东西，讲完后就把这个东西递给对方来发言。你们可以好好挑一挑拿着什么东西发言。

给发言者的建议

选好时机。当你筋疲力尽、睡眠不足、饥肠辘辘时，你很容易感到不耐烦，变得脾气暴躁。把重要的事情留到你们都休息得比较好的时候处理。

提前约定时间。提前让你的伴侣知道你想要讨论一个问题。安排一个不会被打扰的时间（比如，避开你们正在看电视时、有客人要来时、宝宝快要睡醒时）。

说明交流时长。小问题可能花 10 分钟，大问题可能要花 40 分钟。准时结束，除非你们都同意再交流一段时间。共同商定时间限制能够降低你们的焦虑。人们通常可以集中注意力 40 分钟左右，之后就需要休息了。如果这段时间不够，你们可以在继续讨论之前休息一下。

温和地开场。著名的亲子关系专家约翰·戈特曼（John Gottman）预测，在96% 的情况下，你提出话题的方式决定了交流的进展。粗暴的开场会让交流气氛迅速恶化，更有可能以糟糕的方式结束。

　　这很棘手，因为如果你有觉察，你会感受到，首先出现在自己意识中的总是最为表层的感受，很有可能是防御性的感受。因此，放慢节奏，在开始发言之前花点时间接触到自己更为深层的感受。如果这种感受是愤怒（女性更习惯隐藏它，甚至是对自己隐藏它），那么你可以坚定地表达自己的想法，但不要咄咄逼人。

　　注意你的语气。如果你感到焦虑或不舒服，它们很有可能从你的语气中传达出来。你的伴侣可能对这一点很敏感，轻微的反应就可能触发警报。你可以这样处理，说出你的难处："这件事对我来说难以启齿，因此如果我有什么说得不好的地方，请你告诉我，我可以从头说。"

　　多多示爱。"宝贝""甜心""亲爱的"，这些词都能表达你的爱意。它们能够缓和交流的气氛，只要你们彼此使用充满爱意的语调，而不是咬牙切齿地说出它们。

　　用充满爱意的身体语言来安抚对方。当你向伴侣表达"我想和你建立联结"时，抱抱他，用微笑向他示意："我很在意你是怎么理解我所说的话的"。

　　说明你的意图。你为什么提出这个交流话题？出于何种目的？是为了获得理解，为了协商得到一个结果，还是想要得到道歉、治愈伤痛？从一开始就说明交流的意图，这能够让你的伴侣了解这次交流的可能走向。比如，"我对你昨天所说的……感到困惑，你能再解释一下吗？"或者"我想和你聊聊五月份的旅行，我们能在晚饭后谈吗？"

　　不要跑题，并帮助伴侣也不跑题。如果有人翻起了旧账，聊起了其他问题，比如连你岳母四年前的所作所为都被提起，那么你们之间的交流氛围很可能持续恶化。专注于你想要解决的问题，一次只聊一个问题。

　　专注于具体事件。像是"总是""从不"这样的词，很有可能让你的伴侣无法注意你在说什么，或是开启防御机制。试着专注于特定的事件。

　　慢下来。如果你在交流时像连珠炮一样地讲话，这会让人感觉你在攻击他。

　　对自我探索持开放态度。你可能发现在交流的过程中偏离了话题（比如，你发现了一个触发因素或是隐藏的担忧）。让你的伴侣知道你的心理活动，这样他就能够跟上节奏，你可以说："我刚刚意识到这个话题好像触发了我的一些感受，给我一点时间……"这样双方就能了解彼此到底发生了什么，能够携手面对。这样能够为你们之间增添更多信赖和亲密。

亲密交流的四个步骤

第一步：构建一个安全的空间。让你的伴侣知道你想要进行一次亲密的交流，在交流中你们能够实践上述技巧。跟随这些指引来构建一个安全的空间，抱持它，慢慢地深入彼此的内心。

第二步：走进内心。当伴侣之间能够相互倾诉各自的想法、感受和需求时，伴侣关系就会开花结果。首先，你要能感受到这些想法、感受和需求的存在，花点时间来审视自己，抵达自己的内心世界，不光看到你清楚了解的东西，还要看到你可能一直隐藏的感受。触碰自己内心的挣扎、不适、隐含的担忧、复杂的感受，以及自己的需求。不要评判它们，而是去了解它们，这样它们便有了一个发声的机会。

这些更深层次的感受和需求可能给你带来一些不安。但是，你要和它们好好相处，因为它们很重要。为人父母会让你变得真实，与自己和伴侣建立更深层次的关系。脆弱帮助人们构建了更深层的亲密联结，因为对伴侣表现真实的自己会让他们也向你展露自己的真实和脆弱。

对比一下以下这些句子可能得到的不同回答："你从来不帮家里洗衣服！"与"亲爱的，我真的需要你帮我洗衣服。所有事情都压在我头上了，再多一件要做的事情我真的会崩溃。我们把这件事做完之后就出去散散步吧，我需要休息一会儿。"

第三步：找到合适的措辞。你可以先和自己练习说真话，多尝试不同的措辞，想想伴侣会如何理解你所说的话。之后找到最恰当的措辞来坚定地表达自我。要知道，这意味着平等地对你自己和伴侣投以尊重。

第四步：用"我"来表达自己的想法。如果用"你"这个字来展开交流，对方很容易进入防御状态，说再多的话也没用了。倾听者会自动准备好应对对方的绝对化思维（比如，永远不会、必须、应该）以及批评和评判。你很有可能触发对方的"战斗/逃跑/僵住/修复"的反应，他们可能要么宕机，要么反击。以"你"开头的表述也在暗示你比对方更了解他自己，这会让人感到非常冒犯。

以"我"开头的表述绕过了这种自动反应，让伴侣对你想说的话保持开放的心态。以"我"开头的表述能够展露真实的你："我想让你了解我是谁"。

人们只能吸收四个简短句子之中的信息，之后就很难集中注意力了。对于疲惫的父母来说，可能只能听进两句话。简单来说，你可以使用以下句式（也可以混合使用）。

1. **我感到**［觉察到的情绪感受］

2. **当……时**［客观情况］

比如，不要说"你把垃圾丢在外面了"，而应该说"当我在街上看到垃圾桶时"。

3. **因为**［具体原因、触发因素、隐含的担忧、我的解读、我的心理活动］

4. **我很想 / 更想要**［具体请求、我的期望、我的动机］

示例：

不要说："你真是没救了！你从来不帮家里洗衣服。"试一试下面这种说法。

"我感到很难过［我的感受］，因为我看到还有很多衣服要洗［客观情况］，但我在……之前没有时间来做这件事［具体原因］。你能不能把衣服放进洗衣机［具体请求］？"

不要说："你那天不应该让格蕾丝回她房间，你根本不知道如何正确地管教孩子。如果你做不好，就不要做。"试一试下面这种说法。

"我以为我们在如何管教格蕾丝这件事上达成了共识［客观情况］。那天你让她回自己房间的时候，我以为你是故意这样做来惹我生气的［我的解读］，我很困惑［我的感受］你为什么要那样做。让我们来把这件事情聊清楚吧［我的期望］。"

不要说："你从来都不好好听我讲话！你总是打断我。我讨厌这样！"试一试下面这种说法。

"当我无法完整地说完我想说的话时，我会感到很难过［表层感受］，因为我觉得你不够关心我，不愿意听我讲话［隐含的担忧］。这让我非常伤心［更为深层的感受］。我现在几乎不敢在这方面对你提出请求［我的心理活动］，但是我很希望你在讲话之前能够让我把话说完［具体请求］。"

你不必同时用上这四种句式，而可以恰当运用它们来帮助减少误解，提升被倾听的概率。以"我"为开头的表述一开始会让人觉得不自在，不过通过练习，你们就能更为自如地以一种健康和有益的方式来分享彼此的内心活动。

给倾听者的建议

关注你的伴侣。你可能发现，当你的伴侣在说话时，你听到的是自己脑海中的声音。你甚至可能不等他说完就开始发言。人们最大的需求之一就是被倾听，而且通常我们同时在为这项权利做斗争。因此，在交流时轮流发言。暂停你自己的预设、评判、解读、内心对话，这样你就能够保持开放，清晰地接收伴侣的信息。

控制自己的反应。面对你无法控制的反应，你可以说："等一下，你能暂停一会儿吗？我需要休息一小会儿才能继续听下去。"深呼吸几下，或是去喝口水，平息自己的反应，轮到你发言的时候再回来。

保持好奇。温和地问一些问题：你有这种感受多久了？这对你来说意味着什么？那时你心里是怎么想的？你觉得是哪里有问题呢？你有这样的感受似乎是因为［原因］，是这样吗？你还有什么别的感受吗？在继续交流之前，了解一下伴侣的心理活动。想要伴侣对你坦诚而开放，你需要让他拥有安全感，并感受到你的关心。

以相互理解和共情为目标。认真倾听对方可以帮助伴侣了解他目前正在探索和展露的层层自我。这会让他对你有更多信赖，有信心进入更为深层的伴侣关系。做好准备，他可能最先展露的是自我防御这一层。勇敢一点，坚持下去，不断练习也让你更容易做好。你希望伴侣能够与你分享自己所有的感受，因为使你们变得更为亲密的感受往往是彼此最为深层的感受。

表示已经理解伴侣所说的话，这样他就知道你"懂了"。留意那些非言语信息。如果伴侣摇摇头，感到沮丧，或者说话的音量越来越大，那么很有可能你走错了方向。如果伴侣开始频频点头，眼睛睁得大大的，更加专注而活跃了（或者开始安静下来切换到更深层的情绪状态），就请继续保持，这说明你做得很好。

做你伴侣的镜子。一直把注意力集中在伴侣身上会产生一种要"控制"他的气氛，而你要做的是，在他冒险了解并展露更为深层的自我时，为他提供安全感。

反思性倾听是重复你听到的或你认为自己听到的你的伴侣说的内容，但这次是用你自己的话（并非惹人厌烦的鹦鹉学舌）表达出来。当你在这方面做得越来越好时，你也能够开始反思你的伴侣对他所说的话会有何种感受。

举个例子。

萨拉（生气）："布拉德，你忘记拿牛奶了。"

布拉德（防御）："你应该提醒我的。"

萨拉拿起车钥匙，怒气冲冲地出门了。两个小时后，萨拉的哥哥皮特把孩子送来萨拉家里过夜，他们还在互相生气。

在这个情境中，布拉德的防御封锁了萨拉的愤怒，而这只会让她更加生气、生气更长时间。这种封锁更有可能让萨拉的感受不断积聚，憋在心里，下次再忘记拿牛奶时就会爆发。

看一看下面这种说法。

萨拉（生气）："布拉德，你忘记拿牛奶了。"

布拉德（勇敢而非防御）："是啊，我确实忘记了。我很抱歉。"

萨拉（仍然有点生气）："嗯，我需要用它来做晚餐，皮特马上要把孩子送过来了，我想在他们到家之前把晚饭做好。"

布拉德（做好准备，萨拉可能需要一点儿时间冷静下来）："因此你现在压力很大。"

萨拉（充满焦虑地）："没错。我本来想着，你给孩子洗澡，我来搞定晚饭，现在我们其中一个人又要出门了。"

布拉德："……因此晚饭会迟一些了，是吗？"

萨拉（松了一口气，因为她感到自己被倾听、被理解，能够说出自己隐含的担忧了）："是的。你知道，晚饭时间越晚，他们就会越累，然后他们就会开始制造麻烦，这样就很难让他们上床睡觉了。"

布拉德："要不我现在去拿牛奶，在洗澡前和他们大玩一场，先把他们累坏？"

萨拉（感激）："谢谢，那真是太好了！"

你能够预测他们今晚的结局会有什么不同吗？

感受就像一层裹着一层的洋葱。从一种感受切换到另一种感受需要时间。布拉德通过勇敢、控制自己的反应、为萨拉"保留空间"、反思自己在萨拉身上听到和看到的，来允许萨拉情感的流动，并在她经历一层层的内心活动时不去打扰她。

"保留空间"的意思是，不做评判、不试图控制事情的发展，而是对对方的真实情况持开放态度，耐心地等待他展露自我。我们也可以为自己保留空间。

使用"反馈三明治"技巧。反馈三明治技巧（积极、消极、积极）对每个人都有帮助，尤其是在一些微妙的情况下。举一些例子：

对过分热心的、想要把你挤开来给宝宝穿衣服的奶奶说："我真的很感谢你的帮助，但我想我能做好这件事。我希望你能做另外一件事，比如……"

或者对你的伴侣说："亲爱的，我真的很感谢你的帮助。我们需要牛奶。你介意在回家的路上买一些吗？如果可以的话就太好了。"

更高水平的为人父母技能

先协商后妥协

让我来讲讲这是什么意思。我有一个橙子，假设你和我都想要这个橙子。我们可以展开争论，或者我们可以彼此妥协，将这个橙子切开，各自拿走一半，对吧？

然而情况也可能是这样的——你把你的一半橙子的果肉吃掉，之后把果皮扔掉；而我拿着我的一半橙子去了厨房，刮下一点果皮，做了一个我们待会儿要吃的蛋糕，我并不需要果肉。这个故事的寓意就是，不要急于找寻问题的解决办法，而是先聊一聊彼此想要什么、需要什么。

先协商后解决问题

出现问题很正常。出现问题并不意味着你们中的一方或者你们之间的伴侣关系有问题。作为一个团队来共同解决问题能够使你们之间的关系更为紧密。

协商意味着真诚地、充满尊重地交流你们对于问题的期望、担忧、想法、感受（这可能占据交流的大部分时间），之后再试图解决问题。先弄清这些方面可以帮助你们避免误解、预设、隐含的担忧，这些都会破坏你们为解决问题所付出的努力。

解决问题的三个步骤

1. 以提问的方式来引出问题："我们下周怎么去看电影？""我们怎样才能让乔多吃蔬菜呢？""我们应该去哪里度假？""我们要怎么处理这最后一

个橙子？"

2. 尽可能地展开头脑风暴。尽可能地有创造力一些、疯狂一些。享受其中的乐趣，你们可能会对彼此感到惊喜。

3. 找到双方都能接受的中间地带。一种方法是按照方便程度和负担能力列出所有的可能性。之后，如果最后的决定对一方更为有利，就思考如何补偿另一方更为公平。

如果交流氛围恶化：你们的问题不需要一下子解决。这时最好是慢慢来，多花点时间，甚至多交流几次，特别是在重要的话题上。如果你们发现交流氛围不断恶化，就休息一下，花点时间、找个地方让自己冷静下来，然后再来展开讨论。

明确你的意图。常常是一些简单的误解令争论升级。因此，如果你发现事态升级，就准备好切换情绪。了解一下自己的深层感受，弄清自己的心理活动，之后再做出尝试。从让伴侣知道你的意图开始吧。以下是一些例子。

"这让我觉得不可思议。"

"我不想和你吵架，我想和你解决这个问题。我知道你很生气，但我不明白为什么。你能向我解释一下吗？"

"和你交流这件事让我感到有点儿焦虑，因为……"

以下是另一个例子。

凯特："我如此努力让你认真听我说话，是因为我有很多内心感受。如果我能够把这些感受说出来，我就能感觉好一点儿。而当你不让我说话时，我只会感觉更加糟糕。"

史蒂文："但是当你那样跟我说话的时候，你的音量会上升，眼神很吓人。每当你这样的时候，我都不想听你说话，只想走开。"

凯特："好的，我会想想怎么解决这个问题。如果你让我继续说话，我会冷静下来的。我根本没在生你的气，我只是对遇到的一些情况感到生气，但你不让我说话，我因此对你感到失望。我并不是想让你听我说话的内容，只是我很难过，我希望你能陪在我身边，这样我就能够对你敞开心扉，坦诚相待，并且相信你很在意我，不会离开我。"

如果交流氛围恶化严重而无法继续进行，不管你做出了多少努力，事态还是会不断升级。如果出现了这种情况，及时叫停。以下是一个关于自我关怀和关系关怀的练习，它能够给你们彼此一些时间来清理思绪，平息各自的反应性情绪，最终冷静下来。练习步骤如下。

1. 谁想冷静一下，就叫停对话。你不能告诉伴侣他需要冷静一下，这可能更加激怒他。如果你已经被强烈的情绪淹没，就请对自己负责。

2. 20 分钟之后来了解一下彼此的状态，看看双方是否还需要更多时间。

3. 双方一冷静下来就再次尝试交流这个问题。如果你们发现还是出现了同样的情况，那么可能要第二天再交流。

如果你搞砸了，没关系。你们经历了很好的练习，下次可以做得更好。如果情况允许的话，可以向伴侣道歉。这是对伴侣的尊重，也是对自己的尊重。必要时，尽可能多地重复练习这些步骤。我保证，你会觉得越来越简单！

治愈性的道歉

伤感情的话会深深地伤害他人，给他人留下伤疤，因此当你说了一些对他人造成伤害的话时，道歉是很重要的。道歉并不意味着你在某个问题上退缩，觉得自己说的话是错的，也不意味着承认自己的失败，让对方"赢"。治愈性的道歉是承认自己的表达方式对他人造成了伤害。说出"对不起，我不应该那样说。我们能再试一次吗？"这样能够让你重回正轨。

道歉是很重要的，不仅要为你曾经说过的令你感到后悔的话或做过的令你感到后悔的事情道歉，还要为你说过的令他人感到难过的话或做过的令他人感到难过的事情道歉，它们可能是两回事。

在健康的人际关系之中，双方并不总是和谐的，更多时候是在拓展（有时会断开）双方之间的联结，之后重建它。

当双方没有尝试进行重建，或者重建不成功时，双方的冲突更有可能升级，雪球越滚越大，有可能影响到所有的家庭成员。在为人父母的第七阶段，我们会讨论更多关于如何应对冲突的问题。现在我们先来看一看如何避免冲突。

以下是重建并再次感受到联结的措施。

1. 了解到伴侣感到受伤了。

2. 承认是自己让伴侣受伤的。

3. 询问伴侣怎样才能治愈受到的伤害。

4. 尽你所能去帮助伴侣疗愈受到的伤害。

你会从伴侣那里得到很多有价值的信息，你需要记住这些信息，这样之后你就不太可能以同样的方式来伤害他们了。

这些都是高水平的为人父母技能。每次你和伴侣遇到重要问题时，你们很容易相互指责、举手投降、逃避问题，但是想一想坚持上述操作的好处吧。最终，你们不会把很多时间和精力都浪费在争吵上，而是能够处理你们之间的问题，为自己和伴侣感到骄傲，同时增进你们之间的伴侣关系。

你们也在向你们的孩子传授重要的生命课程，比如自我关怀、伴侣关怀、减压技能、冲突规避。就像你知道的那样，孩子是通过观察父母的言行举止来学习的。因此对孩子来说，最好的事情就是拥有能够互相学习、成长、表达爱意的父母。

我们为你提供的培训到此结束。希望上述内容对你有所帮助。这就像是我们已经乘坐吉普车来到了旅程的起点。现在，系好安全带，前路可能会颠簸！

为人父母的各个阶段

在之前的内容中，我们谈论了为人父母的许多挑战，当我们的旅程到达这里时，我觉得应该向你分享一些我自己曾经面临的挑战。

那时我迷失了，我本应成为一位导师。现在可能不是谈这个的最佳时机，我们正要进入一个未知领域，但是请听我说……

当我开启伴侣关系咨询师这一职业生涯时，我熟习了一个面向伴侣来访者的问题："你们之间的关系是从什么时候开始改变的？"在经过一些温和的探索之后，不出意料地，来访者会说是在他们的第一个孩子出生之后。对于一些从业时间较长的心理咨询师来说，这已经成了某种常识。

然而，我感到震惊。我不想听到这些，因为当时我刚刚成为妈妈，我能感受到，我和丈夫之间的关系也在发生变化，而且是不好的变化！

之后，在接下来的几年里，我开始意识到一些事情。虽然我的来访者在身为父母和伴侣方面有着各自的差异，但我一次又一次地听到非常相似的故事：新手爸妈在孕期不知道如何为和孩子一起生活做好准备；伴侣们没有意识到孩子的出生对他们之间的伴侣关系有着多大的影响，在孩子来到家中的头几个月，大多数父母没有得到足够的支持，对为人父母所面临的一些现实问题感到震惊，与强烈的情绪做斗争，感到迷失甚至信仰崩塌，与伴侣之间有更多的争吵和更少的爱意，两人越来越疏远。

我了解这些来访者的感受，我丈夫和我的处境与他们的相同。我所接受的所有心理学教育和伴侣关系咨询知识都没能让我对为人父母做好准备，因此那时我不知道如何修复自己的家庭关系，更不用说为来访者提供帮助了。

现在我可能仍然不知道如何到达幸福的彼岸，但我已经清楚我想要去往何处。我想要再次与我的伴侣变得亲密，我想要得到他的支持，我希望我们能够成为一个团队。

我大胆地朝着那个方向前进，慢慢地，慢慢地，事情开始变得清晰起来。我正在开辟一条道路出来。幻灭、困惑和沮丧开始变成了希望。在接下来的几十年里，这种希望变成了，想要为我们下一代的父母和家庭（包括你们的家庭）做些什么的强烈愿望。

在本书第一部分，"**爱**"这一章使你了解了爱的生命周期，"**成长**"这一章使你了解了个体的不同发展阶段。这些发展阶段的存在能够将复杂的、令人难以承受的、令人困惑的、混乱的事情拆分成更小的、更容易在一段时间内处理的任务。这些发展阶段包含了引导你走过这一旅程的铺路石和里程碑。每一个发展阶段都让你有机会开发更多的意识和技能，来为自己做好准备，更好地进入下一个阶段的旅程。

还记得我们曾经谈到的吗？传统上，为人父母是一种成人礼，包含三个主要阶段。然而，随着时代的改变，如今我们的世界要复杂得多。为人父母仍然是也将永远是一种成人礼，然而其包含的三个阶段已经无法完全概括现在为人父母所要经历的事情了。多年来，我倾听了成千上万的父母和伴侣的故事，我了解到，伴侣之间是在为人父母的八个阶段之中经历爱、学习和成长的。是的，有足足八个阶段！

很多人说，为人父母没法做好准备，但谢天谢地，这并非事实。在接下来的内容中，你将学到如何找到自己的方向，看到人生的转弯处，并在十字路口选择更适合自己的道路。你可以避开前人所陷入的沼泽，避开他们摔倒擦伤了膝盖的最为艰难的地方，避开他们举手投降的死胡同。更重要的是，即使你正在走入一些未知领域，你仍然可以相信自己、相信伴侣，你能够了解如何与伴侣共同组建你们的理想家庭。

第一阶段会陪你走过想要有一个宝宝、备孕、怀孕的过程。**第二阶段**将引导你度过新生命刚刚到来的头几年。**第三阶段**和**第四阶段**将帮助你度过生产之后六个月左右的时间。**第五阶段到第八阶段**则适用于接下来的几年，甚至会令你终身受益。

有些父母喜欢阅读他们自己正在经历的阶段；有些读者想要提前做好准备，之后便能勇往直前了。如果你是后者，我想要给你一个忠告：一次性阅读太多内容很可能让你感到信息量过载。这就像是在看一张地图，得记住上面所有需要避开的危险地方。

每次有一个新的小家伙来到你们的家庭中，你都要重新经历所有这些阶段。你可以重新做那些之前无意发现却没来得及做的事情，这是这场冒险所带来的众多礼物之一。

随着孩子的成长，你会发现自己一次又一次地经历这些阶段，请不要感到惊讶。家庭中的变化，比如搬家到一个新地方、转学到一所新学校、失去亲密的人，这些都会让你的家庭再次经历这些阶段。

你即将踏上为人父母的新旅程，这是一场全新的冒险，无论你现在身处何处。

在这个旅程中，你会发现一些前人所面临的最大的、最常见的挑战。如果有一些挑战对于你、伴侣、其他你所关心的人来讲都并不存在，就跳过这些内容，继续前行。

如果你也在面临类似的挑战，我邀请你停下来，审视当下。我将与你分享我所知道的在不同方面可能发生的事情。在某些地方，我会告诉你要放慢速度，或者停下来，多加小心，因为此处离暗礁越来越近了。有时候，我会告诉你回头看，或者向前看，催促你思考可能看到的东西。我希望这样能够帮助你发现新的角度和多种视角，以及前行的不同方式，为你提出新的建议。我还会在你最需要的时候，为你提供一些有用的信息。

有时候你和伴侣会一同前行，他会帮助你渡过难关，你会帮助他克服困难。有时候，甚至是经常，你们对于最佳的前行方向无法达成一致，因此会在遇到障碍时选择不同的道路，甚至有时会独自前行一段时间。有时候你们之间的距离可能比想象中要远，也许你们其中一个人骑着摩托车，另一个人独自骑着一辆双人自行车。还有一些时候，你会觉察到，你就在伴侣的下一个拐角处，但你看不到他，因为有东西遮挡了你的视线。所有这些现象都是正常的，无论你们之间的距离有多远，我都会一次又一次地指引你们回到彼此身边。

之后，我会鼓励你把所有交通工具都放在一边，多花时间徒步来探索为人父母一路上所遇到的风景。我建议你和伴侣按照一些步骤来走，它们帮助前人走过了同样的道路。这些步骤能够帮助你们更加接近想要的幸福、健康、稳定、充满爱的家庭，能够让你与伴侣更为亲密。

其中一些就像是宝宝迈出的小步子，另外一些是大的进阶。背上背包，你的旅程即将开始。

Becoming
Us

第一阶段

准备迎接宝宝（宝宝到来之前）

组建家庭的旅程在宝宝出生前很久就开始了。甚至是在一对伴侣打算有一个宝宝之前，他们就已经为宝宝的到来留出了空间。这可能表现在，挑选一个和自己一样渴望组建大家庭或只想要一个孩子的伴侣；或者你们本不想要孩子，但小生命的意外到来让你们必须构建一个空间。无论如何，这都是一个充满希望和可能性的空间。

怀孕是一段期待和等待的时期。但你最好利用这段时间来做好准备，变化马上就要到来。起初，你会注意到的是身体上的变化：乳房开始变得丰满，肚子逐渐挺起，感受到最初的胎动，惊奇于有另一个生命存在于自己身体里。之后是宝宝出生的巨大奇迹，这会在一夜之间让你们变成一个新的"我们"。

你事前准备得越多，事后需要做出的调整就越少。这让你有更多的时间、精力和注意力用于熟悉彼此的新面貌，以及了解自己新的一面。

随着你的肚子越来越大，宝宝用品越来越多，兴奋的亲戚们为宝宝做起了小鞋子，作为新手妈妈，你可能也会经历一种自己在不断变化的感觉。当你准备好告别你的旧生活，也许也要告别你的旧工作时，你的内心构建了一个新的空间，准备好被填满。

对于第二个孩子或者更多的孩子来说也是如此。怀孕、生产和为人父母的一些方面可能在第二次循环或更多次循环中发生改变。那些你在第一次循环中没有留意的事情可能突然冒出来。你可能再次遇到老问题，但这次你已经有了更多的想法和经验，能够用与以往不同的方式来处理它们。

随着宝宝出生的日子越来越近，你可能发现自己全神贯注于做好实际的准备，而生产这件事是如此重要，你很难把注意力集中在其他事情上。但是，当你们都期待着与宝宝见面并建立联结时，要意识到，你和伴侣之间的联结是同样重要的，这种联结也为宝宝的健康成长提供了支持。

当你在思考自己的未来，思考自己想要去往哪里时，也要想一想自己需要做些什么才能达到目标。当然，你可能需要一些其他的准备，但更重要的是，你可能需要一些指引和技能来应对未来的挑战。

现在，仔细收拾一下你的行囊，想一想你要带上什么。你的冒险马上开始！

生活变化

有朋友提醒我们，要做好生活发生巨大变化的准备。
我们应该对此感到担忧吗？

你肯定会有一些非常关心你的朋友，他们告诉你生活将发生巨大的变化。那么，你应该对此感到担忧吗？不，你不需要。你应该为此做好准备吗？是的，你应该做好准备。审视自己的生活，发现能够有所改进的地方并着手解决。比如：工作或生活平衡、营养摄取、身心健康、沟通、减压、家庭关系等。你不可能为每件事情做好准备，但你能够做的事情有很多。以下是一些方法，希望能够帮助你迈出第一步。

审视当下

一些问题。谁负责挣钱，谁负责操持家务？谁负责经营你们之间的伴侣关系？想一想，当你把时间和精力花在你非常宠爱，但会在很长一段时间里都把你榨干的宝宝身上时，这些事情会发生怎样的变化。想一想，你可能怎样改变周围的事物，怎样以不同的方式来满足自己的需求和愿望？你现在能够做些什么来简化宝宝出生后你们的生活？

应对措施

与有经验的人多多交流。鼓励他们诚实地说出他们曾经面临的变化和挑战。问问他们是如何应对这些变化的，或者他们曾经希望自己如何应对这些变化。在宝宝出生前后展开的这些对话可以帮助你更好地适应自己生活的变化。

准备饭菜。鼓励愿意负责准备饭菜的家庭成员随时准备饭菜，之后将食物冷冻起来，这样就有更多的时间和精力来做更重要的事情了，比如好好休息。确定一些家常惯例（比如，早餐用一杯热巧克力或者一盘水果来代替），在宝宝出生之后按照这个惯例来执行。

收纳整理。你听说过二八定律吗？在 80% 的时间里，你只会用你 20% 的东西（比如衣服、厨具等）。拿出一个下午的时间，把除了那 20% 之外的东西处理掉，这样你就能够省下大把不必要的打扫时间了。当你的孩子开始蹒跚学步时，家里东西少一些也会让你们的麻烦少一些。

现在我的妻子怀孕了，我有好多事情要做。这种状态会持续多久？

很高兴你现在能够问出这个问题。大多数人都能够看出一个挺着大肚子的孕妇所面临的挑战，但很少有人会想到她的伴侣此时同样遇到很多困难。大家还有一种普遍的看法是，女性在孕晚期需要帮助。但他们没有意识到刚刚生完孩子的女性需要更多的支持。她们在各个方面都需要他人的支持，这对于伴侣来说也是一个很大的挑战，伴侣也需要得到更多的支持。

审视当下

质量和数量同等重要。了解一下，妻子觉得哪些问题最为重要，并专注于这些问题。如果你不知道哪些问题对她来说比较重要，就去问问她。

你的精力都花在了哪里？你正在做的一些事情可能花费了你太多时间和精力，而这些本应投入于新家庭。现在是时候限制一下自己在那些事情上的投入了。

你要照顾好自己。确保自己吃得好、睡得好、经常锻炼身体。我们常常只是因为没有照顾好自己，而在所有事情上都感到疲惫不堪。

新手妈妈需要你。 在孩子出生后，新手妈妈几乎没有时间来每天做家务，包括做饭、打扫卫生、购物。与孩子的亲密接触和哺乳需要投入高度的专注力和精力，常常令她感到疲惫，那些需要注意细节或者长时间集中注意力的事情，对新手妈妈来说都很有挑战。她会经历情感和身体上的变化，她可能想要与人分享这些变化，帮助自己理解它们。你可能是她最想与之分享这些新经历的人。

妻子会产生新的需求。 新手妈妈在面对一个需要全方位呵护的宝宝时，通常会向丈夫寻求更高的能量和敏感度。她可能需要你照顾她和宝宝一段时间，需要你帮她拦住许多访客的拜访和电话问候，在她学习给宝宝哺乳的时候为她准备些零食和饮料，与总是想要介入你们生活的长辈设立边界。

应对措施

拥抱脆弱。 你的伴侣和孩子永远都需要你的照顾。为人父母是你挖掘和培养自己养育能力的最佳时机。

多多沟通。 新手爸爸可能担心给新手妈妈带来压力，而不愿说出自己的担忧。然而，新手妈妈会想要与新手爸爸建立紧密的联结，来分享自己的脆弱。分享彼此的担忧能够让你们建立更为深层的联结，这样也能让新手妈妈暂时忘却自己的烦恼。分享担忧所带来的亲密感可以减轻彼此的焦虑，让很多问题消失不见。

去结识其他爸爸。 所有父母都需要朋友来互通情报、寻求帮助、出去玩耍、获得建议，这些能让人暂时喘口气。这能够帮助你应对为人父母的现实情况，一起欢乐或是彼此共情，从为人父母的琐事之中逃离一会儿，并提醒自己（和伴侣），你们都是普通人。

建立支持系统。 你从来不应独自迎接挑战，你需要集体的力量。现在就开始建立你的支持系统吧。

调整预期

现在我怀孕了，我希望伴侣能够更加照顾我一些。我希望他能够更加体谅我的感受。

在这个时期，你会感到自己更脆弱、更敏感、更需要他人的照料，这非常常见，你会产生这些感受情有可原。然而，你的伴侣会对你的这些新需求做何反应，在一定程度上取决于你如何提出这些需求。

> 我们等待这个孩子的到来很久了，我想让伴侣知道，这件事对我来说多么重要。
>
> 这已经是我们的第二个孩子了，我不知道伴侣怎么想，但我希望这次我们为人父母的过程能和上次有所不同。

在孩子出生之后，伴侣之间普遍出现的一个问题是，他们不把对彼此的期待说出口。因此，在你的宝宝出生之前（在你开始经历睡眠不足之前），和伴侣谈一谈彼此的期望和担忧吧。

审视当下

身为准父母是一段自我发现的时期。花点时间来审视自己的内心，用语言来表达自己内心的感受。

你想要什么样的伴侣关系？在生命中这段富有意义又极为特殊的时期，你们极有可能更加亲密地分享彼此的想法。

期待、需求、要求是三件不同的事情。你需要从伴侣那里得到一些东西，并期待得到它们，这很正常。不过，不管你多么想要它们，你的伴侣都不太可能完全看穿你的心思。因此，多多和伴侣分享你的希望和期待吧，在你们的关系中培养这样的信心——彼此都能够放心地公开说出自己的需求。

应对措施

早些说出想法。你提出需求的方式会对伴侣如何做出反应产生影响。我们常常会期待伴侣凭直觉感受到我们的需求，因此，当我们不得不自己提出需求时，我们已经对伴侣心生怨愤了。

注意措辞。在提出自己的需求时，如果你的措辞像是一种批评——"你从来都没为我想一想"，或者一种命令——"你应该为我想一想"，那么你的伴侣只能感受到你在批评他或者命令他，而听不到你的需求是什么了。关于这一点，你可以回顾"绽放"这一章的内容，来获取更多信息。

当我和妈妈说我怀孕了的时候，我以为她会很激动，然而她并没有
这样，我感到震惊，也感到受伤。

人们通常会认为，他人做出的反应反映了他们对对方的感受，但情况往往并
非如此。通常情况下，他人的反应更多反映的是他们对自己或者自己处境的感
受，因此有可能在那个当下你很难理解他们做出的反应。

审视当下

成为祖父母是一个里程碑，不同人对这件事感受不同，通常祖父母会在这段
时间里重温自己过去的时光。

父母自己的经历。如果你的妈妈在自己孕期时吃了很多苦，那么她可能对你
感到担心。如果她想起自己孕期出现过一些婚姻问题，她就可能对孕期你和伴侣
之间的关系感到担忧。

假如你的爸爸记得，在你出生时，他的父母或者岳父母非常喜欢干预自己一
家的生活，或者立马消失不见，那么，他可能有所顾虑，思考自己要以何种程度
融入你们一家的生活。

应对措施

温和地做出提醒。你可以这样说："当我告诉你我怀孕的消息时，我注意到
你安静了下来（或者似乎有些不适或转移了话题）。我想知道你怎么了？"

敏锐地留意到这些时刻，让父母注意到自己做出的反应，你可能听到一个自
己完全不知道的背景故事。这样不仅为你了解自己的家人创造了机会，还能让你
收集更多的家庭故事来讲给下一代听。也许你也会找到新的理解方式和疗愈方式。

请父母讲讲过去的故事。了解一下父母的过去，他们担忧什么、恐惧什么，
看看有没有什么背景和线索能够帮助你更好地理解他们做出的反应。

我没怎么考虑过宝宝的事情，我的妻子很能干，我相信她能把一切
都处理好的。

至少在初为人母的头几周，甚至极有可能在头几个月里，你的妻子会进入生
存模式。在努力想办法满足新生命的需求的同时，她可能很难顾及自己的需求。
你的妻子需要你的帮助，甚至可能超过你所能提供的帮助。

　　比如，宝宝的到来带来了许多需要做出的决定，这些决定需要你们共同做出，并会影响到你们：你们打算在哪里生孩子？你的妻子需要你做何种准备？你们打算让宝宝在哪里睡觉？她打算母乳喂养吗？你们打算给宝宝打疫苗吗？你们各自打算请假多长时间？

审视当下

　　有些变化会很直接地影响你。你的妻子可能比以往任何时候都更加需要你（即使她没有告诉你这一点）。对你现在的生活方式来说，这意味着什么？你可能要准备好放下一些事务或者少做一些事情。

　　你的优先事项有哪些？思考一下你的事业发展，如果可能的话，暂时稳定一下，现在不是为了升职或者换工作而投入更多精力和时间的好时机。新手妈妈希望丈夫能早点回家，而不是更晚回家，她们想要压力小一点，而不是有更多的压力。

　　小事情会带来大不同。新手妈妈大部分时间都待在家里，尤其是在刚刚生完宝宝的一段时间，如果家里能够舒适一些就再好不过了。如果你很擅长修理房屋，就力所能及地将家里修修补补，这样新手妈妈就能更加专注于照顾自己和孩子了。把吊床挂起来，买些新的窗帘和坐垫，修一修难关合的窗户，或者养护一些植物，这样在她被困在家里的这段时间，她就能够呼吸到新鲜的空气、看到美丽的花草了。

　　宝宝喜欢踏实的感觉。宝宝在成长过程中需要有家的感觉。当你刚刚组建一个新家庭时，保持稳定的状态是个好主意。孩子喜欢自己熟悉的街道所带来的安全感和可预料性，知道哪棵树爬上去最开心，和哪些小朋友可以一起玩耍，哪些邻居家的小狗招人喜欢。友好的邻居、很棒的社区咖啡馆和游乐场都有助于优化新手妈妈暂时与社会隔绝的处境。

　　家由什么组成？比熟悉的街道所带来的感受更重要的是家的氛围。对于宝宝来说，一个平静、快乐、放松、充满爱的家是他的生命开始的最佳地方。这能够让他感到放松、感到安全。

应对措施

　　腾出时间来陪伴宝宝。现在就好好想一想，有哪些方式能够帮助自己将这个新家庭放在优先位置上，在生活中创造一些空间来为新家庭做出更多努力。

陪伴侣一起去产检。当然，你的工作可能让你没有时间这样做，但即使只是思考一下这些重要的问题，也会对你如何应对和适应宝宝到来的生活产生重大影响。你可以考虑请一位助产士，助产士能够在怀孕、生产和产后早期的各个方面为你们提供许多实际支持和情感上的支持。

多做研究。多多阅读，并与你认识的其他父母多多交流，了解未来生活的真实图景，并与伴侣分享你正在了解的事情。这些方式可以为你们的伴侣关系腾出空间来容纳小小的新生命。

翻开书。调整自己预期的最简单的方式就是坚持阅读！

复杂感受

自从我发现自己怀孕后，我的情绪就一直起起伏伏。
我的伴侣一定以为我疯了。
在宝宝出生之前有太多的事情要准备，我既感到兴奋又感到害怕。

由于你体内的激素发生了变化，对即将到来的生活变化产生了预期，而且你不断在适应自己怀孕的这个重大消息，因此你有着复杂的感受是正常的。对你来说，学会管理这些感受是很好的训练，能够帮助你应对为人母早期常见的情绪波动。

如果你曾经体验过做试管婴儿或者严格的儿童收养过程（或者两者均有），那么你很有可能感受到那段时间自己的情绪起伏很大，需要更多的情感支持。

审视当下

欢迎来到你们的内心世界。生下宝宝，不断地了解他，这是一段更加了解完整自己的过程。

你们有自己的内心声音。期待组建一个家庭，这是你和伴侣内心发生变化的开始。要多多关注自己的想法、感受和愿望，花时间把它们表达出来："我想……我感觉……我需要……"

你们都在经历变化。你和伴侣都在进行巨大的心理和情绪调整，有时候很难找到合适的语句来描述自己的直觉或者觉察到的某种暗示。当这种情况发生时，你们中的一方很容易专注于自己内心的变化，回归自己而推开伴侣。

应对措施

与伴侣以及信任的朋友**聊一聊自己的想法和感受**。这能够帮助你自然地释放自己的情绪。

把这些感受写下来。为人父母是一场探索自我和伴侣关系的旅程。在你用旅行日志记录一场冒险旅程的高潮时分和低谷时期的同时，你会因亲身经历这场旅程而受益。

专门研究母亲群体的温迪·勒布朗建议，当你还在怀孕的时候，就列出自己已经取得的所有成就以及助你取得成就的那些品质。这些品质同样会在你今后为人母的过程中派上用场。

注意饮食健康。咖啡因、糖、酒精等的刺激会加剧你的情绪波动。有些食物会影响你的血糖水平，使其飙升然后迅速下降，让你感到烦躁万分。尽量不摄入含有人工甜味剂的食物，比如大多数的减肥餐和软饮料。它们会令你情绪不振，也会对宝宝产生不良的影响。

开始自我关怀并将其融入自己的生活。这样，当孩子出生时，你就已经养成了一个好习惯。运动可以释放内啡肽，使人自然产生快感。找一家提供宝宝看护的健身房，或者探索一些可以在家中进行的产前锻炼。

放慢脚步。宝宝对时间的概念非常不同。他们不喜欢一直被催促，因此，从现在开始，留意自己在生活中是否很匆忙，有意识地放慢脚步。这样你会对宝宝感到舒适的节奏感到更为习惯。

一整天都在休息来克服疲惫，这只会让事情变得更糟。在能休息的时候休息，这是一个很好的练习，帮助你应对宝宝出生后的生活，宝宝出生后，好好休息会变得更难但更为重要，到时候你就能够理解我的意思了。

学会闭关。对一些人来说，自然而然地放松并没有那么容易，尤其如果你一直有着全职工作，社交生活也异常丰富的话，情况就更是如此。孕期是一段把你的生活调慢一到三个等级的时期，你会开始管理自己的精力，做好准备迎接为人母早期的马拉松。

多做尝试。不同的人适合使用不同的放松技术，现在是做出尝试的最佳时机，你可以尝试练习产前瑜伽，使用冥想软件，多多接触大自然，听听音乐，享受草药沐浴，或者把这些全都尝试一遍。

自从我们知道有了宝宝这件事情后，我的伴侣就时不时哭泣。

这样正常吗？我不知道该怎么办；我说的每句话似乎都让情况变得更糟。

这正常吗？绝对正常。她可能在经历好几件事情。在孕期，女性在适应体内激素和情绪的变化，这时产生许多复杂感受和情绪波动非常正常，特别是如果这次怀孕并非预料之中的，情况就更是如此了，比如宝宝比你们预计的时间更早到来，或者虽然你们想要宝宝，但对于养育宝宝有着许多矛盾的心态。

审视当下

妻子正在经历什么？她可能正在消化一些自己难以理解的情绪。

你正在经历什么？你会对妻子这种情绪化的状态自然地产生某种内在（和外在）反应。问一问你自己，你正在经历什么？困惑、无助、沮丧，还是其他的？

你的反应会影响妻子。伴侣关系是相互的，你们会相互影响。了解这一点能够让你更好地掌握你们之间发生的事情。如果你了解自己的反应会怎样影响妻子，你就能够运用这些新知识来指导自己做出恰当的反应，这样你们在这段时间就会更舒适一些，更愉快一些。

应对措施

鼓励妻子说出来。你们可能都在经历情绪的起起伏伏，看上去生活开始变得混乱。聊一聊自己内心正在经历什么，能够帮助人们更好地了解自己。有时候只是说出来就已经足够。使用"绽放"这一章中的技术来为妻子构建一个平台，把她的想法、感受和反应串联起来，这能够为你们双方都注入能量。

不要试图给出建议。这不是一个需要解决的问题。你需要倾听和关心妻子，这样就为她提供了一个安全空间来探索突然出现的"母性自我"。她会为此而感谢你的。

询问她的需求——可能比你想象中的要少。对于结果驱动型或问题解决型的人来说，倾听这个举动似乎等同于什么都不做。但事实并非如此，带着充分的关怀去倾听是在对她进行情感支持的过程。

同样为自己寻求支持。就像伴侣能说出心里的话对她很好一样，这样对你也有好处。多交往一些好朋友和好的倾听者，最好是同样刚刚组建新家庭的人，你们会有很多共同之处。

> 当我和丈夫说我怀孕了的消息时，我以为他会欣喜若狂，因为我们
> 已经期待一阵子了。尽管一开始他还是很激动的，但现在他似乎不怎么
> 高兴了，他也不会聊太多相关的事情，我感到非常绝望。

你可能很难理解伴侣做出的反应，但他的沉默可能并不意味着他对此感到失望。他可能正在消化自己诸多的生活变化，感到越来越不知所措。对于男性来说，成为爸爸之后感受到身体和经济上的压力，这很常见。有很多因素，或者越来越多的因素都会让他不再那么高兴。

审视当下

丈夫有什么顾虑吗？ 大多数新手爸爸都有许多顾虑，但他们并不总是表达出来。他们会选择自我消化，这可能是因为他们担心给伴侣带来压力，也可能是因为他们没有信心谈论这些事情。对大多数新手爸爸来说，他们一般最为担心家庭的经济状况、感到自己被冷落、面临情感生活和生活方式的巨大改变，以及如何和伴侣共同应对这些问题。

你们现在能够谈论哪些内容？ 现在是时候创造安全感、培养相关技能了，这样你们便能无话不谈。即使你们中的一方或者双方都拒绝讨论某个严肃的话题，你们之间的关系也会从其他方面经历挑战。

更为深入的伴侣关系。 在更深的情感层面来保持开放、分享自己，这能够为你们做好准备，来迎接你们为人父母的旅程，以及从更深远来讲，为你们与孩子之间建立良好的联结做好准备。

应对措施

开放沟通渠道。 在接下来的几周、几个月、几年里，会有无数关于为人父母这个话题的敏感对话。你们越早开启对话，就能在孩子到来之前进行越多的练习。

让对方知道自己理解对方。 问一问你的伴侣最近有什么烦心事，结果可能和你想象中的完全不同。虽然一开始他可能感到不适，但是让他说出自己的担忧能够帮助他缓解焦虑情绪，因为这能够让他感受到自己被人倾听，去探索解决方式，松一口气。你可以回顾"绽放"这一章，了解相关内容。

主动应对压力。新手爸爸感受到强大压力会增加其患产后抑郁症（paternal postnatal depression）的概率。现在是时候在你们的日常生活中制订一个定期开展的、家庭友好的减压方案了。

在需要时寻求帮助。如果你们之间的对话展露了任何一方对这段伴侣关系的任何担忧，你们可以立即寻找婚姻关系咨询师来帮助你们解决问题。研究表明，伴侣关系中存在很多问题的伴侣发现，他们在组建家庭的过程中面临了更多挑战。新手爸爸通常更为担心为人父母后的家庭财务问题，在这方面你们也可以听听其他人的建议。

建立联结

在产前育儿课上，老师谈论了关于联结的问题，但我不太明白其中的意思。

联结是你与宝宝之间产生某种联系的一种感觉。联结在你怀孕期间就已经构建了，随着你对这个小小的新生命的了解不断加深，你们之间的联结也逐渐加强。联结是宝宝的依恋类型的发源地。

虽然与宝宝之间的联结在产前育儿课上是被讨论最多的，但实际上对于一个稳定、安全、充满爱意的家庭来说，有三种联结是至关重要的：你和宝宝之间的联结、你的伴侣和宝宝之间的联结、你和伴侣之间的联结。

审视当下

联结对整个家庭都很重要。你们与宝宝之间的联结是独一无二的，这种感受非常独特。这种联结让你们都感受到自己是安全的、被滋养的、被保护的、拥有无条件的爱的、被接纳的。

展望宝宝的未来。与亲密的、一直提供陪伴的、温暖的、有责任感的父母或养育者建立安全联结能够让宝宝发展积极的自尊，能够在生活中探索自己的潜能，并构建各种健康的人际关系。

应对措施

感到好奇。当你的宝宝感受到这个陌生的新世界时，他在想些什么？对你的伴侣来说，为人父母的经历让他有何感受，是如何影响他的？对人产生兴趣、感到好奇是产生同理心的开始。

挤出时间来。与宝宝之间深层的联结并不一定会很快建立，特别是当孕产过程令人受尽折磨时。当你们都稍稍调整好状态，陪伴宝宝一起度过最初的几天、几周、几个月，彼此变得更加熟悉时，你们之间的联结便会逐渐建立起来。

你可以通过抱着宝宝拍拍他、看着宝宝的眼睛（他要是困了，眼睛就会看向别处）、学着解读宝宝寻求关注和关心的信号，以及通过你温暖的声音来与宝宝构建亲密的联结。所有这些方法都能促进宝宝关系脑的发育，增强他感到被支持和被爱的感受，最好是宝宝从父母双方那里都能得到这种关注。

做好准备去了解宝宝。约翰·戈特曼表示，在 70% 的情况下，父母通常一开始就误读了宝宝释放的信号。父母可能在宝宝并不觉得饿的时候就去喂他，或者在宝宝只想一个人睡觉的时候摇来摇去地哄他。你会找到办法解决这件事的。

做好准备去了解伴侣。伴侣之间也会释放一些微妙的信号，你们可能也会误读它们。如果你们能够解读这些信号，并在一天之中常常在一些细节上对彼此表达感激之情，那么你们之间的联结也会变得更为紧密。

注意措辞。常说"请"和"谢谢"能够帮助你们减少怨愤和理所应当的想法。多多使用"宝贝""亲爱的"这些昵称会让你们感到自己是被爱着的。彼此按摩一下肩膀能够展现出体贴，相互赞美彼此能够表达对彼此的关注，特别是在宝宝很可能已经夺走了你们大部分注意力的状态下。

做好准备寻求支持。初为人父 / 母是一段压力和责任都很重的时期，因此这成了拓展你的舒适圈来寻求帮助的最佳时机。你们会希望能把尽可能多的时间、注意力和精力花在关怀彼此身上。

你们的宝宝也会从中受益。

焦虑和抑郁

我妻子似乎情绪很低落。我听说过产后抑郁症，但怀孕期间也会出现抑郁的情况吗？

　　她对每件小事都很紧张。她看到家里有一点点灰尘都会难过起来。

　　我听说过"筑巢"这个阶段的情况，但我真的理解不了她。

　　每位孕妇都会有心情不好的阶段，可能感到自己浮肿、疲惫、压力很大或是激素分泌紊乱。如果你注意到自己这些症状出现得有些频繁或者一直持续，那么你可能在与产前抑郁（antenatal depression，AND）或产前焦虑（antenatal anxiety，ANA）做斗争。

　　在孕期产生轻度到中度的抑郁和焦虑，这种情况比大多数人想象中的都要常见得多，大约 10% 处在孕期的妈妈患有抑郁症，目前的研究还表明，出现焦虑的状况也非常普遍。不要感到惊慌，本书接下来会告诉你如何降低焦虑和抑郁带来的风险。

　　现在你已经注意到这一点了，这是件好事，因为如果不多加注意，孕期的焦虑可能意味着在生了宝宝后经历产后抑郁的风险更大。我们将在第三部分讨论更多这方面的内容。

　　如果你的伴侣确实感到抑郁或焦虑，那么现在得到支持能够显著地降低她在产后出现相关问题的概率。

　　产前焦虑和抑郁有时很难识别，因为在这个阶段，很多症状的出现都是非常正常的（比如疲惫、为宝宝担忧、对为人父母这件事感到担忧、喜怒无常）。然而，你需要留意自己是否持续地感到恐惧、绝望、无法享受通常会让自己快乐的事情，自己的饮食习惯和睡眠习惯是否产生了巨大的改变，自己是否缺乏内驱力或是感到极度疲惫，难以集中注意力和做决定，出现包括过度清洁在内的强迫行为、无法消失的闯入式担忧，以及无法控制的哭泣。

审视当下

　　你现在所做的事情正在产生影响。戈特曼的研究发现，在孕期接受过关系教育的准父母中，只有 22.5% 的人经历了产后抑郁，而在没有接受过关系教育的准父母中，66.5% 的人经历了产后抑郁。一项针对挪威 5 万多名女性的研究发现，怀孕期间产生焦虑的最主要因素是女性与伴侣之间的关系。本书可以帮助你着手了解焦虑和抑郁的感受。

应对措施

了解自己有多重要。你有着很强的能力让你的伴侣产生安全感和被支持的感觉，并减轻焦虑的感受。关怀和宽慰能够帮助人们走更远的路，你也可以寻求支持，来帮助自己保持精力。

帮助正在挣扎的伴侣。在为人父母的所有阶段，可能引发抑郁的一个重要因素便是伴侣的缺席。伴侣可以在新手妈妈的左右搭把手，帮她多多照顾自己，共同承担养育宝宝的责任。除了让新手妈妈开心，这也是一种为宝宝提供支持的方式，并且能够提升整个家庭的幸福水平。

靠近彼此来减少压力。当人们觉得自己不是孤身一人时，他们会感到压力小一点。在你们之间建立联结这件事和你们与宝宝之间建立联结非常相似：靠近彼此，投入关注，进行眼神交流，产生肢体接触，读懂彼此的信号，并做出支持性的回应。马上来和伴侣一起练习吧。

鼓励妻子把话说出来。可能引发抑郁的另一个原因是彼此把话藏在心里。把话说出来能够帮助新手妈妈觉察到自己的内在对话，逐渐适应把话说出来的感觉。如果你们每天都能进行持续的相互对话，你就能够做好准备，宝宝到来后你们将要对一些调整进行协商。

了解你们的期待。你们对宝宝到来之后生活的期待与现实之间的差距决定了你会如何应对困难和做出调整。最简单的了解方式是什么？继续向下读吧。

帮助妻子把情感发泄出来。除了口头表达，新手妈妈也能通过将自己的感受由身体表达出来而受益。时不时大哭一场会很有治疗效果，以适当的方式表达自己的愤怒和沮丧也会有所帮助。伴侣之间越是能够适应对彼此展露情绪，就越能够共同发现情感上的幸福，这对于为人父母的旅程来讲是很好的锻炼。

可以的话寻求专业人士的帮助。有些妈妈喜欢自己寻求帮助，另一些妈妈则喜欢和伴侣一同参与。对于负责为她提供关怀的专业人士来说，从你们双方处获取信息能够有所帮助。

新手妈妈不必因为害怕吃药而对寻求专业人士的帮助感到焦虑，轻度到中度的焦虑只需要一些自然的疗法便可。你们可以寻找不同的机构和专业人士来探索治疗方案。如果新手妈妈决定服用药物，你们可以寻找一些对宝宝健康无害的选择。

寻求家人和朋友的帮助。尤其是在孕晚期，你的妻子很难做饭或者承担繁重的家务劳动。随着宝宝不断长大，她会感到身体越发不适。伴侣和其他人可以帮忙做家务。这对于宝宝出生后的生活来讲也是很好的练习！

提醒她照顾好自己——少食多餐，保持稳定的血糖水平。如果新手妈妈在孕期感觉良好，就支持她定期做一些运动，比如瑜伽、散步、游泳。这些运动都能够促进内啡肽的分泌，让人感觉良好。多多休息、做些她平常会喜欢的事，这些都有利于她的心理和情绪健康。

> 我丈夫最近似乎变得有些多愁善感、更加孤僻了。
> 他也更加频繁地在外和朋友聚会了。我问他怎么了，他说他不想谈。

产生一些焦虑或低落的感受，这是新手爸爸在适应生活变化的过程中出现的正常现象。这些感受自然而然就会消失，特别是如果你们多多谈论它们，就会加速它们的消失。如果你的丈夫开始变得更加孤僻而敏感，这可能是因为他有一些更为深层的感受——由他个人早期家庭经历所引发，或者与他的依恋类型有关。不管出于何种原因，现在着手解决问题都是很重要的。新手爸爸在孕期的压力水平与他经历产后抑郁症的风险之间存在联结。

应对措施

帮助你的伴侣敞开心扉。要开放沟通的渠道，你首先需要获得对方的信任。只有当人们感到自己被大家接受和欣赏的时候，他们才会感到安全，愿意展露自己的更多信息。温和地注意伴侣的行为，和他聊聊心里话，并为他提供支持。

帮助他察觉自己的自我对话。自我对话就像做梦——我们都会做梦，即使我们察觉不到。消极的自我对话（比如"我是个白痴""我应对不了这件事""我是个失败者"）会引发焦虑或抑郁的感受。当你"鼓励"或"贬低"自己的时候，意识到自己在做这件事，这可以阻止助长消极感受的消极思维的出现。挑战你的消极自我对话，并代以更加积极、富有成效的思维，比如"我可以应对这件事""我是可以寻求帮助的"。正念冥想也能给你带来帮助，如果你对正念冥想并不了解，那么去研究一下这个领域吧，勇敢尝试一下。

分享自己的担忧。你们都是人，而且在同一条船上。假装自己没有任何烦恼可能让对方感觉更糟糕、更孤独。分享你自己的担忧，问问伴侣是否有着相同的或者不同的担忧。如果他表现出了防御性，那么可能是因为你的提问方式不佳，好好准备，再试一次。

为生产做好准备

我最好的朋友的生产经历非常痛苦。

随着我预产期的临近，我和伴侣都有一点儿焦虑。

我真的很想在家里生产。我丈夫说不可能这样。

无论你们的宝宝以何种方式来到这个世界，最好的准备方法就是多多了解不同的生产选择和生产措施，尽可能多地了解自己会面临什么情况。这样你们便可以拥有更多的决定权，也可以充分了解自己身体的基础情况，避免并发症的发生。生产对于宝宝的父母双方来说都是一次紧张的经历，因此做好准备、彼此支持对于你们双方来说都必不可少。

审视当下

生产是你们共同旅程中的经历。 因为你们共同旅行至此，所以一起研究、一起探索，从学到的知识之中汲取力量，无论这段经历如何展开，你们都共同度过。

做好准备对父母双方来说都必不可少。 一些生产专业人员（比如助产士、产科医生、导乐师）会比其他人更适应与宝宝爸爸一起工作。认真地选择你的生产支持团队。

应对措施

寻找一位能够听取你们双方意见的专业人士。 你的生产经历可能对于你们之间的伴侣关系意义重大，因此寻找一位能够理解你们双方正常情绪和需求（包括恐惧和焦虑）的专业人士，让整个生产团队在新手妈妈的生产过程中各司其职。

雇用一位导乐师可能是一项明智的投资。 如果你们感受到一位关心你们双方以及孩子的专业人士为你们做好了准备、提供了很好的支持，你和伴侣就不太会被生产过程吓坏。一位优秀的导乐师会帮助你和伴侣在生产过程中加深联结，这种额外的支持也可以降低你经历生产创伤的风险。

让我们在这趟旅程中稍作停留。我们儿子在出生时的情况本来可能给我们带来创伤，因为当时情况有些复杂，他一出生就马上被送往新生儿特别护理室。这种情况并不是很好，但由于我们的助产士非常专业，因此我从未担心他会有危险，也没有受到什么精神创伤。以下是为你准备的应对措施。

和有经验的朋友和家人聊一聊。 向他们提一些问题，并鼓励他们诚实做出回答。他们能够为你提供许多可供参考的生产经验，但要知道，你的经历仍然会和他们的经历非常不同。

探索生产课程和为人父母预备课程。 医院的课程通常只涉及生产的基本知识，因此你可以探索其他关注点更为广泛、能满足双方需求的课程。研究表明，感受到自己至少为宝宝出生之后的生活做出了一些准备，这能够带来更好的生产结果。有时候可能是因为妈妈总是在担心下一步该怎么办，于是宝宝想要早一点出来。你甚至可能在自己身边就遇到由本书训练而成的"专业人士"，你也可以向你最喜欢的生产专家推荐本书，这样他们就能够了解如何向你们提供最好的支持，让你们整个家庭都有一个最好的开始，为进入下一阶段做好准备。

在生理上做好准备。 放松练习和深呼吸练习（可以在伴侣的引导语下进行）有助于软化并打开宫颈。指压动作有助于缓解疼痛（丈夫也可以学习为妻子做这件事）。虽然这有一点违反直觉，但放松地驶入并"跟随"宫缩的浪潮跃动，就像在冲浪一样，之后在宫缩的间歇期全然地放松，这能够让生产的过程更为平静和温和。虽然这听起来很奇怪，但自然生产的过程有点像什么也不做，让自己的大脑休息一下，相信自己的身体，让它接管所有的事情。

知道何时放手。 为人父母意味着你们要开始拥抱自己无法控制的生活。你们与不确定性之间建立了一种新的关系，并逐渐接受生活之中不确定性的存在。对于生产过程来说，如果出现了你预料和计划之外的事情，你会感到恐惧。这并非你的某种失败，会有专业人士指导你渡过难关，你的伴侣也会一直伴你左右。我们都能够找到属于自己的道路。如果你出于某种原因产生迷失感或被抛弃感，那么在你的下一段旅程中会有其他专业人士来支持你、指引你。

做最坏的打算，抱最好的希望。 你要在精神上、情感上、生理上做好准备。探索一下本书第三部分中生产创伤的症状描述和建议治疗方法，这样你就不会害怕一些未知的事情，如果意外发生，你们都知道该怎么做。如果意外确实发生了，你为此感到苦恼，那么你应该和你的内科医生、产科医生、助产士、护士或导乐师谈一谈，请他们把你介绍给心理咨询专家。不要让他人轻视你的经历和体验，生产创伤是可能发生的，发生时需要得到支持和治疗。

性生活

在妻子怀孕期间，我们可以拥有性生活吗？

从生理上来说，你们一直都可以拥有性生活，除非你的孕期护理师有其他的建议。许多伴侣发现，孕中期是双方特别渴望性爱的一个时期。随着孕晚期的临近，你们可能需要开发更多新的性爱姿势。

做好充分的准备，预产期最后一周左右的性生活可能引发生产。

在妻子孕期的某些阶段，你们可能在生理上感到尴尬，情绪上感到不舒服。在孕期，妻子的情绪会产生波动，性欲也会忽上忽下，因此丈夫要敏感一点、耐心一些，等待妻子抛出的信号。

我丈夫还是一如既往地性欲高涨，但我现在没什么心思。

你可能对孕期的性生活感到尴尬，这可以理解，但这是一件需要你们谨慎地协商的事情。当妻子拒绝性爱时，有些丈夫会非常情绪化。

审视当下

新的理解。有些人认为性生活对男性比对女性更重要。这件事乍看起来显而易见，而其原因却没那么为人所知。有些男性觉得性爱是他们与伴侣之间最为亲密、最能感受到爱意的事情，如果是这样，那么失去性爱的亲密对他们来说可能是毁灭性的。你们最好可以聊一聊这件事。

应对措施

要坚信这并非伴侣在拒绝你——你还是会觉得妻子很可爱，会和她一起构建其他的亲密联结方式。我们将在为人父母的第八阶段讨论更多这方面内容。

现在我怀孕了，我过去从未感到如此性欲高涨。我快要疯了，可是我丈夫一直找借口不和我在身体上亲近，我开始感到受伤了。我俩谁的反应更正常一些？

答案很简单：你们的反应都很正常。在妻子孕期，伴侣双方性欲发生变化，这是很常见的，因此不要惊慌。孕期可能是伴侣之间性冲动不再匹配的一个开端，你们迟早要在伴侣关系的某个阶段处理这个问题——一方或双方处于压力之中的阶段、健康状况不佳的阶段，双方都已变老的阶段。

审视当下

是你的原因吗？ 可能事实并非如此。即使伴侣没有和你谈论过即将面临的生活变化，他也会感到压力，而压力往往会扼杀性欲，一些其他因素也会影响性欲。如果你们在备孕上投入了很多精力，伴侣可能想要休息一下，重新享受一下自由的性爱。也许伴侣已经提早代入了他即将扮演的角色，或者更多地感受到你现在需要保护。这些都不代表他对你的感情发生了改变。

寻找舒服的方式。 开诚布公地交流足以缓解所有恐惧的情绪，你们或许也可以找到让双方都感觉更舒服的姿势或方法。

应对措施

聊一聊这件事。 在妻子的孕后期，男性在性生活方面会在生理上和情感上都感到尴尬。有些男性会觉得宝宝在看着自己，甚至担心宝宝会在自己的性爱过程中受伤。现在就和你的伴侣聊一聊你的性欲和需求吧，这会为你们在产后一段时间的性生活指明方向。事实是，丈夫在和你亲近时不需要担心伤到宝宝，因为孕期的子宫会改变位置，来保证宝宝的安全。

对你自己的性欲负责。 我们都不喜欢迫于压力去满足伴侣的性需求。如果你还没有学会取悦自己，那就学习和适应起来吧。这会减少你对伴侣的失望和怨愤，减轻你们双方的压力。对一些妈妈来说，在产后学会取悦自己可能有些难度，因此，从现在开始，欣赏你的身体吧。

> 我的妻子胸部丰满，肚子圆润，她看上去非常性感，但她现在就是对性爱不感兴趣。

很多伴侣发现，妻子在孕期身体的成熟激起自己很多性欲。你可能很喜欢妻子现在的样子和身材，但是她的身体很有可能在忙着做别的事情。

审视当下

是你的原因吗？ 可能事实并非如此，你的妻子拥有这样的感受是有原因的，但这些原因都与你无关。疲惫、不适，以及对自己身体变化的自我意识都在影响着她的性欲。她可能还会对即将面临的生活变化感到担心，甚至对性生活和母性有一些困惑。所有这些感受都是正常的，可能就是你现在的性需求不在她的关注范围之内。

一些其他想法。 大多数伴侣发现他们的性生活在宝宝出生前后都会短暂发生变化，如果这个问题没有处理得当，那么它可能变成永久的麻烦而不是消失不见。确保沟通渠道畅通更有可能更快地恢复双方都满意的性生活。

应对措施

发现其他建立联结的方式。 伴侣中的一方可能在性爱中感受到彼此之间的联结，而另一方可能在伴侣关系中感受到同样甚至更多的联结。我们将在为人父母的第八阶段讨论更多这方面内容。

制造浪漫气氛。 浪漫是伴侣关系的润滑剂，它使关系的引擎持续运转。如果你们之前的伴侣关系并非特别浪漫的类型，那么现在是为其注入浪漫这个成分的最佳时机。随着时间的推移，你们通过浪漫所建立的爱的联结会弥补性生活的某些缺失。浪漫并不一定异常昂贵或华丽，你可以给妻子诵读书上的一段感人内容，散步的时候摘一朵花给她，时不时给她做一下足底按摩（她会非常喜欢足底按摩的，特别是在孕晚期）。

帮助她聊一聊自己的感受，接受并帮助她明确自己的感受，并与她分享你的感受。等到时机成熟，这些亲密的谈话所带来的情感上的亲密，能够为你们身体上的亲密铺平道路。

与伴侣父母的关系

我和我丈夫成长的文化背景不同，他的妈妈总是想要帮忙，但她的建议总是有点儿不靠谱。大家的关系开始变得紧张起来。

在"生活事件压力量表"（Life Events stress scale）中，与伴侣父母的矛盾所带来的压力排在第 29 位，对一些伴侣来说，这是一个真实存在的紧迫问题。它非常棘手，需要谨慎处理。在你们的宝宝出生后，这种情况可能变得更糟，你可能发现你比之前更加需要伴侣父母的帮助，但没有那么多时间和精力同他们一起解决问题。你最不想遭遇的情况就是让你的丈夫夹在你与他的父母之间，面对妻子和父母左右为难。

审视当下

你们之间的关系是有基础的。在为人父母这段时期，伴侣关系的动力、基本结构和功能都会发生变化，它的平衡也可能被其他强大的家庭关系动力（比如你与父母之间或者伴侣与其父母之间的关系）所打破。这是一个亟待解决的问题。如果你总是努力回避这个问题，它就很有可能为你们的未来埋下隐患。

你是有边界的。在你和伴侣为人父母的那一刻，一个新的家庭单位便诞生了，这个家庭的运作方式可能与上一代非常不同。你们想要自己的家庭拥有怎样的面貌？你们想要自己的家庭如何与众不同？你们想要向孩子传递什么样的价值观？你们需要共同决定哪些选择对于你们正在共同建立的家庭来说是正确的选择。

到底是谁的问题？你是否在期待伴侣来解决你的问题？或者是否你的伴侣想要你去解决他的问题？还是你们双方都有问题？弄清楚问题的"主人"是谁，这能够帮助你们弄清楚谁在这个问题上负有最大的责任。责任（思考一下这个单词：response-ability，做出反应 – 能力）意味着掌控。当你把本该自己解决的问题交给他人解决的时候，问题会变得更为复杂，而实际上这是你自己的问题。你现在搞明白为什么这件事总是让你陷入困境了吗？

你们需要什么？在你们为人父母之后，自尊自信是你们都需要的技能。带着这种态度来处理有宝宝之后的生活问题是最好的做法，因为你们可能再也没有时间和精力做其他事情。

沉默意味着同意，如果你不把事情或问题说出来，你的伴侣和伴侣的父母可能默认你没有意见。事情拖得越久，你越保持沉默，就越难回头。

应对措施

终身学习。关于照顾宝宝和抚养孩子的最佳方式，在过去的几代中发生了很大的变化。现在对于你和伴侣来说是一个最佳时间，你们可以在宝宝到来之前（在你们还有更多时间之前）在相关方面做一做功课，并多多讨论，这样你们就能够共同走上为人父母的旅程。

说出你们的选择。不管谁去和父母进行交涉，在你们之间先要达成一致。最好的情况是，你们能够形成统一战线。你们中的一个人可以说"我们已经讨论过这个问题"或者"我们已经做出了决定"。

对事不对人。伴侣的父母之所以给你提供建议，是因为他们很关心你、关心他们的孙辈，他们的出发点是好的，有问题的是那些有可能已经过时的或者不恰当的建议。因此，问题并非出在伴侣的父母身上，而是信息可能有误。你们在对话时要将关注点放在信息上，这可能带来更好的结果。

在交流时注意措辞。如果你讲的话非常消极，那么你的伴侣更有可能觉得自己需要站在自己的父母一边来保护他们。

使用三明治反馈法——积极＋消极＋积极。比如："你想要参与我们的家庭事务，我们对此非常开心，但我们不确定……我们真正想要的是……"这样既能保护你们之间的关系，又能让你在遇到问题时立场坚定。

> 我和父母之间的关系一直很复杂。我自己为人父/母这件事会对我和父母之间的关系产生怎样的影响，我对此感到担心。

你能够觉察到自己的这些担忧是件好事，因为为人父母是一段回顾自己过去时光的经历，大多数人都会下意识地这样做。因此，如果你在童年时期搬过几次家，你可能更加强烈地想要自己的孩子有一个稳定的成长环境。如果你的爸爸在你六岁时抛弃了你的家庭，那么当你的孩子差不多大的时候，你可能发现自己格外焦虑。之前妨碍你与自己父母建立密切关系的所有因素现在都有可能再次出现，引发你的担忧。在初为人父母之时，产生这些恐惧是很正常的，并不出人意料。

审视当下

你并不孤单。大多数父母都想比自己的父母做得更好，这主要是因为，我们现在更加了解宝宝和孩子需要从养育者那里得到什么才能更加快乐、健康、完满。现在我们有无数的图书、课程、学习资源，你父母当时并没有这些，那时你父母让你感到失望通常并不是因为他们故意忽视你，而更多是因为他们缺乏相关的意识，或者出于他们当时所处环境的局限性。

换种角度来看待父母。在组建你自己家庭的过程中，你会看到父母的脆弱，他们和你承担着同样的压力，有着同样的担忧（甚至更多）。对一些人来说，他们对父母的崇拜可能从此下降一两个层次；对另一些人来说，为人父母的经历可能让他们对曾经对父母的失望产生新的认识。无论怎样，你所获得的新的洞察力和共情力都能为你带来解脱和治愈的感受，以及新的联结。

你能够以不同的方式来感受你的父母。 你可能惊喜地发现，你的这些新的体验非但没有成为压力的来源，反而构建了一种重新欣赏和理解父母的联结。一项研究发现，与其他家庭关系相比，母女关系能够包容更多的不愉快。

应对措施

利用宝宝出生前的这段时间来解决这个问题。 如果你需要帮助，你可以寻求心理咨询师或心理学家的支持。和一个好的倾听者谈论令你感到痛苦的事情会让你有机会以一种新的、安全的方式重新体验过去的事情，获得洞察力、新的视角以及治愈的感受。这可以帮你从旧有的心态和模式中解脱出来，它们会影响你的现在，还可能影响你的孩子的未来。以任何可能的方式来与你的父母（以及你孩子的祖父母）和睦相处，这是为人父母过程中的重要一步。

向内探寻。 花些时间回顾你出生时的环境以及你的童年，试着与你的内在小孩熟识起来。那时你需要什么？想要什么？现在你自己也为人父母了，想一想你能否给自己提供那些小时候从父母那里得不到的东西。

向外探索。 有意识地反思你的过去，并做出选择来转变心态、改变家庭模式，这意味着你可以利用自己的经验和智慧来为自己的孩子搭建未来，而不是一味地让孩子经历你的过去。想一想你所体验到的父母之间伴侣关系的风格，以此为灵感，找到你们自己的风格，开启你们自己的旅程。

不要用力过猛。 有些父母总是试图弥补自己的过去，以至于做得过头了。不要苛求完美，父母的放松、快乐、治愈性对宝宝来说是最好的体验。

身为爸爸的担忧

我小的时候爸爸不怎么在我身边。他在的时候，也没多少时间陪我们。

我没有一个身为爸爸的榜样，因此担心自己无法成为一个好爸爸。

我们稍后会更多谈论一下，成为爸爸这件事会如何对新手爸爸产生影响。现在我们先从这个问题出发：当你组建一个家庭之后，你便被夹在两代人之间，也就是"你是如何被抚养长大的"和"你想要如何培养你的孩子"之间。对于在成长过程中缺少爸爸陪伴的新手爸爸来说，这是一个特别普遍的担忧。

前几代人的爸爸，即便时常陪在孩子身边，也常常在情感上疏远孩子。直到最近这些年，随着人们的工作方式越来越灵活，对情绪智力也有了更好的理解，这种态度才逐渐发生改变，现在的爸爸开始能够有更多的时间陪在孩子身边，在情感上也与孩子更为亲密。

你的担忧恰好说明你想要当一个好爸爸。一些最好的爸爸恰好是那些从自己的爸爸身上了解了什么是不该做的，或者由于没有可以学习的榜样，因此不得不一直有意识地弥补这一点的人。在某些方面有缺失的爸爸会更有动力来好好陪伴自己的孩子。

审视当下

孩子需要你。 父母与孩子的互动可以促进孩子大脑的发育。从孩子出生起，你们就在指导孩子的个人发展和社会发展。有些方法只有你们使用才可能拓展孩子对这个世界的体验。

你拓展了孩子的联结能力。 这里有一些值得思考的方面：爸爸 / 妈妈通常是第一个把一次爱不止一个人的能力传递给孩子的人，这是他们一生之中建立其他关系的基础。

应对措施

问问你自己。 你之前想从爸爸那里得到什么？你需要什么？你感到自己足够重要，值得他的时间和关注吗？你想要得到他的指导，想要他教你如何做事吗？你们在日常生活中是如何相处的？你如何把你的时间和关注分配给你的孩子？他们想要从你身上得到其他的东西吗？做一个你自己和你的孩子都喜欢的爸爸，可以帮助你愈合童年的创伤。我们将在本书第三部分讨论更多这方面的内容。

扭转局势。 想一想你的榜样会怎么做，追随他的脚步。这个榜样可以是电视或电影明星，只要他能给你带来力量就可以。

寻找资源。 你可以从一些很好的图书、光盘、网站、在线社区中了解很多信息，来帮助你成为一位积极的、有参与感的爸爸，你可以通过多多学习来保证这一点。

财务状况

**我妻子的收入比我高。我很担心孩子出生后家庭的财务状况变差。
我应该多接一份工作吗？**

承担家庭的经济负担是爸爸或伴侣面临的紧迫问题。不过，你可能发现，财务状况只是你想要的家庭生活的一部分，你们都能从中受益。

审视当下

不同的视角。与做两份工作相比，不做会给你带来怎样的代价？在孩子成长的所有阶段，缺席孩子的生活都会对其产生影响——婴儿时期的亲密联结、幼儿时期的语言能力发展、社交能力的发展，以及在学校可能出现的更多的行为问题。父母双方在孩子的生活中都很重要。

你们能够双方都做兼职工作，共同照顾孩子吗？妈妈重返工作岗位的计划或愿望是怎样的？你们有没有共同考虑过你做全职爸爸的利与弊？

重新评估优先级和之前的承诺。你的妻子需要你成为她真正意义上的伴侣，你的孩子需要你的陪伴。虽然经济压力会侵蚀一个家庭的安全感，但你持续缺席家庭生活的影响会更为严重。

同样，你的妻子可能也想要评估自己的工作欲望、保持自己的职场竞争力。有时候只有在孩子出生之后才可能出现这种状态。你们可以一起探索处理工作和照顾孩子的各种方式，这样你们的家庭生活就不会有太大的牺牲。

应对措施

制订家庭计划。大多数人都非常清楚自己的职业规划，至少清楚制订职业规划的重要性。有意识地交流并制订家庭计划也很重要。你们想要养育几个孩子？在什么时候生宝宝？这会如何影响你们的职业生活？之后你们要去哪里度假，多久度假一次，预算大概多少？孩子要上公立学校还是私立学校？你们要在哪里定居，是要搬家，还是翻新现在的房子？你们需要两辆车吗，是买配置低一点儿的还是高一点儿的？一些投资计划可以再等几年实施吗？你们可以选择哪些托儿服务？宝宝需要可以预测的、有回应的、温柔的关怀来形成自己的安全联结。

想办法存钱或节省开支。你真正需要什么？什么是你可以舍弃的？放弃那些昂贵的宝宝用品吧，它们纯粹是浪费钱。节约预算，削减开支，重新申请抵押贷款。在家的时候花点时间来做一些你通常需要付费的家务。

寻求财务建议。向有信誉的理财规划师或商业指导师寻求帮助，他们能理解你们在这个时候减轻自身财务压力的必要性。探索各种选择，讨论最适合你们家庭情况的选择。

休假时间

　　我们的孩子马上就要出生了，我不确定自己应该休假多长时间。

你是否愿意、是否有能力支持你的新家庭是至关重要的，因此你要了解一下公司允许自己休假多长时间，与你的伴侣和雇主都讨论一下各种选择的可能性。

你所能得到外界帮助的多少会决定你是一次性休完假还是分成几个月休假。当新生儿到来的兴奋退去，外界帮助也变少时，休假的时间对你们来说很有帮助。

工作的灵活性是关键，有着不同的表现形式，比如早点下班、居家办公，或者缩短每周的工作时间。

审视当下

为人父母的方式从一开始就很重要。在最初的几周，你的宝宝能够认出并回应你的声音和触摸。这是你们之间联结的开始，你花在宝宝身上的时间越多，你们建立联结的机会就越多，你们之间的联结也就越稳固。

你的伴侣也需要你。初为人母对妻子、对你们的关系来说都是一个脆弱的时期。她需要一个真正意义上的伴侣。

什么是最重要的？有时候，你不得不放下手头的工作，专注于人生命中最重要的事情，比如健康问题、失去亲密的人，或者重大的人生变化。现在你就在经历这样的时期。

提前思考你可以参与家庭生活的方式。新手爸爸可以做很多事情，除了母乳喂养（也有解决方法），你有很多育儿任务可以选择：给宝宝洗澡、换衣服、哄睡和陪玩。如果你打算负责晚上带孩子，那么白天就不要工作太累了。

应对措施

提前规划。你可以简化生活的哪些方面，从而专注于你的新家庭？现在不是制定新的职业规划的最佳时期（除非新的职业规划能够让你花更多的时间待在家里），也不是计划房子大规模装修的时候。然而有时候你无法避免这些情况的发生。在这种时候，社会支持网络、备用计划，以及对自己和伴侣所能处理的事情有着务实的态度便至关重要了。

多多觉察。大多数的新手爸妈都没能为睡眠不足带来的影响做好准备。至少在最初的几个月里，妈妈晚上大部分时间都在哺乳和哄睡宝宝，需要有人在身边一起照顾宝宝，这样她才能在白天时不时休息一下。即使到了宝宝喝奶更快、没那么频繁的时期，每天夜里喂奶这件事也非常累人。你们可能需要考虑合作解决这个问题。

交流期望。弄清楚彼此真正的期望是什么。现在不是你们对彼此产生误解的时候，误解是造成不必要的争吵的主要因素。

参与其中。你可能发现，为人父母初期所感受到的不确定性和压力让你有时不想回家，只想在公司加班。但是参与家庭生活的好处是无法衡量的，尤其是从长远来看。研究告诉我们，孩子在成长过程中与爸爸的关系越好，他们陷入酒精成瘾、犯罪和不健康人际关系的风险越低。这是非常重要的影响。

现在你已经处于为人父母之旅第一阶段的尾声。我希望你已经做好了充分的准备，来进入下一个更加令人兴奋的阶段。

在你即将步入为人父母的旅程时，如果你向我寻求一则建议，我会说：当你有了孩子之后，你的生活确实会发生改变，你身边的人会发生改变，你们之间的关系也会发生改变。不要与这些改变做斗争，否则最后可能争论不休。拥抱变化，抱抱你的伴侣。把那些救生筏绑在一起，做好准备来迎接你们的生命之旅吧。

我很快就会在对岸与你相遇。

Becoming
Us

第二阶段

筑巢（为人父母的最初几周）

你们成功地到达了这一阶段，恭喜你！我希望你们之前的旅程比较平静，不过很有可能你们之前的旅程比较颠簸，或许你们还经历了紧急着陆。

或许，你们还没开始经历这些，而是处于孕期，在提前阅读相关内容，认真地做好准备工作。

现在你们即将踏上为人父母之旅的第二阶段。在你们的新家庭出现的第一个月左右的时间里，你们每个人都发生了巨大的变化。你们的宝宝在不断适应他之前生长的完美环境之外的生活，逐渐习惯外界的灯光、声音和其他一些感觉。

与此同时，你和伴侣正在适应你们为人父母和育儿伙伴这些新角色。照顾宝宝不仅仅是完成各种任务，你们还要做出许多新的决定、权衡和听取他人的建议、面对一些意想不到的挑战。你处理这些早期问题的方式将会影响宝宝来到的这个家庭（巢）的氛围。

尽可能地放下自己的压力，静下心来。把所有杂念都抛之脑后，争取尽可能多的时间来关注家里发生的事情。想一想，人们去往一个新的时区会产生怎样的时差反应？在接下来的几周或几个月里，你可能经常有这样的感受，因为你正在去往一个新的生活时区。当你们成为"我们"时，时间就有了新的意义。

母乳喂养

我已经开始母乳喂养了，我想要坚持久一点，但我的几个朋友在这
方面都经历了一些困难，因此我不确定自己适不适合继续母乳喂养。
我的伴侣说不管我做出什么决定他都支持我。

可能有很多人告诉你，母乳喂养非常简单、方便、自然。不好的消息是，
大多数妈妈（和处于哺乳期的父母）在母乳喂养的初期都面临了很多挑战。这
是一件需要你和宝宝共同学习的事情，一开始可能在身体和情感上都令人沮丧、
非常耗时、令人感到痛苦和艰难。一些女性会出现乳房疼痛、乳头内陷或破裂，
以及乳腺炎的情况。你可能担心宝宝喝不到足够的奶，但这种情况通常很少
发生。

好消息是，母乳喂养确实更为简单、方便，不需频繁喂养，让人更为愉悦，
其所带来的长期好处远远超过你的早期挣扎带来的影响。对于你的宝宝来说，母
乳喂养最为便宜、方便、营养丰富。对于许多母亲来说，母乳喂养也是一段非常
令人满意的、感到亲密的、给人带来力量的经历。另外无论你和宝宝适合怎样的
喂养方式，你的伴侣的支持都会令你受益。

审视当下

学习新东西有时令人感到挫败，特别是当你期待自己学得更快，或者强迫自
己做得更好的时候。之后你就会觉得自己很失败，这时他人的帮助和支持至关重
要。不要害怕向他人提出要求，放下对自己的期望，温柔地对待自己。

伴侣的态度。如果你的伴侣支持你，那么你更有可能尝试并坚持母乳喂养。
让你的伴侣了解这件事对你很重要，以及他可以怎样帮助你。

母乳喂养会消耗你的精力，因此你需要定期休息，尤其是在你的奶量逐渐上
升的最初几周，到了下午，你的精力就开始减退了。

应对措施

多多学习。多与其他进行母乳喂养的妈妈交流，但要知道你们的经历可能非常不同。阅读更多资料，与助产士和哺乳顾问多多交流。查看母乳喂养网站的信息。你掌握的信息越多，你就能够对不同的喂养情况制定越多的应急方案。

和伴侣谈一谈你的期望、首选方案和备选计划。比如，你可能决定每周有几次选择挤奶，这样伴侣就可以用奶瓶喂宝宝，你就有了自己非常需要的休息时间。或者你们可以找位保姆照看孩子，你们一起出去玩一晚。

做好准备，事情可能发生变化。有时候事情没有按照计划进行，你需要外界的帮助来增加奶量，或者处理自己的乳腺炎、改喂配方奶等。现在对你来说可能是比较艰难的时刻，你需要做出很多艰难的决定。有伴侣的支持会让事情变得容易一些，并确保你在这段旅程中不会感到孤独。

疲　　惫

我完全没有预料到要花这么多时间和精力才能让一个孩子活下来，
更不用说做好准备当一个好妈妈了。

在过去，照顾一个宝宝需要一个村庄的人的力量，现在仍然如此。健康运动的创始人之一约翰·特拉维斯博士（John Travis，MD）说，每个宝宝需要 3.87 双手臂来满足自己的需求，现在你知道为什么会疲惫了吧！

大多数父母都会震惊地发现，在新生儿阶段，仅仅是给宝宝喂食和换尿布就会占据一天的大部分时间，不仅白天是这样，晚上也是如此。母乳喂养对妈妈来说很累，睡眠不足困扰着家里的每一个人。虽然你无法避免这些情况的发生，但你可以做一些事情来避免自己陷入疲惫的泥淖之中，不被成堆要洗的衣服吞没。

审视当下

你的目标是什么？ 在为人父母初期，你的目标不应该是"恢复正常"，而是与伴侣共同努力构建一种适合你们整个家庭的"新常态"。与其把目标放在并非关键的完成家务这个问题上，不如想想如何令所有人都更加健康、开心、休息充分。

你有自己的节奏。在为人父母初期，你不仅要学会管理时间，还需要管理精力。在一天之中，你的精力会自然而然地经历峰值和低谷，如果在宝宝精力处于峰值时，你的精力处于低谷，那么你可能感到非常难熬。

你的宝宝有自己的节奏。在时间管理上，宝宝已经习惯了比你慢三倍的速度。当你和他步调一致时，你们之间更有可能产生更为亲密的联结。

你想证明什么？给自己施加太多的压力，强迫自己把每件事都做得完美甚至过于完美，这是一种不必要的自我牺牲，对任何人都没有好处。对你的宝宝来说，你不需要向任何人证明什么，你本来就是一个好妈妈。

应对措施

降低你的期望。抵制自己想要"有所成就"的冲动。在这个阶段，你只要做那些需要你做的事情就足够了，这只是一个阶段，很快就会度过的。

重新评估你的目标。尤其是如果你是那种每天都要手写信件、熨平桌布、清洁地板的人，你可能不得不接受这样一个事实——从现在开始，你所熟悉的生活可能变得有一些不同。你过去花在做家务或者其他方面的时间和精力，现在最好放在照顾你自己和宝宝身上。

按照自己的节奏来工作。如果你在早上状态最好，那就提前做一些能够为晚些时候减轻压力的事情。你可以在早上把水果切好、做好沙拉，这样到了下午或者晚饭时间，你就有零食可吃了。把一些肉和蔬菜放进锅里慢慢煮，之后冷冻起来，在下一餐时吃。早一点出去散步，这样你稍后就能休息或者小睡一会儿了。

优先考虑你自己。你自己是第一位的。如果你因疲劳过度而住院，你就没办法照顾你的宝宝了。把补充营养、充分休息、定期锻炼当作每天的优先事项。让你的伴侣、家人和朋友也这样做。

定期锻炼。这可能听起来违反直觉，但是定期锻炼能够提升你的精力水平，改善睡眠质量，减少压力所带来的疲惫，提升自尊水平。定期锻炼甚至可以缓解抑郁和焦虑，这些都是你现在需要的。

如果你之前没有定期锻炼的习惯，请向你的产科医师确认何时是你开始锻炼的安全时间。在你身体恢复的这段时间里尝试进行一些比较温和的活动。如果你不喜欢运动，那么你可以先从散步和一些轻柔的拉伸运动入手。坚持几个星期，你便能够看到运动给你带来的改变。

减少刺激物的摄入。疲惫会让你对令自己精神振奋的东西更加渴望，但是像咖啡因和糖这样的刺激物会令你的精力激增，之后迅速下降。最近甚至有研究发现，糖与可能引发抑郁症的身体炎症有关。

研究一下低血糖指数（glycaemic index，G.I.）的食物，它们可以平衡你的血糖，为你提供更持久的能量。你甚至可以去拜访一位营养师，请他为你量身定做一个轻食计划，特别是在母乳喂养时期。当你的身体获得了所需的营养时，你会很惊讶地发现，自己的感受非常不同。

慢慢来。你知道生活要怎样慢慢来吗，比如慢慢地做饭、慢慢地看电视？为人父母，尤其是在初期时，正是应该放慢脚步的时候。节省精力，留出时间和空间让事情自然地展开和发展，你会更加专注于每一个神奇的当下。

孤身在外

> 我们的小家远离家人和朋友，没有他们的支持，我不知该如何应对未来的生活。
>
> 我丈夫刚刚开始一份新的工作，常常工作很长时间，我讨厌自己一个人整天待在家里的感觉，我需要更多帮助。
>
> 我住得离家人很近，但我和他们并不亲密，你能懂我的意思吧。

对许多新手爸妈来说，孤身在外是一个非常现实的挑战，也是引发产后抑郁的一个重要因素。孤身在外通常也不仅仅指物理空间上的孤立，还有情感上的疏离，比如感觉伴侣不理解自己、不与亲密的朋友分享自己的经历，或者没有能够共情自己的团体的支持，这些都会令人感到孤独。

全职爸爸在这方面也面临着挑战。类似游戏小组、爸爸友好的幼儿设施这样的社会资源越来越少。越是与过时的育儿观抗争，越会加剧这种孤立。

审视当下

找到替代者。在你与自己的支持系统相分离时（无论是物理空间上还是情感上），找到替代者是很重要的。归属感对于你的情感健康很有好处。知道除了家人之外还有其他人能够为自己提供支持、满足自己的需求（甚至比家人做得更好），这能够给你带来解放感和力量感。你也可以上网搜索一些能够为你提供支持的机构，它们也是优质资源。

珍惜你已经拥有的关系——你和伴侣之间的关系。这给了你的伴侣一个机会，走进你的世界，提供一些你之前可能一直依赖他人给予的支持。让伴侣知道你感激他所给予的支持。

应对措施

让你的伴侣知道你需要他。 与伴侣多多讨论你需要得到什么帮助，以及他如何能够更好地支持你。如果你感到他参与感很低，可能并非他不关心你，而是他不知道自己该怎么做。

想办法与家人保持联结。 与远方的家人相处所带来的好处是，你常常会选择和他们一起度假。你也可以通过电话和网络与他们定期保持联结。他们可能像你希望的那样，想要参与你的生活。

找到你认同的团体。 成为团体中的一员能够让你感受到情感支持和许多现实支持，让你曾经感觉很小的世界开阔起来，为你持续地提供找到新朋友的机会。线上支持小组也可以成为新手爸妈救命稻草一样的资源。处在这个阶段的你们大概可以了解，为什么只有那些同样为人父母的朋友才能理解你们的感受。

许多社区都有妈妈团、爸爸营。你家附近有没有游戏小组、设置故事时间的社区图书馆，或者为新家庭提供的特殊服务？这些都是能够为你提供支持的宝贵资源。多多社交，找到你真正喜欢的朋友，他们可能成为你和孩子一辈子的朋友。

成为社区的一分子。 和你经常接触的人交朋友，比如一些店主、在公园里遇到的其他家长、邻居，或者晚上出来遛狗的女士。这些人也是你的孩子会经常接触的人。

投资获得更多支持。 导乐师能够帮助你适应新生活。小区里可靠的青少年能够偶尔帮你照看孩子。你也可以雇人来帮你打扫屋子、送餐、整理院子。

如果你能够负担这些费用，就不要认为它们是浪费钱，而将它们看作对家庭幸福的投资。把别人也能做的事情外包出去能够减少你的压力，让你有更多的时间照顾自己和伴侣，这是疲惫的最好解药。

我妈妈就住在附近，但我们一直以来相处得不太好。

我觉得她很消极，虽然她每隔一天会来看我，但我还是觉得很孤独。

对一些人来说，为人父母让他们与自己父母之间的关系更亲密了。看到自己的父母对宝宝的到来感到兴奋、计划着怎样融入自己的生活、非常喜欢他们的孙辈，这往往能够为你弥补一些儿时受到的伤害。

对另外一些人来说，为人父母可能意味着重新揭开旧的伤疤。如果你身处这种情况之中，你可能发现，自己正在与自己从未体验过（或很久不体验了）的反应或情绪做斗争，而你正处于最没有精力来处理它们的时期。

审视当下

现在是恰当的时间吗？ 产后恢复期可能并非与自己的父母展开深刻而有意义交流的最佳时期，尤其是在你们有可能谈崩的情况下。如果你们已经关系不和很多年了，那么你们可以再等几个月，等到你的状态更加自如的时候，再来开启那些敏感话题。然而，不要让这些能够展开交流的机会溜走，它们很重要，好好珍惜这些聊天。

代沟可以被填平。 你会因无法与某人变得亲密而感到伤心，有时候，治愈这种悲伤的最简单方式就是找到另外一个可以变得亲密的人。这能够治愈你一直在等待和妈妈聊天而不得的受伤感。有没有一个你非常喜欢的阿姨、年长的朋友、朋友的妈妈和你相处融洽？多多和他们接触吧。

应对措施

深入了解自己的妈妈。 有时候人们对你做出的反应让你感到受伤，这通常是因为他们正在经历一些内心活动而不自知。当时机成熟时，温和地向妈妈了解她的生活经历。你可能会了解到很多事情，变得更加理解妈妈。当你能够理解他人时，你就更容易原谅他们，也更容易与他们建立联结。

态度温和。 你需要使用你在"绽放"这一章中学到的所有内容。

向妈妈提出需求，这样妈妈的需求也能得到满足。在消极情绪的背后，往往有某种需求因未得到他人的积极回应而未被表达。帮助妈妈将批评和抱怨转化为请求，这样你就能更加清晰地了解她的信号，做出更有支持性的回应。你也可以用同样的方法来对待自己的需求。

初期的冲突

出于某些原因，我们之间似乎有很多误解。

为人父母甚至会让非常擅长沟通的人败下阵来。你们在这期间可能都感到压力很大、时间紧张，没有精力像以前那样交流和解决问题。你们的世界面临着新的体验和变化，而你们却无法定期交流，这段时期便成了沟通不畅、误解和猜疑的黄金时期。你们要遵循 KISS 法则：亲爱的，简单点（Keep it Simple，Sweetheart）。

事实上，伴侣关系中出现的大多数问题，并不是伴侣中任何一方的原因，而是伴侣之间建立联结的方式出了问题。出于这个原因，你要掌握良好的沟通方式，对你自己和宝宝来说，这都很重要。

审视当下

误解带来机会。 在为人父母的旅程中不断消除你们之间的误解，这是防止冲突升级的最佳办法。

了解增进亲密。 当你不了解对方内心深处的想法时，误解就会产生。与此同时，如果你的伴侣想让你了解他，他就有责任袒露真实的自己。误解是展开亲密交流的绝佳机会。

应对措施

给予安抚。 新手妈妈需要感到自己被人理解，因此多花点心思去倾听她，去感受她的感受。研究表明，被误解的感受会让新手妈妈特别痛苦，引发抑郁。

不要恐慌。 在伴侣关系中出现磕磕绊绊再正常不过，这是你们成为"我们"的自然过程。保持冷静、深呼吸，从容地解决问题。你们能够比以往都更加坚强。

不要火上浇油。 对宝宝产生不良影响的，不是伴侣之间存在差异和分歧，而是双方没有妥善处理彼此之间的分歧。

未雨绸缪。 当新的问题出现时（相信我，新的问题总在出现），你们要把目标放在管理问题上，而不是"解决"问题上。戈特曼在他的研究中发现，69%的伴侣关系问题是无法解决的，双方就是会存在分歧。然而，不抱敌意地处理这些冲突会让问题变得没那么严重。我们将在为人父母的第七阶段讨论更多这方面的内容。

保持好奇。你可能认为自己非常了解自己的伴侣，但是为人父母会改变一个人的方方面面，如果你没有跟上伴侣的变化，这可能说明你一直在错过一些事情。那些在一起幸福生活了几十年的伴侣把他们之间的关系当作一场发现之旅。当暴风雨重塑生命的形态时，他们在彼此身上重新找到庇护。

> 当我丈夫下班回家时，我已经筋疲力尽了，非常想要休息一下。
> 但他回到家中，又疲惫又暴躁，似乎不想帮我分担。

你们必须想办法解决这个问题。在宝宝出生的头两年里，不恰当地分配宝宝出生所带来的巨大工作量（对两个人来说真的太多了）是引发伴侣之间冲突的最大问题。

审视当下

你的想法是什么？要知道，组建家庭的最大挑战之一是，它让你开始考虑"两者兼顾"，而不是"非此即彼"。因此，与其和伴侣比谁今天过得更为糟糕，不如设想你们今天都过得很糟糕，你和伴侣都需要一个大大的拥抱，都需要休息一下。即使是对彼此展示一些共情可能也已足够。

工作与家庭之间的转换会带来压力。当你回到家中，时间压力、通勤所带来的困扰、待办事项等很容易在你脑中挥之不去。并且你有没有注意到，你对与人道别、打招呼更加敏感了？当我们重聚时，那些匆忙的或被忽视的寒暄会让我们感到生活寡然无味。

最初的五分钟。分开了一天，你们在重聚时充满爱意的问候能够为你们的整个夜晚奠定基调。而如果传达了糟糕的信号，那么你们可能需要一个晚上的时间才能恢复过来！

彼此之间的承诺可以保护伴侣关系免受工作、为人父母等所带来的压力的侵扰。你们正开始建立一种广泛而深入的伙伴关系，以应对未来几周、几个月和几年里的各种家庭挑战。

应对措施

把工作和家庭分开。家是你和工作还有外部世界隔离开来的庇护所，如果你在家里还一直想着工作，那么这个庇护所便失去了效用。如果你的伴侣在回家路上还没做好角色转换，那么他在回家后可能需要 15 分钟时间来过渡和适应，这样就不会整个晚上都惦记着工作上的事情了。

居家办公的人需要找到自己的方法来做到这一点。让你的伴侣拥有这一过渡时间，这样他会在接下来的时间里更加专注地投入家庭生活，为照看宝宝一整天的你提供庇护。

热情地问候彼此。尤其是在最初几个月里，在经历了感受非常不同的分离之后，重新建立联结是非常重要的。让你的伴侣知道，见到他你有多高兴，相互拥抱一下。（在角色转换时间之后）拿出 15 分钟时间来放松一下，享受彼此的陪伴，然后再去面对家务琐事。

聊一聊彼此的一天。在你们都准备好聊天之后，聊一聊各自在白天感受到了哪些压力。这并不是一段交流关系压力的时间，而是团结起来共同对抗家庭外部压力的时间。

列出清单。在外工作的一方可能意识不到照顾孩子需要花费很多时间和精力，把照顾宝宝所要做的事情列成一个清单，这可能让他大开眼界。把你认为需要做的事项列出来，划掉那些不是特别重要或者可以留待第二天做的事项。优先处理那些没划掉的事项，双方都可以选择承担自己喜欢的家务，公平地分配双方都不喜欢的家务。坚持做几次，这就会成为你们的日常流程。

产后抑郁症

在产前育儿课上，我们已经知道了一些关于产后抑郁症的事情。
现在宝宝已经来了，我和妻子应该为之做好哪些准备呢？

在生产结束后，你第一次接触到产后抑郁症可能是来自家庭医生、产科医生、助产士或者儿科医生对产妇的测评，他们会负责评估你的妻子如何做出应对，可能使用爱丁堡产后抑郁量表（Edinburgh Postnatal Depression Scale,

EPDS）或其他测试来筛查抑郁症。一些地方也开始对新手爸爸实施测评。

然而，你是她最亲密的人，因此你是最有可能注意到她情绪或行为上的变化，并及时提供和寻求帮助的人。

审视当下

做一个真正意义上的伴侣。你的伴侣不希望感觉自己总是孤身一人，和她分担日常事务，共同承担决策责任，跟她聊聊你的困境，并且敞开心扉倾听她的难处，这样能够使你们更为亲密无间，给她带来强烈的被支持感。一位妈妈如果感到自己是团队中的一员，伴侣会一直支持自己，那么她抑郁的概率就会很低。

孤独和抑郁之间存在相关。妻子不仅需要你来照顾她的身体，她在情感和心理上也需要你的支持。如果你在她的身边却心不在焉，也无法为她提供情感支持，那么她可能感觉更加孤独和沮丧。

你的态度很重要。你是否给予赞赏和鼓励会直接影响她的满足感、成就感、自信程度以及是否对自己的新角色感到享受。更重要的是，这段时间她可能没有那么多自我感觉良好的事情，你可能是她唯一的自尊支柱。

了解文化背景。在一些文化中，成为妈妈会提高女性的社会地位。然而不幸的是，在我们的文化中情况并非如此。你对她的尊重会帮助她建立自尊。

应对措施

在她需要的时候出手相救（有时候是让她自我拯救）。现在是你挺身而出的时候了，不顾一切地陪在她身边支持她。帮助她发现问题的解决方法。让她知道有些事情可以放手，你可以接受客厅凌乱一些，也可以晚餐吃外卖。把宝宝安排好，带她出去喝杯咖啡（或者适合哺乳期妈妈的印度拿铁）。有些日子会更加具有挑战性，她会更加需要你。

投入关注。当所有人的注意力都集中在你们可爱的宝宝身上时，你的妻子会因得到你的关注而感到欣慰，她不会感到自己被忽视或者是个隐形人。许多新手妈妈会有这样的感受。

多多向她表达。告诉妻子她很漂亮，她做得真棒，你会一直在她身边支持她，告诉她你有多爱她。你也可以做出一些体贴的行动，比如写便条、发消息、在她的枕头下藏一朵花、切好水果冷藏起来，这些小事都能够产生很大的影响。

恢复性生活

医生认为我们可以恢复性生活了，但我还是对此不太确定。

对一些伴侣来说，生了宝宝之后会自发地恢复性生活；然而对另一些伴侣来说，他们会经历几个月微妙的犹豫时期。

审视当下

你们可能都很焦虑。 在产后 6 ～ 8 周通常不建议进行性生活，恢复性生活的时间还要取决于生产对于产妇身体的影响程度。新手妈妈对此通常会感到紧张，这是情有可原的。生产的辛苦、伤口需要恢复、润滑性液体的分泌减少，这些都是需要考虑的因素。新手爸爸也会对此感到焦虑，担心妻子过早地再次怀孕。

你们需要慢慢来。 对于大多数伴侣来说，恢复"正常"性生活所需要的时间可能比他们想象中要久。他们需要经历日复一日的等待。了解这一点能够为你们减轻一些压力。

回顾你们的性生活。 和伴侣分享你对性生活的看法，以及你和伴侣有什么需要优化的方面。

性生活对你们来说很有好处。 性爱是一种很好的减压剂，能够降低血压，也是一种很好的运动，能够增强你们的免疫能力。高潮时释放的催产素能让你们感到更为亲密，给你们带来一种飘飘然的幸福感。如果你们在之前的性生活中遇到了一些问题，那么现在是个寻求专业帮助的好机会，许多新手爸妈都曾经寻求专业支持。

应对措施

与伴侣分享你的担忧。 交流是必要的，因为未能表达的感受有可能变成沮丧和怨愤，而怨愤是众所周知最有效的避孕手段。即使我们现在对性爱有着复杂的感受，我们也喜欢自己仍然对伴侣有吸引力的感觉；即使伴侣的欲望已经消失了一段时间，甚至彻底消失了，我们也想体会到自己被重视、被爱的感觉。

在其他层面保持联结。 彼此之间随和相处能够让你们之间产生亲密感，而亲密感又会激发对性的渴望。（我们将在为人父母的第八阶段讨论更多这方面的内容。）

力不从心

　　我就是感觉自己现在不太正常。我现在的专注力和记忆力都很差，还特别情绪化。

　　我担心我会一直力不从心。

　　"妈妈脑"时期是新手妈妈会经历的一个正常阶段，实际上这是一件好事。有"妈妈脑"是因为你大脑中用来完成一大堆随机任务的神经元这时聚集到了一起，唯一的目的就是与你的宝宝建立联结，帮助你学习新技能——宝宝的护理技能。

　　随着你逐渐掌握这项新技能，这些神经元便会逐渐回归过去的任务之中，你就会感觉自己回归正常了。大脑扫描结果显示，在生产之后，新手妈妈的大脑实际上在对宝宝的敏锐关注方面得到了开发。把这件事告诉那些可能在心生抱怨的妈妈吧。

　　新手妈妈变得更为情绪化的原因有很多，通常主要是因为体内激素的变化和疲惫。你有很多方法来寻求支持，帮助自己处理事务。事实上，这牵涉到一整个阶段的事情，我们很快将在为人父母的第五阶段讨论更多这方面的内容。

审视当下

转换视角。如果你在生产或者产后一段时期感到压力很大，你的大脑和身体会适应你当下的状态，帮助你撑过眼下的压力期。与此同时，你所消耗的心理和情绪能量可能比你意识到的要多得多。

　　压力疲劳会不断积累，有时候会蔓延到压力事件消失之后的几天甚至几周，因此你现在有可能还没有从生产这件事中恢复过来，有一些忧郁的情绪，这是很正常的。

　　压力疲劳表现为：思维模糊、决策困难，甚至很难完整地说一句话。新手妈妈可能没来由地更为情绪化、更爱哭、更易怒。如果生产为你带来了创伤，这些表现则是对过度压力的正常反应，通常会随着事情的平息而逐渐缓和。我们将在为人父母的第三阶段讨论更多有关生产所带来的创伤的内容。

　　"力不从心"是什么意思？大多数父母在某些人生阶段都会感觉自己对生活力不从心。为人父母的成长轨迹是非常曲折的，时常感到力不从心非常正常。但这并不代表你不应该寻求帮助，而是意味着你非常需要帮助。

你可能也想要修改关于"力不从心"的定义。我想先让你停下来，听我说说心里话。我曾经以为，如果我哭了，这就意味着我对生活力不从心，但后来我开始拥抱自己的哭泣（并且扎入枕头里尖叫和痛骂——时不时这样做真的很爽）。允许自己放下，只要你不伤害自己和他人，就释放自己的情绪。有时候，你最好崩溃一下，释放一下情绪，也许你会得到他人的一些支持，这样比若无其事地把一切都憋在心里好多了。我尝试过一段时间，这样太累人了。

很幸运地，我最好的朋友和我同时有了宝宝，我们开始定期地、真诚地交流彼此的状况，这帮助我们更好地应对生活。

你准备好继续前行了吗？

有一点力不从心的感觉可能是一件好事。有时候这比恰好能掌控生活要好。当你让别人知道你需要帮助时，你更有可能请求、接受、获得帮助。硬着头皮应对可能意味着戴上面具、一瘸一拐地前行，有时候这种状态会持续数年。这对你和你的家庭都会造成伤害，我希望你们能够过上更好的生活。

需要专业支持的信号。一些生理变化，比如无法放松、无法入睡、体重的变化便是一些信号。还有一些心理和情绪上的信号也会表现出你们需要寻求专业帮助（详情请阅读为人父母的第三阶段的内容）。

应对措施

让你的伴侣了解你的想法。你的伴侣可能对你的反应有着自己的理解，因此向他描述一下你的感受，让他了解你的艰难，并寻求他的支持。此外，让他了解，来自他的或者其他人的一些不合理的期待（比如你现在就应该恢复正常状态）只会给你增添更多压力，他应该明白这一点。

了解自己的极限所在。为人父母初期是让人看到自己新的极限所在的时期。在不同人的身上，"力不从心"的程度是不同的。你比其他人都更加了解自己，因此多多注意自己在这段时间的思维、感受和反应。当你注意到一些不像你会做出的事情时，把它们记录下来，你可以选择记录在自己的日记或日志之中。

获得支持。让你的伴侣或者你信赖的朋友了解你的状况，请他们定期留意你的状态。让他们温和地告诉你他们对你的担心之处。

定期安排放纵时间。按照你自己的想法安排 20 分钟的放纵时间，比如看杂志、美美地喝上一杯茶（我甚至为此特地买了一套可爱的茶具）、听你最喜欢的音乐、在花园里闲逛、跟朋友电话聊天、追一部你最喜欢的奈飞剧、洗个热水澡、吃点黑巧克力，在非常艰难的日子里，也许你可以做所有这些事情。你还能想到其他对你有效的活动吗？

接受所有的帮助。欢迎别人参与你的家庭事务。为他们找一些可以帮忙的事情（大多数人至少都会很乐意在你洗澡的时候帮你哄哄孩子），感谢他们，向他们发出大量暗示，请他们帮助自己做饭和照看孩子。

杂乱的屋子

我们都讨厌家里总是乱七八糟的状态，但我就是没有精力收拾。

审视当下

新的优先事项。拥有新生儿的家庭时期只会持续很短一段时间，享受这个时期吧，放下那些给你带来不必要的压力的事情。

旧有期待。如果你或者你的伴侣（或者其他人）希望你在这段时间让家里时刻保持整洁，那么他要做好失望的准备。你和宝宝已经分走了你大量的时间和精力，你的伴侣需要剩下的一点，你再没有精力能分给收拾屋子了。

你的身体信号。如果你再也没有更多精力，那是因为你把它用在了更为重要的事情上。你的身体在告诉你要休息一下，听从它的劝告吧。

应对措施

思考一下它有多重要。如果整理房间能够让你保持清醒，或者让你感到没那么无聊，那就去做吧。但不要做过头，你会感到筋疲力尽的。

指定整理的区域。集中精力整理你平时最常待的房间，其他地方慢慢来整理。就连整理专家近藤麻理惠（Marie Kondo）也说，她有小孩时，家里很乱。

弄清楚需求的归属。如果一个整洁的家对你的伴侣来说比对你来说更重要，那么整理屋子就是他的需求和责任。让他了解到这一点可能改变他的心态。

爸爸的参与

我们刚刚把女儿从医院带回家，我也想参与养育过程，
但有时候我感觉自己毫无用处，有时候又感觉自己多管闲事。
昨天我建议让我们的宝宝培养一些日常生活习惯，结果她狠狠地批
评了我。

在新家庭组建初期，新手爸爸通常很难意识到或者没有准备好进入其重要角
色之中。下面的内容或许会对你有所帮助。

审视当下

生产确实需要付出代价。 即使生产过程再顺利，你的妻子也经历了生理、心
理和情感上的巨大挑战，需要时间来完全恢复。她可能感到筋疲力尽和不知所
措。你们的宝宝需要适应新的声音和感觉，这些与他在子宫中熟悉的环境截然不
同。这使得你的妻子和宝宝变得更加敏感，在适应这些变化的过程中，确保他们
的安全至关重要。

医院通常不鼓励新手妈妈长时间停留， 也无法为产后关键的最初几天提供最
佳的休养环境。然而，你可以为宝宝和妈妈营造一个整洁的家庭环境来休养。比
如，在产后的最初几天，你可以选择减少访客的拜访，给你的家庭留出时间从生
产经历中恢复过来，提供一些私人空间，让你们在不感到尴尬的情况下恢复状
态，并作为一个家庭紧密联结在一起。减少外部干扰（如外界压力、日常琐事和
可以暂缓的事务）有助于维持家人之间的联结。

在最初的几周里，你妻子的敏感性实际上是一种为了宝宝着想的生存本能，
使她能够直观地了解宝宝的需求。在这段时间里，她需要你先处理其他事务，以
便她拥有应对这种敏感性所需的精力和专注。

除了支持你的妻子与宝宝之间的联结，你也可以通过分担宝宝的各种养育工
作来建立你与宝宝之间的联结。

你是否急于求成？ 有时候我们可能太急于帮助对方，以至于显得太过强硬。
最初的几周是让你放松下来适应自己新角色的时候，不要急于恢复常态（这可以
放到以后再做）。你们都需要时间和空间来体会正在发生的一切，并享受彼此由
改变带来的新鲜感。抵制冲动，不要急于求成。

你是否有所投入？ 一些拥有高成就的新手爸爸可能对帮妻子做这做那感到不满，感觉自己在充当配角。保护和照顾你的妻子，同时与你的宝宝建立良好关系，意味着要投入，而不是退缩。

应对措施

做好守护者的角色——保护妻子免受过分热情的人、逗留过久的访客的影响。在妻子太快地做太多事情的时候，你要确保她不会因此受伤。保护她免受外界的干扰，和她一起关注宝宝的养育。其他的事情都可以等一等。

参与所有的养育工作——为宝宝喂食、换尿布、洗澡，安抚、哄睡宝宝，同时为你的伴侣做一些事情。当你的需求和环境发生变化时，要做好灵活应变的准备。有些父母会晚上起来给宝宝喂食、换尿布；有些则更喜欢睡个好觉，这样白天才能更好地照顾家人。你们会找到最适合你们的模式的。

> 我工作时间长，回家时已非常疲惫。
> 我也想多陪陪宝宝，但现实情况并不允许，这让我的妻子十分不满。
> 这件事真的很重要吗？

尽管在时间的安排上，质量通常比数量更重要，但在最为敏感的这几个月里，两者都很重要。

审视当下

警醒一下。 如果你觉得自己没有时间，被自己的承诺和义务所束缚，感觉自己没有喘息的空间，也缺少对现实情况的控制力，那么你是时候警醒一下了。这些都是明显的压力迹象，它们会对你和你们的新家庭产生很大的影响。如果你在这个时期工作过于辛苦，那么可能说明在总体上你工作就是太拼了。

现实检验。 为人父母是你生命中最好的时光，可以让你暂时停止赶路，重新评估自己的价值观，重新规划自己的生活。

有些人会在工作中迷失自我。 你的妻子和宝宝现在需要你。从整体上来看，这种非常需要你的时间是很短暂的。

应对措施

列出优先事项清单。这份清单上每一项的重要程度都能很好地匹配你对其投入的关注、精力和承诺吗？你的选择和行动是否与这些事项的优先级一致？如果不一致，是什么阻碍了你？

诚实对待自己。和宝宝在一起你会感到焦虑吗？很多新手爸爸都是这样的，也有很多新手妈妈有同样的感受。产生这种感受情有可原，但你可能得问一问自己，你是否在为了逃避这种感受而延长自己的工作时间。

有些爸爸会通过提高工作能力来排遣自己为人父母初期所感到的无力感。工作的回报是有形的、可以衡量的。养育孩子的回报——培养出健康的孩子和良好的家庭关系——可能要等上几年才能看到，但这种回报要大得多。

> 我本以为我的主要工作就是换尿布，但我的妻子对我很不耐烦，老是说我做得不对。
>
> 我的妻子不让我自己带孩子，她总是觉得我会把孩子搞丢了或者出什么意外。
>
> 我必须承认，我有点被排挤的感觉。

孕妈妈和新手妈妈通常非常关注自己怀孕这件事，孩子出生后的养育也令她们非常忙碌，几乎没有时间做其他事情了。女性家人和朋友开始来探望妈妈和宝宝，新手爸爸往往就会感到被忽视。

围产服务主要关注新手妈妈（你有注意到这件事吗？），而把新手爸爸排除在外，甚至让他们感觉自己被疏远了。所有这些都会让他们感到自己被人忽视、无足轻重，甚至会产生被人拒绝以及嫉妒的情绪。

要知道，一个刚刚组建的家庭需要培养三种联结：妈妈和宝宝之间的联结、爸爸与宝宝之间的联结（或者父母双方与宝宝之间的联结）以及伴侣双方之间的联结。新手妈妈应该支持你与宝宝建立联结，而你也应该同样支持她。与伴侣保持良好关系对你与宝宝之间的关系也非常重要。戈特曼的研究发现，如果爸爸对自己的伴侣关系不满意，宝宝往往就会在情感上疏远他。家人之间都是紧密相连的，宝宝也能感受到家人彼此之间的氛围。

审视当下

你们俩都会影响到宝宝。在一项研究中，研究者贝尔斯基和凯利发现，在妈妈进入房间时，爸爸与宝宝的互动会有所改变——在不愉快的关系中变得更糟，而在愉快的关系中则变得更好。

背后的原因在于，通常驱使妻子做出行为的是她当下的想法和感受。人们往往会站在自己的角度来解释对方的行为，但除非你非常了解对方的想法和感受，否则你的判断可能并不准确。

比如，一些妈妈会非常认真地对待自己的新角色，并将其纳入自我的重要组成部分。如果她们感到有人"入侵"这个角色，她们的自我就会感到威胁。而你可能把这解读为，她觉得你无法胜任这项任务。

要知道，你的妻子也在适应自己的生活节奏，当她把事情处理得井井有条时，她才可能像在宝宝出生前一样，开始感到自信和有能力。这些可能都与你并无关系。

你在为家庭做出贡献吗？如果妻子感到沮丧或者烦躁，很可能是因为她已经筋疲力尽，真的需要休息。不要犯错误，通过远离妻子或宝宝，或者多做工作来压抑自己的情感，这会带来更多问题。

应对措施

慢慢梳理问题。让妻子知道，你已经注意到她的感受："当我想要给宝宝换尿布时，你似乎会变得不耐烦。"询问妻子的感受，倾听她的诉说，让她能够畅所欲言。很有可能她已经筋疲力尽，以至于不自觉地处于自动驾驶状态，没有意识到你有自己的想法。

温和地坚持自己参与育儿的权利。积极参与孩子的成长过程会让爸爸、妈妈、宝宝和整个家庭都感到更加幸福。你有权利以自己的方式与宝宝相处，并得到伴侣的尊重。除了母乳喂养，你可以做所有事情，科学的发展甚至可能很快找到方法，让爸爸也能参与母乳喂养这件事。关注妻子在努力完成哪些育儿任务，她最不喜欢做的是哪些，哪些是她努力在兼顾的，哪些是你最为喜欢的、更加擅长的或者有更多时间来完成的。

分享你的想法和感受。告诉妻子你希望参与其中，与她一起找到适合你们两个人的方式。当她开始相信自己，能够更多地放手时，她也会更加相信你的能力。

重新建立联结。当你们都专注于宝宝时，你们很容易忽略彼此。在一天中的某些时刻，好好看看彼此，冲对方笑一笑，留意对方的存在，陪伴彼此待一会儿。要知道，建立联结可以减轻你们双方的焦虑，联结紧密的父母往往会组成最佳的育儿组合。

> 我一直让我丈夫多花时间在家里，但他不太会照顾宝宝。
> 我对他感到非常不耐烦，觉得还不如自己一个人照顾宝宝。

在为人父母的早期阶段，重要的是认识到，你对伴侣育儿尝试的态度会影响他为人父的信心、与宝宝的关系、与你的关系等一系列重要因素，因此这个问题值得被认真解决。

审视当下

了解你的要求的实际影响。当你要求伴侣多花时间陪家人时，你可能也让他远离了一些能够缓解压力、提升自尊的重要事情，而这时他可能正倍感压力，或者非常不自信。我并不是说你不应该要求他多花时间陪你，你应该这么做。我只是在提醒你，在提出要求时要留意其他因素。

交流的语气很重要。贝尔斯基和凯利的研究表明，当妈妈和爸爸互动时，他们之间交流的语气也会影响宝宝。因此，你们的语气应该是温暖的、支持性的。带着你在"绽放"这一章中学到的技巧，来看看以下这些应对措施。

应对措施

后退一步。有些妈妈可能产生更多的领地意识，似乎她们"拥有"宝宝。如今，照顾宝宝不再只是妈妈的责任，爸爸也要"帮忙"。你的伴侣正在与你的小宝贝建立他们之间的关系，这对他们两个人都很重要。与伴侣讨论一下，他想从哪里开始。

分享责任和快乐。你们是一起开始为人父母的旅程的，因此要尽可能互相支持。当你能与伴侣分享一切时，为人父母的过程会变得更加有意义、更加充实，无论是短期还是长期，对你们整个家庭来说都是如此。如果你分享更多自己内心的感受，并邀请伴侣也说说他的心里话，那么你们可能找到更多意想不到的方法，让你们作为一个团队共同前进。

肯定你的伴侣。在为人父母的过程中，你们可能都会在某些方面感到害怕。然而，你们可以关注和赞赏彼此在育儿方面的表现，来增强彼此的信心。在之后的内容中，我们会更多地谈论这一方面。

从这个山脊上看，景色真美。哦，看那边，河边有一些水牛。在我们下山靠近它们之前，我想和你分享一段我的美妙回忆。我丈夫第一次给我们的儿子换尿布时，他问我该怎么做，当时我就意识到我要做出选择，要么假装自己是专家，要么承认自己也是个初学者。后来我笑着说："我不知道，你是他的爸爸，你肯定知道该怎么做。"多年以后，他告诉我，听到这句话让他感到多么欣慰。对我来说，这只是一句随口而出的话，但它为我们为人父母的团队关系奠定了基调，直到今天，我仍然对这段关系非常感激。

你现在感觉怎么样？要不要休息一下？喝杯热饮，或者晒晒太阳？我会一直在这里等你的。

Becoming
Us

第三阶段

管理期望（为人父母的最初几个月）

你已经迈出了充满信念的一步。你已经从生产经历的世界之中走出来，已经体验过为人父母的一些令人难以置信的喜悦和艰辛。现在，你要从自己精心营造的温暖巢穴中走出来，重新回到现实世界。

在这最初的几个月里，你们将逐渐找到自己为人父母的定位，可能与自己原先设想的定位有所不同。就像你在看地图时只能了解到目的地的概况一样，在这个阶段，你原本对为人父母的想象和为人父母的现实情况会形成鲜明的对比。地图是平面的，但为人父母的成长曲线有时会突然拐弯，而且非常陡峭。和许多家长一样，有可能你原本以为自己会去夏威夷，但发现自己到了瑞士，而且是在冬天，你开始后悔自己没有学过滑雪。

在你为人父母之前，你对有宝宝的生活确实有一些自己的想法，你觉得那种生活是你至今一直在努力追求的。但在接下来的几个月里，你将发现，你在电视、电影和社交媒体上看到的那些育儿画面，就像那些光鲜亮丽的旅游手册一样，并不能让你看到为人父母的全貌。然而，这些画面可能已经影响了你的期望，这种影响也许比你意识到的还要深远。

大多数家长都知道，"成为我们"在某些方面会让人感到不适应、具有挑战性，他们愿意寻找方法来应对这些困难。然而，更具挑战性的是，组建一个新家庭会遇到很多棘手的问题，不仅会遇到一些意想不到的问题，还会遇到一些伴侣关系中从未遇到过的问题。

期望的力量是很强大的。它塑造了你们对未来的想象，并决定了实现期望时你们会如何做出适应。拥有期望既有好处也有坏处。如果你们期望彼此尊重，你们就会相应地给予对方并受到对方的尊重。但不切实际的期望，无论出于何种原因，都可能给人带来不必要的压力。

怀孕往往伴随着很高的期望。每当你带着高期望进入一个情境，而这些期望没有实现时，你自然会感到失望。你的期望越高、越不切实际，你就会越感到失望。问题在于，大多数人并不认为他们的期望是不切实际的。

然而你能够预料到的是，自己并非全知全能，需要时间来适应新的生活。在孩子经历每个成长阶段的时候，你也需要不断适应。你可以给自己和伴侣更多的时间和空间，来发现目前适合你们的生活方式，不要总是想着回到有宝宝之前的生活轨道，而更应该开辟一条新的道路。

在为人父母的过程中与伴侣共同面对你们的期望，可以减少误解、责备和怨愤，让你们更加了解彼此的世界。而且，这能够让你们准备好管理自己对孩子的期望，这一时刻会比你想象中更快地到来。

在你们为人父母旅程的这个阶段，我们将审视一些之前走过这段路程的父母普遍持有的期望。如果他们的这些期望让你或伴侣开始感到一种不适的熟悉感，就是时候将你们的爱、学习和成长技能付诸实践了，共同为你们的家庭创造一个彼此都想要的未来。

对伴侣关系的期望

现在我们有了宝宝，我原以为我们会比以往任何时候都更加相爱。
我和前夫已经有了两个孩子。现在我处于一段新的关系中，我原以为事情会有所不同。但事实并非如此。

我们付出了大量的金钱、时间和心血，终于成了父母。我们都非常喜欢我们收养的这个儿子，但我不确定我和伴侣现在是否还和以前一样亲密。

没有什么能比初为人父母的那种温暖、美好的感觉更棒了，但让我们面对现实，最初的几个月也可能很艰难。这段时间可能给你、你的伴侣和你们的关系带来一些负面影响。但你们要知道，这只是暂时的，情况会一点点变好。

审视当下

你是正常的。根据戈特曼的调查，大约三分之二的伴侣在初为人父母时称，他们对伴侣关系的满意度下降。如果你期望感受到比以前更多的爱，这项调查结果可能让你感到震惊。但如果你仔细想想这段时间疲劳、睡眠不足、财务压力、时间压力对你们双方的影响，便会觉得它并不奇怪了。对大多数新手爸妈来说，现实是，在某些方面，你可能觉得彼此更加相爱了，而在其他方面，你可能感到自己更加孤独。在这个阶段，有这种感觉是正常的。

这种情况是暂时的。疲劳和睡眠不足最终都会消失，财务压力和时间压力可以调和应对，你们可以检验、嘲笑、原谅你们的各种预设。你们越是做好准备迎接挑战、应对挑战，就能越快地度过这段时期，在这过程中受到的伤害也就越少。

为什么会发生这种情况？即使是那些认为彼此非常相似的伴侣，也可能在优先事项、需求、价值观、家庭背景、观点、情感和个性方面涌现新的差异。新的差异增加了对伴侣关系不满意的可能性。应对这些新差异对于新手爸妈来说是一件大事，这让关系进入了一个全新的阶段（第七阶段）。

这种情况是很常见的。婚姻咨询师在处理新手爸妈的伴侣关系时面临的最重要问题之一是，伴侣彼此对未实现的期望感到震惊或是失望。在戈特曼的调查中，有三分之二的伴侣表示，在孩子出生后，他们之间的关系受到了影响。这说明这种情况是很常见的。

那些关系绽放的伴侣有何不同？他们在孩子出生前后都是朋友。他们彼此了解得很深，对彼此的需求非常敏感，并且可以作为一个团队共同面对养育孩子的艰辛和美好。他们共同成长。你们也可以这样做。

你的期望从何而来？ 与其试图让伴侣适应你的期望，不如审视一下，你的期望是否真的适合你的伴侣。你的期望是如何产生的？是受电影、电视、社交媒体的影响吗？还是你的家人和朋友向你传达了什么观念？这些信息都可能具有误导性，因为它们总是倾向于展示育儿过程中浪漫而有趣的画面。当然，这些东西确实是其中的一部分，但是它们也只是其中的一部分而已。

你曾在有宝宝的家庭中长大吗？ 除非你真的曾经和一个宝宝在同一屋檐下生活，否则我们大多数人和一个新生婴儿一起生活的经验都很有限，因此很难产生实际可行的期望。本书和相关的课程可以帮助你走得更远，但你仍然有很长的路要靠自己走。

应对措施

给自己一点时间。 你既要适应自己的新角色，也要真真正正感受到家庭的温暖。对于一些人来说，这种感觉可能要等到生了最后一个孩子才会出现。

审视一下自己的期望和预设，想想它们可能来自哪里，尤其是在你感到震惊或者失望的时候。这是你清除滤镜，真实地看待伴侣，拥抱家庭现实的机会。只有这样，新的甚至更好的可能性才会出现。

不要责怪你的伴侣。 当你读到这里时，是不是心里冒出了"是啊，但是……"这样的话？你可以把这一章内容再读一遍。

放下它们。 不切实际的期望就是早早埋下的怨愤。它们对你和你的家庭都是有害的。放下它们。

敞开心扉。 伴侣之间有些话题可能是"禁区"。但和对方聊一聊你的希望可以减少不必要的失望和怨愤，让你们更加亲密。你可以以一种并非指责对方的方式，与伴侣分享你对这些期望的看法。

向伴侣保证，你不会因为他无法满足你的（可能一开始就不切实际的）期望而责怪他。抱一抱他。

请你的伴侣也敞开心扉。 你是否想知道，伴侣对你、对他自己、对你们作为一个家庭的生活有着何种期望？你们的期望是相同的，还是有所不同？都体现在哪些方面？对伴侣的体验保持好奇。你可以运用在"绽放"一章中学到的技术。

对他人的期望

为什么没有人告诉我们会是这样？

这真的是一个很好的问题。这是我多年前问过的问题，也是自那时以来许多人问过我的问题。

无论你是多年来一直梦想为人父母，还是你的怀孕是一个意外（告诉你一个惊人的事实，要知道，50% 的怀孕是意外的），总之，你只有八九个月的时间（或者在领养手续办理完毕之前的一段时间）来做准备。对于你将要经历的最重要的人生改变而言，这段时间并不算长。即使是要移居海外，你可能也会给自己至少一年的时间来做好准备。

你可能读过一些相关的杂志和图书，跟朋友和家人交流过，参加过产前课程，还咨询过医生和助产士。你对为人父母的期望主要是根据这些信息形成的。

但问题是，没人会把为人父母这件事说得很详细（除非你发现了同样阅读过本书的人，如果是这样的话，我希望他能为你提供一些帮助）。

现在你知道了，通常很多事情都没有被弄清楚。回顾过去，你似乎被一种虚假的安全感所迷惑，甚至就像一位家长所描述的那样，你一直在应对"一场闭口不谈的阴谋"，你一直在被一层美丽的、厚厚的气泡纸包裹着。出于一些原因，媒体、医疗专业人士，甚至朋友和家人一直把你蒙在鼓里。

审视当下

理解他人。 当你怀孕时，为了照顾你的感受，别人可能不愿意分享他们在为人父母过程中遇到的挫折和失望。你的朋友和家人在适应自己生活的过程中也会遇到一些挑战，他们可能不知道如何让你做好心理准备。人们通常不会真诚地分享自己的困扰，这可能让我们觉得自己是唯一遇到问题的人，而没有意识到，这些问题实际上是大多数人都会面临的。

社会压力的存在。 新手爸妈可能不敢承认自己不知所措、紧张、沮丧，担心被人评头论足，害怕这意味着他们力不从心。还有些新手爸妈羞于承认，亲子关系没有像他们期望之中的那样自然地发展。现实是，大多数新手爸妈在一段时间内都会感到有些茫然和困惑。这些压力一直在挑战着父母们的应对策略，而且正如你现在发现的，为人父母的成长曲线有时是非常曲折的。

应对措施

与善于倾听的人分享你的经历。 没有达成期望所带来的震惊有时会让人措手不及。和人谈一谈自己的震惊感受能够帮助自己平静下来，使自己的愤怒、失望等情绪逐渐消退。这样做能够加快你的适应速度，尤其是当你可能对某件事感到羞愧时。羞愧往往于阴暗之处滋生，当你敞开心扉将其暴露于光明之中时，它就失去了力量。说出"我感到羞愧"是一种勇敢的行为。

与其他妈妈交流。 与一些在面对同样的挑战的妈妈多多交流，这有助于减少你对伴侣产生的怨愤，你便不会再认为自己陷入困境全是伴侣造成的。

不要责怪你的伴侣。 很可能他和你一样不了解为人父母这件事，甚至比你了解的信息更少。另外，也不要让你的伴侣责怪你。即使你读了所有的育儿图书，也会对很多实际的细节并不了解。

责怪是人们在无法应对某事时的一种表现。在为人父母的旅程之中抵制责怪伴侣这种诱惑，最终你们都会受益于此。因为总会有那么一些时候，你们都会感觉力不从心。指责无济于事，相互支持才是关键。

打破沉默。 诚实、感性地分享你的经历，来帮助其他父母。向他们推荐你发现的所有有用的资源，帮助他们调整自己的期望。

对自己的期望

> 我不知道我妈妈是如何做到的。我觉得自己什么都干不好。
>
> 我的哥哥有六个孩子。六个！而我连一个宝宝都应付不来。

对许多新手爸妈来说，期望的主要来源就是他们自己的家庭。这些亲人与你最为亲密，因此你很容易陷入这种陷阱——消极地将自己与他们进行比较。但这样做可能让你和你的伴侣走向失败。

审视当下

你是独一无二的。 正如你在本书第一部分了解到的，成年人的任务之一就是拥抱自己作为一个独特个体的自我意识。为人父母正是完成这一任务的绝佳时机。在有孩子之前，你已经是一个独特的个体，而拥有孩子为你的人格增添了全新的层次。现在是支持自己的好时机，远离那些会阻碍你成长的期望。

记忆是不可靠的。你最早的记忆可能是在两岁到五岁之间形成的。这时，你的父母已经适应了生活，积累了几年的经验。当你还是宝宝或小孩时，你不太可能有意识地记住他们是如何应对生活的。

不要与父母做比较。我们生活在一个与前几代人生活的非常不同的社会，为人父母对我们大多数人来说都是未知领域。你现在面临的一些压力，你的父母可能没有经历过。当然，他们面临着不同的压力，但他们也可能得到了来自大家庭或社区更多的支持。

了解社会分工。要知道，在我们的社会中，主要还是父亲负责养家糊口，而母亲负责经营家庭。母亲是滋养者，父亲是管教者。责任分配没有混淆，角色划分非常明确。

许多新手爸妈都没有见过自己的母亲因同时面对孩子、伴侣和老板的需求而倍感压力和内疚，大多数也从未见过父亲经历这些。我们这一代是为人父母的先锋一代，面临着许多新的领域，因此我们必须在前进的过程中将它们一一弄清楚。

树立信心。你的自信程度与你的期望成反比。期望越高，你就越难实现它。因此，请对自己好一点，将对自己（和你的伴侣）的期望降低一两个等级，给你的自信更多成长的空间。

应对措施

真诚地和父母谈论你的童年。探讨他们当时是如何应对的。你可能发现，他们当时和你现在一样，你们都只是普通人。与父母分享这一发现可以增进彼此之间的感情，可以治愈过去的伤痛，并为你敞开大门迎接未来更多的帮助和支持。

练习正念自我关怀。与自己父母中的任何一方做比较，无论是对比你们的过去还是现在，都不是良好的自我关怀。世界上没有人拥有和你完全相同的生活环境、过去、影响因素、经历、性格，等等。你是独一无二的。任何比较都是不公平的。学会不进行比较是为人父母的良好准备工作。孩子也不喜欢被比较，如果你有不止一个孩子，做比较尤其可能导致兄弟姐妹之间出现问题。

做自己最好的朋友。不良的比较会损伤自尊。你可能不喜欢别人对你评头论足，那么为什么你要评判自己呢？是不是家庭、朋友或社会给了你压力？放下别人的期望，你应该将宝贵的精力用于更有建设性、更有意义的事情上。

与你的伴侣沟通。 他们也可能对自己很苛刻，因此看看你的伴侣是否也遇到了类似的问题。分享自己在其他方面的失望感受，寻求对方的同情和鼓励，这是增进彼此感情的有效途径。

> 经历了多年的不孕不育，我现在终于领养了孩子，我以为一切都在我的掌控之中，可没想到当妈妈这么难。
>
> 我下定决心要成为一个"超级妈妈"。生下孩子，回到工作岗位，做个完美的妻子。哈！这可真是个笑话。
>
> 我可是一名助产士！我不应该像现在这样手足无措的。我觉得自己太失败了。

对许多伴侣来说，组建家庭是自然而然的事情。你本想着，成为母亲后一切都会顺理成章起来——你会立刻与宝宝建立联结，母亲的技能会在需要的时候神奇地出现——尤其是如果你的职业角色中涉及照顾宝宝的任务的话。

然而实际上，大多数新手妈妈在一段时间内都会觉得自己笨手笨脚的，无法把生活安排得井井有条，她们茫然、不知所措。

审视当下

有些词语具有很大的力量。 "母亲"这个词可以引发强烈的联想（地球母亲，母爱，圣母），并附着在一整套期待之上。你可能期待自己拥有充满爱意的感觉，期待自己作为女性感到完整、满足、圆满、心满意足，认为事情会自然而然地发生，认为为人父母没什么难的，甚至是一种精神体验。你都有着哪些想象？

凡事总有不好的一面——对自己不能把事情做好感到挫败，对伴侣能够"逃脱"育儿任务感到怨愤，对自己为人父母的能力感到担忧，对日常琐事的单调重复感到沮丧。这些都是为人父母真实情况的一部分。本书很快就会讲到为人父母的另一个阶段——拥抱你的情绪。

在这里，我要暂停一下，指出一些危险的情况，希望你能多加注意。

当心电视和社交媒体的陷阱。 荧幕上的母亲（尤其是在广告中，因为广告是在向你兜售东西）通常都被描绘成"超级妈妈"，组织能力强，耐心无限，随叫随到；社交媒体上的妈妈穿着光鲜，发型时尚（或者故意营造松弛感），精力充沛，能同时做十件事情；电视上出现的家庭都有着整洁的房间，熨好的衣物，也没有太混乱的争吵；家庭题材的电影最后总会有一个简单快乐的结局。不要相信这些，做真实的自己比幻想成为某个电视角色的翻版要好得多。值得庆幸的是，随着越来越多贴近现实的剧集出现，这种状况正在发生改变。

当心不切实际的压力侵扰。你可能试图做到完美，努力承担过多的事情，给予宝宝无尽的爱和关怀，直到筋疲力尽。当你发现期望未能实现时，你可能怀疑自己出了什么问题，感到内疚，认为自己是个坏妈妈，或者认为自己不适合做妈妈。这些（并非真实情况的）想法可能会引发抑郁。

应对措施

要知道自己很正常。研究人员温迪·勒布朗发现，88% 的母亲都经历过"产后压力"。各种各样的父母都在一定程度上受到过产后压力的影响。

拥抱全部的自己。你就是你，无法逃避。越早接受这个事实，你就会越快学会与自己合作，而不是与自己作对，你也就更容易适应生活。对你的伴侣而言也是如此。

拥抱灵活性。你可能期望母亲身份能顺利融入你为自己规划的未来。但现实是，许多妈妈发现产假时间不够长，托儿所费用高昂或者难以找到，而好的兼职工作就更难找到了。为人父母比我们大多数人想象的更令人筋疲力尽，我们白天没有精力在外好好工作，因为晚上在家里已经太累了。

好消息是，最快速增长的商业领域之一便是，新手爸妈在家创业。

多多分享。与其他母亲多多交流。你越多地分享自己的体验，就越能意识到自己并不孤独，还能获得更多的支持。

让你的伴侣参与其中。和他分享你的想法、感受和期望。关心他的情况，看看他是否也在经历类似的事情。

对伴侣的期望

我原以为我丈夫会更多地参与养育宝宝，但他似乎更关心自己的生活。

我原以为我的伴侣会理解我的感受。

为人父母带来了希望、梦想和渴望。那些没有说出口的期望，即使是合理的，也可能是你的伴侣最没有准备好的。你处理这些问题的方式将直接影响事情的结果。

审视当下

留意错误的解读。你和伴侣交流过吗？在你真正向伴侣说出自己的希望或期望之前，它们一直都是假设。假设会滋生误解和沮丧，不要期待你的伴侣总能读懂你的心思。

你自己的需求。在你满足宝宝的需求的同时，你会发现自己也产生了越来越强烈的被关爱的需求。自然地，你会希望从伴侣那里得到需求的满足。你可能期望他们能够很好地应对这个挑战，但是如果你的伴侣习惯于被照顾，这就变得非常困难了。

伴侣的想法。在伴侣成为父亲之后，他可能将注意力转向自认为能为新家庭做出最大贡献的方面，比如更加努力地工作。为了应对与之而来的工作压力，他可能更加需要缓解压力，这可能意味着他陪你的时间会减少，而不是你所期望的能够花更多的时间陪陪你。

期望对关系造成影响。期望塑造信念，影响沟通。这可能是一件好事。如果你期望你与伴侣之间的关系是相互尊重的，你就会相应地以尊重的语气与伴侣交流，增加获得充满尊重的回应的机会。

反之亦然。如果你觉得你的伴侣在生你的气，觉得会收到他愤怒的回应，那么你就可能首先带着愤怒的语气讲话，理所当然也会得到对方相同的回应。

应对措施

不要让伴侣无法达到你的期望。在问题变得严重之前，温和地检查自己的期望是否合理。

让你的伴侣参与进来。从自己不熟悉的情况中退缩，来保护自己，不让自己感到脆弱，这是人之常情。但你的伴侣可能需要知道，你需要他，想要他参与其中。

新手爸妈双方都需要适应时间。如果你的伴侣感到无所适从，那么他会像你一样，需要得到安慰和认可。

期望不说出口会令双方都不舒服。除非你营造了一个安全的环境让对方能够自由表达，否则你不会了解他们的感受和立场。你组织交流的方式将直接影响结果。参见"绽放"一章的建议内容。

清楚地表达想法。在你对谈论某个话题感到尴尬的时候，你是否试图绕过它，而不是清楚地表达自己的想法？模糊不清会让人感到困惑而沮丧，尤其是对于一个目标导向（可能也很疲惫）的伴侣来说。

对孩子的期望

我原以为我的宝宝会整夜睡觉，而我可以在白天和他一起玩。
我没想到我会像一个机器人一样不眠不休。

其实你并不孤单。我们都没有为照顾小宝宝的现实生活做好充分的准备，这是一个真实存在的问题。研究表明，最容易出现倦怠的母亲是那些低估照顾宝宝工作量并给自己施加过高期望的母亲。

审视当下

宝宝出生之后的"正常生活"与之前的"正常生活"不同。你可能一直以为，帮助宝宝培养出规律的生活习惯之后，你们的生活会恢复正常。你可能预料到自己在头几周会因为照顾宝宝而缺觉，但这种情况可能持续 12 个月甚至更长时间，大多数父母都会对此感到震惊。无论你和伴侣之前的"正常生活"是怎样的——喜欢运动、音乐、海滩（或雪地、露营）、文艺、创新——你们的宝宝都感受不到它们的乐趣所在，因此你们要寻找一些替代方案。

其他期望也可能无法达成。你可能对于完美宝宝有着许多憧憬——在体重增长、第一次开口笑、长出第一颗牙齿、说出第一个词语、迈出第一步这些方面都有着自己的期望。如果这是你的第一个孩子，那么未能满足你的期望可能引起你的焦虑或失望。

你可能曾经希望自己的宝宝是个男孩或女孩，头发浅色或深色，长着你的鼻子或伴侣的眼睛，你希望宝宝拥有你最喜欢的这些部分。任何未能满足的期望都需要你做出一些调整。

在这里，我要停下来，引导你注意到我们旁边的一片水域。我想请你看看水面以下，留意一些往往会轻易忽略的东西。

诚实地面对自己的这些感受，即使你不与任何人分享它们。因为问题是，任何你不允许自己承认的事情都可能以某种方式影响你的伴侣关系。如果你不承认自己想要 X 而不是 Y，那么当你的伴侣表达同样的想法时，你更容易对他发火。你在为人父母的过程中调整得越多，应对挑战的能力就越强，建立幸福健康家庭的过程也会越美好。如果你需要他人的帮助来处理这些"水面以下的东西"，你可以考虑寻求心理咨询师的帮助。他们非常擅长处理这方面的问题。

警惕陷阱"如果我有一个完美的孩子，那我就是个好家长"。如果我们认为孩子是父母的反射物，而不是独立的个体，那么我们可能给孩子施加很大的压力，把他培养成某个特定的样子。当然，你可以引导孩子，孩子需要父母的引导，但只有支持孩子成为他自己，而不是父母认为他应该成为的人，他才能够绽放。

你是否期望能够掌控一切？ 大多数父母都希望自己实际上能对孩子有更多的掌控权。无法掌控孩子可能让我们有一种失控感。如果你经历过孩子第一次发脾气，你就会明白我的意思了。

人们的一生有很多期望。你可能希望孩子擅长踢足球，喜欢骑马（因为你喜欢），成绩优秀，选择了合适的大学，继承你的职业道路。越早学会管理期望越好。

应对措施

学会"放手"。你觉得很多事情总是在跟你"作对"吗？学会放手对你更有帮助。一旦你放下自己的控制欲，你就可能发现自己全新的一面，许多人因此感受到了一种新的自由。有些人会在放手之前将自己无法控制的情况移交给更有办法的人，其他人则培养了自我安慰的能力。"快乐而放松"（而非完美）可以成为你的新口头禅。

要知道，这一切都会过去。正如生活中所有的挑战一样，当你适应它们时，事情就会开始好转起来。养育孩子也是如此。当你的宝宝逐渐变得安稳、变得更可预测，最终养成规律性习惯之后，你会发现管理事物变得更容易了。然后你会发现他们的习惯又会再次发生改变。幼儿最终会学会排解自己的挫败感，孩子会学会喂养宠物，青少年会自己洗衣服。

面对失败的感觉。如果你发现自己很难应对失败（或失望、拒绝、焦虑等），你可能尝试控制身边的人和事，来逃避痛苦的感受。如果你或你的伴侣听起来就是这样的，那么这可能触及你们自己童年的一些问题。你们可能需要和心理咨询师一起来解决问题。

> 我们非常活跃，我们一直认为我们的孩子会适应我们的生活方式。现在我们意识到，这件事可能永远不会发生。
>
> 我们计划明年带着宝宝去欧洲旅行，但现在我们意识到这实在太难了。我们非常失望。

你是否曾经想过："我们只需要把宝宝带上。"这个想法持续了多久？三个月？两个月？一周？找一件合身且没有奶渍的衣服，装上一包尿布，调好婴儿推车才能出门，这些真的都很麻烦。无法进行社交活动或旅行可能是另一个令人大感失望的事情。能在周日睡懒觉、拥有整洁的家、浪漫的周末和高档晚餐的日子一去不复返了，至少暂时不存在了。

审视当下

你绝对不是孤身一人。伊丽莎白·马丁在《宝宝冲击》（*Babyshock*!）一书中写到，只有 4% 的伴侣称养育孩子的情况符合他们的预期。我认为这并不意味着 96% 的孩子有问题。近 50% 的新手父母表示，如果他们知道现实会是什么样子，他们会推迟组建家庭的时间。这是很多父母的心声。

重新评估。知道什么是重要的，什么是应该放弃的，或者至少要暂时缩减精力的。比如，锻炼身体很重要，但每晚花两个小时锻炼身体可能对整个家庭并不公平。同样，定期度假是很重要的，但可能要选择住在海滩上的小木屋，而不是一个乌烟瘴气的地方。

所有的付出都有回报。孩子让我们知道生活中什么是重要的，让我们感受到联结的美好以及无条件的爱。暂停你在其他生活方面的活动一段时间，同时挖掘你们伴侣关系的新的侧面，比如如何很好地倾听或者富有同理心地回应，这些是能够支持你们共同渡过难关的东西。

应对措施

与伴侣交流。你们在生活方式上做出的重大调整分别是什么？彼此体谅，谈一谈你们愿意放手哪些事项，分享你们觉得最困难的事情。

学会放手。随之而来的可能有一种丧失感。本书将在为人父母的第五阶段详细讨论这个问题。

开始欣赏小事。在与宝宝共度简单生活的过程中，许多父母在很多小事上发现了意想不到的快乐。可能有一段时间你都不能享受大餐，但当你的宝宝在高脚餐椅上兴奋地敲着托盘，想要再来点红薯吃时，你会开始对红薯刮目相看。

发挥创意。列出所有你们能想到的疯狂和愚蠢的事情，尽情想象。重新评估你们的愿望清单，看看在你们重新回到现实世界之前，是否需要微调一些活动计划。你们可以利用邻里和在线资源。现在，品尝当地的美味咖啡或冰淇淋、在线寻宝、用 Google Earth 游览世界各地、观看最新的大片或畅销小说可能成为你新的小型休闲方式。

爸爸的期望

我没想到事情会有这么大变化，我的妻子真的很能干。我乐意听从她的指挥。

我喜欢和宝宝相处，但我没想到在家要做这么多事。我对我的伴侣很不满。

我本以为我的妻子会更早回去工作的。

当代伴侣在迈入为人父母旅程时都怀有希望彼此平等的真心。他们期待参与照顾宝宝的工作，承担家务，共同承担决策责任，也预料到伴侣会在某个时间恢复全职或兼职的工作，和自己共同承担经济责任。

有些伴侣没有任何期望。无知是福，但这种福气早晚都会消失的。有些人认为，为宝宝护理的各种细节操心是留在家中照顾孩子的一方的责任，但除非你们双方都能在家照顾宝宝，否则这种想法后续会引发一系列的连锁反应。

审视当下

当父亲的内涵远不止肉眼所见。传统的父爱观念往往以解决孩子的实际问题为中心——为他们提供生活所需，给他们最好的生活。这可能是你从小接触到的"父亲模式"。

然而，现今的新手爸爸往往积极参与所有育儿过程（以及面对随之而来的欢乐和挑战）。这种"重大"的角色转变可能需要一些适应时间。为人父母可能带你走进自己内心和伴侣关系中之前没有涉及的领域。

你不仅要对宝宝做出承诺，还要重新对你的伴侣做出承诺——共同努力，成为朋友，成为团队，再次成为恋人，在有人造成伤害时修复关系，以及彼此原谅。

应对措施

面对现实。这一点很重要，因为只要你还保有一些未说出口的期望，你就有可能陷入否定之中，否定会导致你回避问题，未来有可能令问题升级。

团队合作。当事情变得比预期之中艰难时，你们可能不知不觉地回归传统的性别角色。虽然一开始你们可能共同分担宝宝的养育和家务，但研究表明，大多数母亲最终还是会在家里承担大部分工作。父亲可能发现自己承担了更多的管教工作，同时，由于仍然存在薪资的性别差异和晋升天花板，他们承担了更重的经济负担。谈一谈你们的角色和期望吧。

诚实面对自己。解决阻碍你和孩子之间关系健康发展的问题，你可以尝试自行解决，或者与心理咨询师共同应对。

与伴侣分享你的期望。你的期望反映了你的想法，但除非你们公开讨论它们，否则你的伴侣很可能感到冒犯。承认自己内心的想法并与伴侣分享。重新阅读"绽放"一章的建议，这样你们的交流对双方都有帮助。

育儿任务与家务劳动

我们达成了共识：我继续工作，我的妻子则在家照顾宝宝。我原本以为她也会负责家务劳动的。

我的丈夫认为我应该每晚都把晚餐准备好，他根本不了解这件事需要花费我多大精力。

现在我们的宝宝上了日托，我也开始做一些兼职工作，我的伴侣希望我同时负责家务劳动。理论上讲这是公平的，但实际上，我现在并不比全职在家照顾孩子时轻松。

对伴侣来说，最大的问题之一便是，在养育孩子和家务劳动这两个问题上存在期望冲突。作为留在家中照顾孩子的一方，你可能承担大部分的育儿任务，但这并不意味着你会觉得家务劳动也包含在内。

相反，你可能觉得，既然你白天大部分时间都在照顾孩子（这本身就很累人），那么你的另一半应该主动分担一些家务。然而，你的伴侣可能把家务劳动视为育儿任务的一部分，认为这属于你的职责范畴。

审视当下

公平与平等。无论是在家里还是在外面，事实上你们都在付出劳动。对于你们整个家庭来说，没有报酬的家务劳动与有偿的工作劳动同等重要。你们都在为家庭幸福做出贡献，都应该得到支持、欣赏和暂时卸下重担的休息时间。

起初照顾宝宝是 24 小时不间断的，家务劳动则成了额外的负担。没有人能在短时间内完成所有工作而不感到筋疲力尽。此外，如果你们还处于初为父母的几个月里，你们可能还在应对生活变化所带来的压力，这本身就很累人。让留在家中照顾孩子的一方承担超过他们能力范围的工作，这对你们彼此和你们的家庭都是不利的。

我要再次停下来提醒你，我们正在经过另一片看似很浅，实则深不见底的水域。

家务劳动看似只是洗衣洗碗等一些琐事，但实际上其背后隐藏着更深层的棘手想法，比如你不够尊重我，不够重视我，等等。本书将在为人父母的第七阶段更多探讨相关问题。

应对措施

相互协商。家务劳动是在接下来的二十年里你们都可能争论的问题，因此现在就着手解决它是很有必要的（想要真正解决这个问题并不简单，这次可能只是遇到谁洗碗的问题，下次又会遇到其他问题），因此，运用你在"绽放"一章中学到的所有应对技巧吧。

随着孩子的成长，你们可以在外工作的时间可能逐渐增加，因此你们也需要重新协商彼此的各种角色和职责。

倾听你内心的声音，然后停一会儿。你心里可能在说一些非常伤人的话，拦住这些想法和感受，在它们被你脱口而出之前，修饰一下它们，让你的伴侣能够更好地接受和理解它们。

在这头几个月的时间，请家人、朋友和邻居帮忙分担家务，或者雇用保姆等。这比离婚便宜多了！

社会和职场的期望

在我怀孕的时候，陌生人都会加倍小心、不厌其烦地帮助我。而现在我们的宝宝坐在婴儿推车里，我感觉自己要么被人忽视，要么成了他人的负担，尤其是在我需要哺乳的时候。

我在工作中感到自己非常受人尊敬、受人重视。然而现在，作为一位母亲，我在做着"世界上最艰难、最重要的工作"，但我感觉自己一点儿也没有得到尊重。

直到我重新回到工作岗位，重新找回自信和自尊，我才意识到自己作为母亲被低估的感觉是如何影响到我，甚至让我感到有些沮丧的。

在为人父母的第六阶段，本书将更加详细地讨论自尊和身份认同的问题，因为它们与为人父母的过程有着密切的关系。但当下重要的是，要承认期望和现实之间的差距。

当你成为家庭中的一员时，不仅是你的内心和家庭会发生变化，你对更广泛世界的认知也会发生变化，有时甚至是你受到的待遇也会发生变化。你注意到这些变化了吗？

就像在你怀孕的时候，你可能收到陌生人会心的微笑，或者有妈妈来主动与你交谈。你在搭乘公交车时也会有人向你主动让出座位。你可能觉得自己很特别。如果你生活在发达国家，你很可能在怀孕期间得到了许多社会支持，因此你可能期望在生完孩子后，这种关怀会继续存在甚至变得更好。

在你的职业生涯中，在成为母亲之前，你可能接受过许多教育和培训，并努力工作，期望在重回职场后回到与以前一样的或其他有成就感的角色之中。

但是你可能逐渐发现，并非所有人都愿意给婴儿推车让路，并非所有人都能理解你哺乳的需求，并非所有人都能包容一个脾气暴躁的宝宝。

你可能发现，当地的公园没有那么多遮阳篷、舒适的座椅、干净的卫生间。

直到我推着婴儿车，我才意识到我所在的街区人行道多么少，有的地方根本没有人行道。令人沮丧的是，深夜的汽车餐厅只提供快餐，却没有婴儿食品、止痛药、尿布、护理垫。带着一个蹒跚学步的孩子，排队买任何东西都是一场噩梦，除非有一堆玩具让他玩。

审视当下

换个角度看问题。要知道，传统上，为人父母被视为一种成人礼，整个社区都会给予支持，这是一个充满敬意、仪式感和祝福的时刻。父母的社会地位会得到提升。遗憾的是，在当今世界里，这些价值观已经缺失，很多时候，为人父母会让人感到自己社会地位下降。

你是否看重自己和其他父母所承担的不可思议的重任？当你为自己感到骄傲时，你就会更有决心得到他人的尊重和支持。你也可以支持其他父母抱有同样的期待。如果我们共同努力，共同发出声音，我们就可以逐个社区地改善情况，让事情变得更好。

应对措施

相信自己。作为新手父母，你们在短时间内面临一系列全新的体验。在这些特殊情况下，你自然会缺乏信心，认为问题出在自己身上，而实际上，更有可能的是因为你在某些方面得不到足够的支持——如果你出生在另一种文化中或另一个时代，为人父母本应给你带来许多支持、认可和社会地位的提升。

认识到这一点可以给你动力去改变一些你无法接受的情况，其他新手父母也可能有着同样的感受。

开始特别注意一些事情，比如周围没有干净而功能齐全的宝宝更衣室（特别是父母都可以使用的那种）；游乐区或公园（特别是有围栏的）太少；有些地方没有卫生间和遮阳篷；缺少专门的家长停车位；零售店总是排长队（尤其是在商店有能力雇用更多员工的情况下）；商店故意将糖果放在儿童触手可及的地方，然后要求你赔偿损失。不要过分在意这些事情。

如果你已经回到工作岗位，**你也会开始特别注意一些事情**。常见的工作抱怨包括：被要求过长时间工作；上下班时间缺乏灵活性（包括经理在非工作时间安排开会，或者规定你必须在某些日子工作）；拖延返岗安排，使得确定宝宝的日托安排变得困难；没有哺乳或泵奶的房间（你会想要在卫生间里吃午饭吗？）；觉得要么还是在家工作一会儿吧，这样别人才能觉得自己工作认真；认为兼职工作者得不到保障。

提出建议，令所有父母都受益，帮助自己树立信心。有些人发现代表他人发言更容易一些。

大胆反映情况！给当地政府工作人员打电话或发邮件。由于勤劳的家长的督促，我见过许多公园都被翻新了，危险设备也被拆除了。

向商店经理反映情况。这些事情都令人沮丧——脏乱的母婴室、破损的设施、没有任何足够放下你和婴儿推车来从容试穿衣服的试衣间。如果在火车站或购物中心遇到电梯或自动扶梯出现故障的情况，你也应该向有关部门反映，这样也是在为残障人士着想。如果你在当下很难反映问题，那么你可以选择稍后打电话或者发邮件。

建议零售店提供玩具，以便满足幼儿的需求，让购物者可以安心挑选商品。总有一天你会感激这一点的。

> 我本想孩子出生后就回去工作，但老板把我辞退了。我很想重返职场，我妈妈会照顾宝宝的。但现在我几乎没有什么工作机会，这太不公平了，我经历了那么多年的职业训练。

休完产假回来后，你可能震惊而沮丧地发现，自己的职位被降级了（尤其如果你以兼职的身份重回公司），甚至整个项目完全消失了，或者现在的职场文化让你无法继续上班。

审视当下

这还不是终点。如今女性仍然需要为职场公平而战，特别是在职业天花板的问题上。在高层管理、董事会和政府部门中，女性仍然只占少数。

把这看作整个家庭的问题，而不仅仅是女性问题。与伴侣协商出既能让你工作又能拥有家庭生活的方法，请你的伴侣也与公司多多协商，如果他能在工作场所积极推动变革，就更有可能扭转这种局面。想象一下，如果儿童保育与就业相结合，我们的生活会是什么样子。

应对措施

行动起来（当你有精力的时候）。政府依赖民众提醒他们关注重要问题。发出你的声音，寻找途径，提出问题。联结当地的政府工作人员，参加市政会议，表达你的不满或担忧。

多做研究。一些在家工作的聪明的家长创建了网站，帮助其他家长重返职场。寻找专注家庭友好型就业的招聘机构，联结你所在行业的协会，看看是否有可以提升你技能的课程，你准备好了就可以参加。

了解你的专业领域的动态。重新联结以前的同事，浏览报纸和行业出版物。这样，当你准备重返职场时，你就已经有所积累了。

让社交媒体上的联系人知道你正在考虑重返工作岗位，管理者可能很欢迎个人内推，这样就能省去投放广告和面试的麻烦了。

如果你认为自己能为某个公司或某个行业创造价值，请向他们**介绍自己**。只要他们同意并真心想要你加入（而不仅仅是雇用一个能胜任那个角色的人），那么一切就可以按照你的条件来。

加入临时工中介机构。我认识的一位妈妈完成了最新软件的免费培训，每周为一些本地雇主工作几天，最后得到了三个长期的工作机会。

不要丢下为人父母的宝贵技能：多任务处理、协商、时间管理、灵活应变、在压力下保持优雅、耐心无限，等等。你还获得了哪些其他技能？

对你来说，这可能是人生旅程中最艰难的一个阶段，对大多数家长来说都是如此，适应他们想象的生活和现实之间的差距是一个挑战。与你的伴侣、朋友或其他善于倾听的人分享你所学到的东西，或者把它们写在日记里。

要知道，为人父母并不讲求结果，重点并非在于你们要到达自己期望的地方，而在于你们一路上经历的真实旅程，这是一场持续终身的旅程。

有个好消息——你马上就能休息一会儿了。

Becoming
Us

第四阶段

搭建大本营（抓紧一切时间）

在为人父母的旅程中，这是你可以稍作休息的阶段。你在养育宝宝方面做得很好，他们现在健康幸福，生活终于开始安定下来。现在是时候多多关注你自己和你的伴侣了。很有可能你们已经把所有的时间、精力和关注都放在了你们可爱的宝宝身上，其实你们现在都特别需要关爱和照顾。

我们来关注一下个人支持和社会支持这些基本的东西。你要搭建自己的大本营。这个阶段的内容将帮助你们为接下来的所有阶段做好准备。

你的旅程从这里开始也将发生变化。到目前为止的为人父母阶段——"成为我们"的阶段——主要适用于新生儿和新手父母。然而，如果你有不止一个孩子，或者孩子已经大一些了，你会发现，自己会一次又一次地经历这一阶段和接下来的各个阶段。你永远不会停止成长，因此这一阶段的指导建议也适用于出于各种原因而家庭氛围紧张的情况：家人生病、亲人去世、失去工作、搬到新的社区，等等。在发生重大变故的时候，你永远可以回到自己的大本营。

一旦你知道如何搭建这个大本营，那么每当生活给你、你的伴侣、你的孩子带来挑战时，你就能够回到这里，这是你可以撤退回来重整旗鼓，集中精力为整个家庭再次前进积累资源的地方。

你和你的伴侣各自作为个体以及共同作为伴侣的应对能力越强，你们就能为孩子提供越多的支持。

在开始搭建大本营之前，我想再向你分享一点儿我的个人经历：我和丈夫的三个孩子如今都已经成年了，而我们上次回到大本营只是在几个月前的事情。

仍然需要更多支持

我的伴侣已经回公司上班了，每天回家时他都已经筋疲力尽，但我整天陪着宝宝也累了，我仍然像一开始那样需要他的帮助。感觉我们最近一直在争论谁更需要谁。

我们的宝宝晚上仍然不能睡整觉。我无法完成所有的事情。我总是又累又烦躁。

对于大多数父母而言，时间变得奢侈，精力变得珍贵，你开始每天都盼着自己能睡觉，没什么工夫想性生活的问题。

当你持续睡眠不足、匆匆忙忙、身体疲惫时，你很容易变得暴躁、健忘、不耐烦、容易分心。你可能早就预料到自己这段时间会感到疲惫和忙碌，但现在开始感觉"这段时间"似乎意味着永远。

如果你觉得你和伴侣在互相竞争，那是因为在很多方面，你们确实如此。认识到这一点是解决问题的第一步。

审视当下

这种变化是深刻的。当我们组成一个家庭时，我们之间关系的基本结构和功能等动力系统就会发生改变。从原理的角度来看，这就像重建一个引擎，给关系带来更多力量。从旅程的角度来看，这就像是从意大利的有组织的巴士旅行变成在喜马拉雅山独自徒步，还带着一个新生儿。

在此之前，你们的伴侣关系涉及两个平等的人的需求的协商，因此你们的状态相对稳定，你们之间关系相对平衡、和谐。你们两个人可能都在工作，共同分担家务、做出决策、购买东西，一起商量怎么装修或者布置你们的家。你们双方有着自己的减压系统和支持系统，有着相似的关注点、目标和优先级，这些都让你们更容易相互支持，满足共同的需求。

有了孩子之后，你们需要协商满足两个人以及一个完全依赖他人的宝宝的需求。这是一个很大的变化，尤其对于留在家中照顾孩子的一方来说更是如此。你们任何一方的变化都将不可避免地影响到另一方。变化是令人疲惫的，在过渡阶段倍感压力是真实的状况。持续数月的过渡阶段会给你们带来许多负面影响。

你的需求发生了什么变化？ 当事情稍微平静下来时，你可能回顾过去，意识到自己一直在牺牲自我关怀的需求。你可能无法再像以前那样联结自己的支持系统和减压系统。为了继续应对生活和做出贡献，你需要使自我得到滋养。你有一些新的生理上和情感上的亲密需求需要得到满足，而你想要与你最亲密的人——你的伴侣来满足你。

你的伴侣怎么样？ 在同一时间里，你的伴侣可能觉得生活回归了"正常"，希望恢复到宝宝出生前的生活状态——他的需求对你来说再次变得重要。在这个阶段，你们可能发现彼此之间存在竞争。谁更需要休息，谁更需要一点儿自由，谁更需要得到一些帮助？

你们的需求可能不相容。 比如，在传统的家庭中，母亲需要休息、恢复身体、得到对自己（难以受人关注的）辛勤工作的认可、获得无条件的关爱，而父亲渴望回到一个干净整洁的家、感到放松、享受妻子早已准备好的晚餐、自己的辛勤工作得到认可、回归正常的性生活，这两者是相互冲突的。

当你处于压力之下时，你会产生更多的需求。 人们要想感到快乐，除了营养摄入、睡眠、休息、舒适的环境等基本需求外，还需要陪伴、多样性和目标感。在压力之下，人们会产生额外的压力释放和情感支持的需求。你的伴侣也是如此。不仅仅是在组建新家庭时，在未来你的生活发生重大变化的各个阶段都是如此。

你们会有更多新的限制。 当你们有了宝宝，或者你们的家庭出于各种原因倍感压力时，满足自己的基本需求会变得很艰难，更不用说有时间或精力去做让自己感到快乐和充实的事情了。

你想要事事兼顾吗？ 这在大多数情况下都是不现实的，也是不可能的。

一些生活侧面。 如今，家长们忙得不可开交，从一个地方赶到另一个地方，把大孩子送到学校，带小孩子去做游戏，匆匆回家吃个午饭、午睡一小会儿，接大孩子回家，给他换衣服，塞一些零食进书包，带他去参加体育活动或音乐课程，监督他做作业，每天准备好晚饭，还要每天去工作，支付账单，签字，参加孩子的校园活动，负责一些志愿活动和慈善活动，沟通拼车事宜，购物，跑腿。光是想一想这些事就让人筋疲力尽。即使这种情况还没有发生在你身上，你可能也看到了邻居每天都是这样，而在上一代，邻里之间本来有时间相互帮忙的。

科技的发展让人们的生物钟变得紧张。电话、邮件、社交媒体消息和更新的剧集频繁来扰。如今人们有很多事情需要处理，这为时间紧张的父母带来了更大的压力。我们的生物钟已经被数字时钟所取代，这意味着我们很容易与自己的内心脱节。我们的身体需要我们放慢速度来应对生活。

需求是相互的。如果你的需求得到满足，你就能更好地满足伴侣的需求，反之亦然。对于那些一直都在给予的人来说，适应"索取"是有难度的；而对于那些习惯了索取的人来说，习惯"给予"很难。现在是时候练习这一点了。如果你们俩的需求都得到了满足，你们就能更好地满足小家伙的需求。这是一个三赢的局面。

应对措施

不要抗拒自己的需求，接受它们。每个人都有自己的需求，满足自己的需求决定了你应对生活的情况、你的生活质量以及你在关系中的满意度。

不要抗拒伴侣的需求，接受它们。当你自己的需求得不到满足时，你很容易忽视伴侣的需求。请你的伴侣对自己的需求负责，并使用"绽放"一章中的技能来与你分享，获得你的支持。

要考虑"两者兼顾"，而不是"非此即彼"，因为宝宝最终是你们两人的共同事业。两者兼顾的方式能够为你们的关系打下平等和互惠的基础。你需要得到帮助，而他需要时间休息。你们都需要得到支持和放松的时间，这些对宝宝的成长都是有益的。把你们的精力放在满足彼此的需求而不是相互争吵上。

不要责怪你的伴侣。请再读一遍这句话。

重视自己。你的伴侣可能不知道你需要得到更多支持，特别是当你不好意思寻求帮助时。一个希望女性成为"超级妈妈"的社会可能加剧这种情况。

重视你的伴侣。你的伴侣会想要参与到育儿过程中并得到欣赏，这样他们就不会觉得自己只是一个帮手。

时间很快就会过去。满足彼此的新需求是一个（暂时的）正常阶段。你处理得越好，这个阶段过去得越快。当你们再次走入这个阶段时，就会感觉容易很多了。

整理你的需求。列出你目前的需求，看一看哪些是你可以自己满足的，哪些需要依靠伴侣来满足，哪些可以请求家人或朋友的帮助，以及哪些可以外包给职业人士。

回归根本。何事让你倍感压力？怎样可以缓解压力？怎样可以让你自己舒服一些？特别是在压力下，你的营养饮食、规律休息和锻炼至关重要。你的健康计划最初可能需要温和一些、比较零散，之后你要逐渐养成一个有规律、可预期的健康习惯，让你自己有所期待。

扩大值得信赖的交际圈。列出能提供支持的朋友，鼓励你的伴侣也列出清单，他也需要这些朋友。尽管他们也会有所顾虑，但大多数能帮助新家庭的人都会很高兴地提供帮助，尤其是当他们有机会抱抱宝宝时。

如果你有大一点儿的孩子，那么与你孩子的朋友及其家长交朋友吧。在我们的家庭中，一个给我们带来很多快乐的事情就是，我们与孩子朋友的父母保持着密切的关系。孩子们相约一起玩耍、踢足球也增加了我们与朋友见面的机会。与其他家庭一起露营或度假对所有人来说都是很有趣的。你们还可以商量着彼此帮忙带孩子。

吃得简单而健康一些。在冰箱里放一个密封的容器，里面装上洗好的蔬菜。这样你就可以做一份健康的三明治或者沙拉作为晚餐了。

缓解压力。一定要定期释放你的压力。

获得安全感

自从成为母亲后，我一直感到非常焦虑。

对于新手妈妈来说，出现意想不到的脆弱是很正常的，特别是在关系安全感方面，她会希望对方一直陪伴自己、照顾自己、欣赏自己。新手爸爸也是如此，希望妻子仍然在意自己，自己可以照顾好整个家庭，在妻子的生活中宝宝没有完全取代自己。

知道伴侣足够强大，可以支持你，又足够温柔，能够安抚你，这种安全感来自彼此之间的信任和承诺。在组建家庭的阶段，建立安全感至关重要，因为它是未来一切的基础。

> 我们一旦开始讨论问题，情况就会很快失控。
> 我们最好还是不要再讨论问题了。

更多的问题、更多的潜在冲突、更少的睡眠、更少的时间和精力——所有这些都是灾难的前兆。要应对这一切，你们首先要在伴侣关系中建立彼此之间的安全感。接下来，你们要开诚布公地进行交流，而不必担心可能引发的争吵会损伤你们之间的联结。

强烈的情绪会加剧冲突，损害你们之间的安全感，因此你需要找到方法来处理它们。本书将在为人父母的第五阶段和第七阶段介绍这些内容。在你现在的伴侣关系中，如果你的人身安全或者情感安全令你感到困扰，那么你可能想要跳到本书第三部分阅读相关内容。

> 好吧，我承认最近我出去喝酒的次数变多了，这是因为自从我们的孩子出生后，我感觉妻子老是想改变我。她总是唠叨……

她可能确实想改变你，但并非你想的那样。

有了孩子，妻子对你的依赖程度会上升，她需要你为她和宝宝提供安全而稳定的环境。

你们关系中一些以前被忽视的方面现在可能成为焦点。她可能想要"修复"一些让她感到不安的东西，因为她本能地知道一个稳固的关系对整个家庭来说是最好的。当然，大多数伴侣并不喜欢被"修复"。

审视当下

你们的关系就像一个花园。时不时整理一下它就会看起来很好，而你一旦忽视它，花园里的花就很可能枯萎、凋谢甚至死亡。将这件事设为优先事项，用习得的技能和关心创造出你引以为荣的东西，在之后的每一天，它都会回报你。

安全感是基石。信任是基石之上的土壤层，没有安全感，就无法建立信任。没有信任，你就无法深入自己和伴侣的内心，无法全身心地付出爱，你们的关系会一直停留在表层。其实，你们可以通过很多方式建立信任，你们的孩子将来会在这个花园之中玩耍。两个园丁共同努力，比一个人独自努力能够有更大的收获。

安全感有各种模式。你可能认为，保护整个家庭的最佳方式是努力工作、挣钱养家。但对于留在家里的一方来说，此时你更加努力工作可能让她感到缺少你的支持。这可能让你感到困惑，为什么明明自己做得更多了，妻子却对自己更加不满了。

物品是否带来安全感？ 对一些人来说，另一个令人困惑和沮丧的事情是，自己的伴侣通过（通常是昂贵或不必要的）婴儿用品来寻求安全感，比如非得要买到某个"正合适"的婴儿推车或婴儿床。广告商可能利用这一点。购买昂贵的婴儿相关用品也让在外工作的一方感到，自己需要更加努力地工作。

开诚布公。 开诚布公能够建立信任。如果伴侣之间不能坦诚地表达自己的感受和需求，关系就会受到阻碍。每当你想"哇，那真的很痛苦"，却说出"笨蛋，你根本不知道自己在说什么"时，你便知道自己还有很多成长空间。

应对措施

尊重家人的脆弱。 避免做出自私的决策（如开始或继续进行危险活动）。不要增加不必要的开支而给家庭经济带来压力。在制订重要计划或做出重大决策之前，要与伴侣充分沟通，尝试站在对方的角度看问题。在这个阶段，你应该为家庭做出贡献，而不是向家庭索取。这个阶段是暂时的，未来你有更多的时间放飞自我。

注意自己的沟通方式。 伴侣之间很容易陷入一些相处模式（比如相互唠叨、批评或防御），导致你们无法进行那些相互信赖的亲密谈话，感受到彼此之间的联结和关爱。改变你的沟通方式，就能改善你的伴侣关系。

达成共识。 与伴侣达成共识，不说、不做那些会威胁到整个家庭安全感的事情（比如你要离开，这真的很伤人）。如果你说了令自己后悔的话，及时纠正。修补破裂的共识比修补破碎的家庭要容易得多。

自我安抚。 你要能够依靠自己平静下来，而不是依赖伴侣——因为有时他们无法在你身边为你分担。能够自我安抚意味着，你不太可能失控，不太可能在愤怒中说出一些你不在意但会深深伤害伴侣的话。你的伴侣也需要学习这一点。

与自己对话。 想一想，在家中、在恋爱关系中、在社区中、在财务状况中，你在哪些方面感到安全，在哪些方面感到不太安全。问问自己真正需要什么。表面需求是否掩盖了更深层次的需求？你真的需要骑上那辆摩托车逃离现实吗，还是只是需要你的伴侣稍微放松一点？真的有必要购买那个昂贵的换尿布台吗？要不要停下来确认一下自己的状态是否良好？

核实自己的看法。运用"绽放"一章中的技巧。对安全感的需求通常是一种隐秘的担忧（我们稍后在为人父母的第七阶段会讨论更多这方面内容）。开诚布公地聊一聊彼此的担忧，聊上半个小时，这样可能省去数百次争吵。在讨论了彼此的希望和担忧后，你们可以展开头脑风暴，着手解决问题。

需要被看到

我知道孩子需要什么，我知道我的丈夫需要什么——他表现得非常明确。但是我呢？我感觉自己的需求被其他人的需求淹没了。

为了孩子或整个家庭的利益，我的需求和愿望经常被搁置或推迟。这通常都是我自己选择的，这也没关系，但随着这种情况不断积累，有时候我只是希望这一次能轮到我了。

审视当下

你需要感到自己被人需要吗？ 我已经走过了这段路，我不建议你这样做，而会向你指明另外一条路线。你可能认为自己付出得越多，回报就会越多。将自己的需求放在第一位可能让人觉得自私，我明白这一点，但是将自己的需求放在最后会令你精疲力竭，甚至危害你的健康。如果你需要更有说服力的证据，请注意这个令人震惊的事实：女性在生产期间患自身免疫性疾病的可能性比男性高75%。

几代以来，女性一直被规训成为照顾者。但是，被人需要和被爱是有很大区别的，后者要好得多。

你是一个完整的人，而不仅仅是一个母亲。 你是独一无二的。成为母亲让你变得比以前更加独特。你需要挖掘自己的潜能，而非掩藏它们。我们将在为人父母的第六阶段讨论更多这方面内容。

应对措施

坚持让你的伴侣和其他人把你当作个体来看待。 如果与母职相关的某些方面并不适合你，就抵制与之相关的期望。打破"超级妈妈"的神话。你依然拥有与以前一样的个性和抱负。期待得到身边亲近的人的支持，这样你的愿望就能在时机成熟时实现。

坚持做自己。与怀孕前的自己有意义的方面保持联结：朋友、兴趣、活动。也期待伴侣在这方面给予自己支持。当你想要在自己的母亲自我之中挖掘更多侧面时，这些方面会帮你渡过难关。

说出自己的需求。随着你越来越了解自己的需求，你对伴侣满足你需求的期望也会逐渐增加。问题是，除非你将自己的需求表达出来，否则你的伴侣不会注意到它们。有时你可能用一种指责的方式来表达它们，比如"你从来都不考虑我！"你的伴侣只会听到指责，结果是你的需求将继续得不到满足。

同时满足伴侣的需求。自尊心对伴侣来说很重要。如果你用一种让他自我感觉不好的方式沟通，他会把你拒之门外，这样你也无法满足自己的需求。你们会两败俱伤。

不要放弃。如果你觉得自己已经表达了需求，但被对方拒绝了，你很有可能放弃，这可能引发你对伴侣的怨愤；你也可能通过其他方式放弃，你可能开始否认或弱化自己的需求。但是当你开始不去表达时，你便有抑郁的风险。

如果你的伴侣无法为自己的需求找到表达方式，他们也可能陷入以上的境地。你们双方都需要冒险，了解自己的心声，说出真实的想法。你们对此越敏锐，各种风险就越小。

在《婚姻新规则》（*The New Rules of Marriage*）一书中，作者特伦斯·雷亚尔（Terrence Real）表示，我们不应该要求在传统伴侣关系之中的女性"退让"，而是应该支持男性"迈出一步，满足女性的需求"。女性面临的双重困境是，如果她不要求伴侣提高自己的敏锐度和满足她需求的能力，她的需求就会得不到满足。另一方面，如果她要求过多，男性就可能不愿意满足她的需求，这样她的需求仍然得不到满足。你们可以努力找到一个平衡点。

感到被理解

　　每次我回到家，我的妻子说的第一件事就是她需要休息一下。她整天都在家，她需要休息什么？

我的丈夫看上去工作压力很大，但这跟我照顾宝宝所承受的压力比起来根本不算什么。

我们的宝宝已经六个月大了。我刚刚丢了工作，因此我的妻子重新回到了工作岗位。她不明白，在家里照顾孩子对我来说是多大的挑战，我根本没有她所拥有的经验。

当一段关系面临挑战时，通常不是因为其中一方出了什么问题，而是因为双方都不了解彼此想要什么、需要什么。我们通常过于专注解决自己面临的问题，而忽略了伴侣的感受。在为人父母的早期阶段尤其如此，因为我们的生活会变得如此不同。

审视当下

你能够理解哪些事情？你需要开拓视野，从不同的角度看待问题，站在伴侣的立场上，了解他的观点对他意味着什么，将伴侣的观点与自己的观点同等重视起来。

你的伴侣比你想象中更像你。你们都想为家庭争取最好的，你们都有自己需要越过的障碍。你们都在学习、尝试，偶尔都会犯错。你们都希望得到对方的认可和理解，向对方分享自己经历的挣扎，来获得对方的支持和安慰，变得轻松一点。你们的宝宝也希望你们俩都能拥有这一切。

应对措施

做真实的自己。你可以向对方展示脆弱，这没什么关系。分享你的挣扎、困境、担忧和挫折。我们通常会对为人父母有一些浪漫的幻想，直到自己真正开始为人父母才了解事情的全貌，这种浪漫想象可能一直持续，直到更多承担实际育儿任务的一方揭示真相。

全职工作的伴侣可能尤其感受不到留在家中照顾孩子一方的压力，留在家中的一方有时也会试图掩盖自己的这些压力，来证明自己能够应对它们。小心，这里有陷阱。

退后几步，重新聚焦。你越是沉浸在自己的经历中，就越难以看到别人经历的事情。

承认自己没有留意一些事情。承认自己可能无法识别和理解伴侣的某些担忧。即使你不能完全理解，也要让对方知道你一直都很关心他。

提问，澄清。你的感受是怎样的？那意味着什么？你有这样的感受多久了？当你得到答案后，你会感到一些事情更有意义，会更有同理心。

努力理解。这是满足彼此需求的第一步，可以带来有意义的、持久的变化，为你们的家庭创造美好的事物。

感到被接纳和被尊重

直到现在，我才意识到我的伴侣和我有多不同。

我有点担心，不知道这对我们意味着什么。

在这个阶段，当你的伴侣展现令你意想不到的一面，或者你们关系出现了一些变化时，你可能感到震惊。但要知道，为人父母是个人特质不断增强的时期（因为双方各自的角色和日常生活可能截然不同），也是差异不断增加的时期（因为有许多需要解决的新问题出现）。

审视当下

你接纳自己吗？ 你不能完全期望从别人那里得到你自己都没有给予自己的东西。你对待自己的方式为别人如何对待你提供了一个范本。你的自我接纳和自尊的底线构建了你的期望，并向他人传达了信息——你期望得到怎样的尊重。

你接纳你的伴侣吗？ 你的伴侣现在以及永远都是你孩子的另一位家长。你的孩子和你一样，也深爱着他。如果你批评、虐待或冷落你的伴侣，那么爱他的孩子也会受伤。

尊重你们的差异。"尊重"（respect）这个词来自拉丁语"respicere"，意为"回顾、考虑、关注"。你们之间的差异是值得探讨和反思的。我们将在为人父母的第七阶段更加深入地讨论这个话题。

再问一遍：你需要什么？ 你们中的一方可能需要更多的秩序感、规则感来应对自己的不确定性焦虑；另一方可能需要多样性、自由感来应对自己无聊的感觉。你们双方的需求都是合理的，但可能相互冲突。

实现同样需求的方法有很多种。你可能在客厅里跟随着乐队的音乐尽情跳舞来释放压力，而你的伴侣在同一时间可能通过冥想来释放压力。

一些差异并非如此不同。一些在表面上有差异的事情通常会基于共同的潜在需求。我们都需要接纳、信任和尊重，但我们可能通过不同的方式来获得这些。

应对措施

彼此承诺双方的需求同等重要。要消除竞争心态。

成为自己的专家。比如，你知道运动对自己有益，但你可能还是对学习伴侣一直在坚持的冲浪、打网球、攀岩这些运动不太感兴趣。你的伴侣最好保留一些精力，支持你找到适合自己的方式。话虽如此，但攀岩可能比你想象的更有趣！

定期交流。随着生活的起伏和孩子成长阶段的变化，你们的需求也会发生变化。定期重新协商，来确保你们能够继续作为一个团队共同努力。

成为真正的伴侣

　　我感觉好像只有我在为我们的关系付出努力，我的妻子只会在房间里照顾宝宝。

当只有一方在投入感情时，这段关系往往很容易崩溃。真正的伴侣关系是通过彼此的亲密来不断建立和加深的。伴侣关系要绽放需要两个条件。第一，由于伴侣关系的发展涉及冒险和展示脆弱，因此它只能在两个认为彼此平等的人之间发展；第二，伴侣关系必须是有来有回的，这是指既能给予也能接受。在一段伴侣关系中如果只有一方一直在给予，那么他早晚都会放弃。在为人父母的第八阶段，我们将详细讨论伴侣关系对为人父母的重要性。

　　我的妻子快把我逼疯了，她总是对我指手画脚，告诉我要"成熟一点，像个父亲的样子"。
　　前几天，我让丈夫帮忙照看一下孩子，他说："我刚上了12个小时的班，还是你来吧！"

　　在正常、健康的关系中，给予和接受是很自然的。但是，对于刚刚迎来新生儿，还有其他孩子的家庭来说，压力和紧张会迅速累积，使得给予和接受看起来更像是推和拉。

　　在这里，我还想指出一点你需要避免的事情。看到那边的大海了吗？它看上去很美，但是其中的激流很猛烈，卷入其中可能非常危险。我会描述一下我见过的那些被卷走的父母的情况，以便你在接近激流时能保持警惕。

　　如果这种推和拉引发了一场影响深远的权力斗争，对整个家庭来说就可能非常危险，特别是当争执涉及照顾宝宝时，因为这样将宝宝也卷入其中了。

审视当下

　　竞争与权力息息相关。当母亲生产并抚养孩子时，她们在某种程度上会暂时失去对自己身体和生活的控制，一些女性可能因此感到无力。之后她们可能对伴侣关系中的权力平衡更加敏感，从而引发竞争心态。

　　要警惕过度养育。当你感到自己的权力感降低时，你可能感到焦虑。有些父母可能通过要求在照顾宝宝方面有更强的控制权，来弥补自己在其他方面的权力感的减弱。有时他们可能通过贬低伴侣的付出的方式来实现这一目标。

　　当一方与伴侣的感情疏远，却过度地与孩子建立紧密联结时，也会出现这种情况。这可能引发父母的焦虑，形成过度保护的养育方式。除了给伴侣关系带来问题之外，这种养育方式还可能对孩子产生负面影响。

　　当心这个危险的激流。假设你一开始很乐意承担更多照顾宝宝的责任。然而，几个月后，你可能开始感到负担过重和不知所措。如果你在这种情况下又感到内疚，你就可能加倍努力应对生活，而这进一步拉大了你与伴侣之间的差距。我们将在下一个阶段讨论与内疚感相关的内容。

　　有些母亲试图通过改变伴侣来纠正这种不平衡，这会增加伴侣的抵抗，甚至可能导致伴侣更加退缩——进一步减少对养育孩子的参与。

　　虽然双方一开始可能都很愿意让参与较少养育任务的一方承担其他责任（比如养家糊口），但几个月后，这个伴侣可能感到自己被排斥、受到唠叨、不被欣赏。他们可能不承认自己在让留在家中照顾孩子的一方承担更多的育儿责任，开始更少参与育儿，或者以一种怀有怨气的方式参与其中。

　　这种趋势会不断升级。一方做得越来越多，另一方做得越来越少。每一方的立场都在强化另一方立场。这可能导致十年后，父母中的一位成了长期受苦的假圣人，另一位则很少在家，而孩子也并不快乐。我希望你们俩都能避免这种情况的发生。

不平等会破坏你们的关系。最令人满意和稳定的长期关系是那些能够做到权力（影响力、决策权和需求满足）共享的关系，伴侣彼此能够接受对方的观点（即使不能完全相互理解），并愿意寻找和建立共识。建立共识是为家庭奠定良好基础的最佳方式。

应对措施

不要归咎于对方。如果你常常喜欢怪罪对方，那么现在请承担自己在其中的责任，并认识到这会如何影响你的伴侣。

承诺共同分担责任，无论是在实际操作上还是情感上。即使全职工作的人不能在家，他也可以在情感上关注留在家中照顾孩子的一方的日常生活，参与决策过程。尽管照顾者可能没有赚钱，但他可以了解家庭的财务压力，帮助解决相关问题和其他问题。

共同做决策。如果你一直以来习惯独立生活，或者有着控制欲强的父母，并且你仍然试图坚持自己的个性，那么这对你来说可能具有挑战性。在这样的成长背景下，你做出一些反应便情有可原，但它们可能破坏你试图建立的家庭基础。你与伴侣共同的决策会变成共同的目标，作为一个团队，你们更容易朝这个方向努力。

分享育儿体验。承诺共同照顾孩子，承担责任，做出决策。对你们来说，平等可能并不总是五十对五十，也不是照着隔壁伴侣的做法来做，而是你们认为"公平"的安排。分享的精神更为重要，它就像是你们关系花园的肥料。

重新获得平衡感

> 我不理解我的伴侣。我们多年来一直想要个孩子，现在终于有了，可她突然变得成天只想出去和闺蜜玩儿。

当你的伴侣似乎突然开始有不同的表现时，你会感到困惑。然而，我们每个人都是矛盾需求的混合体。我们可能想要控制生活的某些方面，而在其他方面则需要他人的指引，我们既想要稳定，有时又想要挣脱束缚。在你为人父母的旅程中，这种微妙的平衡常常会被打破。

你的伴侣可能在寻找一个出口，来表达或重新平衡自己因为孩子所搁置的需求。如果你们之前不得不经历做试管婴儿或领养程序，在整个过程中也没有定期减压，她可能就更加需要释放压力——你也可能如此。

> 我感觉自己完全失去了自发性，我现在甚至觉得去趟超市都是一件大事。

我们既需要安全感，也需要自由。当你一天到晚都要照顾一个小家伙时，你很容易感到受限、被剥夺，甚至是感到自己被困住了。在孩子的未来生活中，你会感受到抚养他的压力和责任。为了平衡这些挫折感，父母双方都渴望并且应该有定期的休息时间。

缺乏自由会让你觉得伴侣在"逃避"责任，因而对他产生怨气（而他可能对这种怨气感到困惑）。

另一个常见的需求是想要获得掌控感。父母可能对小宝宝带来的生活混乱感到不知所措。宝宝大声哭闹、又吵又叫，蹒跚学步的孩子更是如此。他们可能做出父母无法预测的或是令人困惑的行为，无视你试图安抚或控制他们的所有努力。青少年也是如此。你的孩子需要表达自己，这很可能削弱你的成就感和秩序感。父母双方可能都会感到沮丧。

> 我妻子过去非常独立，但自从我们为人父母后，她变得很黏人。说实话，这让我有点儿不舒服。

> 我从伴侣那里得到的信息非常混乱。前一分钟她还需要我帮忙照顾孩子，下一分钟，她就想让我离她远点儿。

从你出生开始，你就需要学会调节自己与人联结和保持独立这一对相互矛盾的需求。这是我们之前讨论过的依恋类型的问题。这是我们一生都要探讨的课题，而为人父母会将这其中的动力升级。一方面，这增强了你们对彼此的依赖。另一方面，这激发了你们以新的方式成长。

审视当下

需求以不同方式呈现。在一天中，你们有时候可能希望待在一起，有时候在一起待够了，又想要分开。在任何时候，一旦你的伴侣走得太快，或在另一个方向走得太远，你都可能会很敏感。

你的伴侣也有这些需求，但可能是在不同的领域。你可能想要多花时间和伴侣在一起（对亲密的渴望），但也想要多花时间与朋友相处（对独立的需求）。你的伴侣可能通过做出一些在你看来反复无常的行为，来表达她的双重需求，要求你帮忙一起照顾宝宝，然后又不断拒绝你。你可能从性中获得亲密感（如果得不到，你就会有一种被剥夺感）。你的伴侣可能通常从交流中获得亲密感（如果你不愿意和她交流，她也会有一种被剥夺感）。伴侣中一方"推"得越多，另一方就越想要"拉"开距离。

这种推拉状态在压力状态下会升级。如果这开始让你感到不安，那是因为关系中的互动触及了你的依恋类型（安全型、回避型、焦虑型、混乱型）。这种推拉状态会自行发展，失去控制，如果你陷入其中，你们两个都会受到伤害。如果你无法靠自己脱身而出，那么请找一位伴侣关系咨询师帮忙。

应对措施

有意识地讨论亲近与疏离的主题。哪些方面令你感觉亲密？哪些方面令你感觉疏远？你希望与伴侣感觉更亲密一点吗？你希望在哪些方面着手？让我再来提醒你一下，进行一次 20 分钟的这种对话可以预防你们未来 20 年的争吵。

分阶段思考。当你的伴侣说某事或做某事时，想一想，"当你说某事或做某事时……我感觉离你近了 X 步（或离你远了 X 步）"。与你的伴侣分享这些想法并交换彼此的看法。你们俩可能都会感到惊讶。

找到自己的节奏。如果你知道自己在早上醒来时想要对方的拥抱，而在晚上不想要，告诉你的伴侣。如果你知道自己在晚上需要一些独处的时间来从白天的压力中解脱出来，请说出来。承认自己对亲密和疏远都有需求，让你的伴侣了解它们（你也要去了解对方的需求），并共同努力，这样你们就可以共同精心安排你们的"推拉"舞，而不是责怪彼此总是踩到对方的脚。

友谊与欢乐

我想念我的妻子！

要知道，友谊是一段长期关系的核心。在你们为人父母的过程中，聊天、放松、彼此分享欢笑，做这些事情的时间往往会被众多责任挤占。但只有彼此喜欢，想要待在一起，你们才会有动力解决问题、克服障碍、恢复家庭和谐。

审视当下

大笑就像一个减压阀。你需要它。欢乐可以缓解焦虑，让即使是最磨人的时光也变得更容易度过。

你的伴侣可能很需要鼓励。如果你能在这个阶段运用爱、学习和成长的技巧，你会发现，你能激发出伴侣的最佳潜能，更喜欢他，更爱他，他甚至可能最终成为你最好的朋友（如果现在还不是的话）。

应对措施

使用"最好的朋友"法则。问一问自己："我会用这样的方式和我的朋友说话吗？""如果是我的好朋友做了那件事，我会生气吗？""我会对我最好的朋友做什么？"你也希望你的伴侣成为你最好的朋友。

与对方分享。我们通常教给孩子的第一件事就是与朋友分享。你有多少东西是自己独享，没有告诉伴侣的？

自己收拾残局。我们都会不时把事情搞得一团糟。为了避免持续感到痛苦，及时与对方和解，并弥补自己的过失。

列出你们俩都喜欢做的事情，并想办法将它们融入你们的生活中。随着孩子不断长大，孩子也可以参与其中，当他长大离家后，你们作为伴侣仍然有很多可以彼此分享的共同之处。现在有一些很特别的未来趋势：目前分居的最多情况是孩子离家后老年伴侣的分居，这被称为"空巢离婚"。这太令人难过了，而在许多情况下，这是可以避免的。

定期安排和你的伴侣一起约会出游。从孩子身边抽出时间，这可以巩固你们伴侣之间的联结，也会巩固家庭的基础。每周、每月、每年计划小的、大的、最大的事情。每隔一段时间安排一个没有孩子的周末或假期，作为对自己的奖励。

这是你们应得的！

到目前为止，你做得怎么样？你有很多东西要思考，现在可能是停下来喝杯冷饮的好时机。

你可能很难留意到这一点，因此我要在这里指出，你在为人父母早期的每个阶段的表现会影响下一个阶段的展开。你在第一阶段对迎接宝宝的准备越充分，你在筑巢阶段就会完成得越好；你在筑巢阶段为新常态创造的时间和空间越多，你给自己和伴侣的期望融入现实的空间就越大；在搭建大本营阶段，你投入的自我关怀和对伴侣的关爱越多，接下来的阶段就会越容易。

事实上，现在正是暂停一下，放下书本，好好享受家庭时光的好时机。因为阅读这本指南并不能给你带来最大的改变，真正起作用的是将那些应对措施付诸实践。现在就去做，你会感到快乐，因为你们人生旅程的下一个阶段将会有所不同。在转角处有广阔的海洋在等待你们……

我们要潜水了。你将向内看，了解自己在更深层次的工作方式如何挑战你、你的伴侣和你们的关系。你还会看到，在这个层面的工作方式是如何为所有人带来隐藏的回报的，你以前可能从未了解过。

我们要出发啦。等你准备好了，我们就下水吧。

Becoming
Us

第五阶段

拥抱你的情绪（为人父母的第一年）

让我们直面一个事实，那就是大多数新手父母都会受到强烈的情绪冲击，它就像Ⅲ级海啸一样席卷而来。从宝宝出生的那一天开始，甚至再早一些，你们就发现自己一直在体验快乐的高潮和疲惫的低谷，以及中间所有的起起伏伏。你可能感受到许多极端的情绪，直至心痛的爱，让你不惜一切代价保护孩子的强烈的保护欲，以及有时候日子如此无聊，无聊到你想要大声尖叫。你可能突然具备自己从未有过的耐心，或者飘飘然的强烈的喜悦。有些时候，你会觉得自己像一个充了太多气的气球，随时都会爆炸。

你可能还会被新出现的担忧和不安困扰。照顾宝宝的巨大责任很容易让你不知所措；没完没了的日常琐事让你感到精疲力竭、抑郁沮丧。身体的疲惫、睡眠不足和曲折的成长曲线让你感到痛苦，让你更加了解自己的脆弱。你的伴侣也是如此。这些都是正常现象，但这可能让一些父母在一段时间内有些抓狂。

问题是我们大多数人从未学习如何管理自己强烈的情绪，无论是我们自己的情绪还是他人的情绪。然而，我们的情绪让我们成为人类，正如你最近发现的，没有什么比为人父母的最初几年更能让你感受到自己的人类属性了。随着你的体验不断扩展和深化，你和伴侣的情感也将不断拓展和深化。

情绪也是将你和伴侣联结在一起的纽带。它们让你们的关系更为丰富和有深度。拥抱自己的脆弱，也支持你的伴侣拥抱自己的脆弱，这会让你们的关系提升到一个全新的水平。

为了孩子的精神、情感和人际关系的健康，你需要教孩子拥有情绪意识。因为孩子不太可能从其他人那里了解这个人生课题，除非他们长大后进行心理咨询。让我们为他们减轻一些负担，降低一些成本。

你戴上护目镜和脚蹼了吗？准备好潜水了吗？我将向你展示大多数父母在水下发生的事情。我希望你知道，如果你在这里看到许多感到熟悉的东西，要知道你是正常的，你并不孤单。你越是坚持自我关怀、关爱伴侣，就越能在需要时浮出水面呼吸，越能享受与伴侣在水下畅游，你们俩也就越能开始欣赏隐藏在深海的奇迹。

感到震惊

　　我真不敢相信为人父母是一项如此无穷无尽、无休止的责任。我的生活什么时候才能变得轻松一些？我觉得……我都不知道该怎么说！

你可能觉得再也不能回到从前了，无论是外在的方面还是内在的方面，甚至是你和伴侣之间的关系也不一样了，难怪你会感到不知所措。作者梅雷迪思·杰尔巴特（Meredith Jelbart）用"自由落体"来描述为人父母早期的迷茫、无助、恐慌。你是否也有这样的感受？

审视当下

你是正常的。大多数父母都有一段时间会感到力不从心，面对育儿带来的新问题和责任，父母很容易感到不安。这种震惊感其实起到了缓冲作用，让你的大脑不会在一开始就感到超负荷。震惊感会逐渐消退，让你最终适应现实的处境。就像当你刚下水时水是冷的，但开始游起泳来，你就会暖和起来。

宝宝所带来的生活冲击可能不会立刻影响到你。当你处于紧张的情境中时，你会把所有的注意力和精力都投入应对眼前的问题上。伴侣双方在危机中可以互相依靠，向对方寻求支持，但在危机过后，他们可能逐渐失控（或开始争吵）。然后他们就会想，我们到底怎么了？而事实上，对意想不到的压力产生延迟反应是正常的，其后果可能在一段时间之后才显现出来。

　　知识就是力量。研究告诉我们，有些伴侣对生活变化感到震惊的程度会比其他人更大。如果在宝宝出生前，你认为和伴侣彼此相似、地位相等，那么你更有可能对陷入我们之前提到的传统性别角色分工感到震惊，你们之间的鸿沟因此加大。在宝宝出生前，你们之间的关系越是平等，之后你就越会感到震惊。职业女性或男性，尤其是那些接受过高等教育、延迟组建家庭计划的人，更容易受到影响，因为宝宝出生前后的生活可能截然不同。这段时间的生活很不好过，但这是正常的现象。

应对措施

　　允许自己不断学习。你不必成为专家——不断学习要有趣得多！后退一步，给自己（和你的伴侣）成长的空间，让自己有时间找到自己的节奏。不要给自己施加难以承受的压力。

　　不要把这些感受闷在心里。说出来。与其他父母聊一聊让你感到震惊的事情，有助于减轻这种感觉。这让你将新的经历融入自己不断成长的母亲（或父亲）角色中，也让其他父母有机会分享自己的经历。这可能是你和孩子建立美好友谊的开始。

　　把问题拆解。重新审视自己的期望，降低一些目标，重新进行优先事项排序。一次解决一个问题。关于应对震惊的更多方法，比如应对令人不安的生产经历，请参阅本书第三部分的相关内容。

感到失控

　　我曾经以为，只要几个月后宝宝能够整夜入睡，我就能找回控制感了。我的伴侣也是这么期待的。可这真是个笑话！现在我们的儿子已经 11 个月大了，有些晚上他还是要跟我们睡在一起。

　　我有时候会感到非常沮丧，不得不把自己锁在卧室里待一段时间。

前几天我差点要打孩子，但我突然意识到这或许会让我感觉好些，却对她没有任何帮助。

父母常常对自己的失控感感到惊愕。"让宝宝养成规律作息"理论上听起来简单多了，不是吗？"控制自己的脾气""遵守纪律"也是如此。

我们可以暂时忍受失控的感觉，但有了孩子便总是很难做好准备。当你意识到自己无法控制一切时，你可能觉得自己"输"给了宝宝。

但是，"好吧，你赢了"可能让你从无力演变为沮丧，再到绝望。当你希望事情按照某种方式发展，却陷入自己不想要的状态中，感到无能为力时，你就有可能感到抑郁。

伴侣也会想要放弃，有时会把责任推给妈妈。

审视当下

一切都会过去的。随着你和宝宝、正在长大的孩子更加熟悉彼此的情绪和节奏，一切都会好转起来。这往往是循序渐进地发生的——宝宝逐渐养成规律作息、开始整夜入睡、进入日托班或幼儿园。通过重新拾起曾经的生活碎片，你会重新找回自己。在下一阶段我们还会讨论更多相关内容。

在心中默念："请给我平静，接受我无法改变的事物；请给我勇气，改变我能改变的事物；请给我智慧，分辨二者之间的不同。"根据自己的需要，反复默念几次。

挫败感可以激发你努力改变可以改变的事物的动力。你最能掌控的事物之一就是你与孩子之间的关系质量。与孩子建立良好的联结，随着他们的成长和逐渐学会自我控制，他们会自然而然地想让你感到高兴，会逐渐减少负面行为，越来越守纪律。

应对措施

分享你的困境。告诉你的伴侣你正在经历什么。他们可能理解，也可能不理解，但你要期望对方能够尊重你的感受并给予支持。如果伴侣在这方面有困难，你可以借助伴侣关系咨询师的帮助，培养他的共情能力。

不要轻易责怪伴侣。当你感到失控时，你更容易责怪他人。这是一种保护反应，意思是"我处理不了这件事，因此你必须承担下来"。但是你要知道，当你责怪某人时，你把责任和控制权也交给了他，这样你只会变得更加无力。只有当你负起责任来，你才能开始解决问题。

承认自己的感受。承认自己失控的感受，并告诉你的伴侣。接受这些感受的存在有助于让它们流走，而不是积压起来，使它们成为失控行为的燃料。

与其他父母建立联结。你与其他父母分享得越多，你就越会觉得自己很正常。除非他们向你投来奇怪的眼神，如果是这样，那么他们不是你应该交往的父母。结交一些其他父母吧。

可以让步，但不要认输。认输意味着完全放弃你的力量，这不会让你感觉自己有所选择，还会让你心生怨气。让步意味着选择在当下不使用自己的力量，你可以暂时做出让步，渡过难关，然后恢复能量并整合资源，为下一次做好准备。

感到不知所措

光是想想所有这些责任、需求、担忧、内疚，我就感到筋疲力尽。
一个孩子已经让我筋疲力尽了，而我们即将迎来第二个孩子。

为人父母早期的生活是非常压抑的。家里有不止一个小孩时也是如此，尤其是当第二个（或第三个，或更多的）孩子的到来比预期的更早一些，或者孩子们的年龄差距不大的时候。

各个年龄段孩子的父母都会时不时感到不知所措。我经常听到有父母说起他们对这个阶段的孩子感到不知所措，甚至是青少年的父母也会常常这样讲。

审视当下

再次审视期望。区分哪些期望你能够达成，哪些不能达成。让你不知所措的一些因素可能来自你自己或他人不切实际的期望。放下它们，让它们随风飘散。当你有了更多孩子时，这会让你的生活更加轻松一些。

你现在感觉如何？ 当人们感到不知所措时，通常是因为他们一下子经历了混杂在一起的情绪，无法理解它们。区分并识别不同的情绪（往往是相互矛盾的情绪）是与自己建立更深层关系的开始。

养成一个好习惯。在照顾你的小孩并满足他的需求时，请养成一个好习惯——每天不时问一问自己："我现在有什么需求？"

你并不孤单。你的伴侣不仅是你生活中的伴侣，还是你的育儿搭档。他一直陪在你身边，与你分享所有的担忧、责任、调整以及快乐。

应对措施

做好准备。在你的生活中，还有其他时候会感到不知所措。这是正常的，接受这件事，之后你可以将精力投入寻找应对方法中。

让他人参与进来。你永远都需要他人的支持，建立你自己的支持圈子，这件事何时开始都不算晚！

学会拒绝那些常常索取你时间和精力的人。作为一个年幼孩子的父母，这两种资源现在都是有限的。真正关心你的人会理解你的，如果他不理解，那就算了。

多多交流。当我们感到不知所措时，我们通常需要找人倾诉，以便整理自己的思绪，减轻内心的重担。与伴侣、其他家长、朋友和家人多多交流。留意他们是否善于倾听以及他们如何回应你。如果需要的话，你可以寻找一些更善于倾听的人来交流。

教会对方如何对待你。如果一段关系对你很重要，而对方不知道如何为你提供支持，那就教一教他："我现在真正需要你做的是……"请对方在需要你的支持的时候也告诉你，可以为他做些什么。

将事情拆分成小任务（你需要完成的事情，而不是你想完成的事情）或者按不同的时间段（早晨、下午、晚上）划分，设定小而可行的目标。问一问自己："现在最重要的是什么？"答案可能是休息一下，整理一下思路。

感到幻灭

这听起来可能很傻，但当我们第一次抱着我们美丽的宝宝时，我真的以为，从那时开始，我会一直深爱我的丈夫。

我的丈夫总是说我是他的公主。可自从我们有了双胞胎后，我感觉自己更像是灰姑娘。

受到好莱坞电影的影响，我们很多人都以为结婚和为人父母之后会"从此幸福快乐地生活在一起"。你可能听朋友说过一些他们育儿过程中的可怕故事，但你很快就觉得，那样的事情不会发生在你自己身上。

在你生产后的一段时间，你可能觉得非常幸福。你们的宝宝如此美丽、珍贵、可爱，你们为自己、为彼此、为你们共同创造的一切感到骄傲，觉得一切都是最好的安排。

但是慢慢地（或者很快地），你的激素变化以及照顾婴儿的现实生活，将你的这些欣喜变成了惊愕。

最终，你回归现实，一切浪漫都已逝去，你可能有一种失望、不安、不满，甚至是困惑、挫败的感觉。当然，你们不能责怪宝宝，因为宝宝实在是太可爱了，因此你们可能把对方视为失望的根源。这时，你进入了一个我称为"幻灭"的产后适应阶段。

这儿的水变得更深了，一只章鱼待在那里，你看到它了吗？你可能需要继续往下潜游。

审视当下

了解原因。感到幻灭通常是由于不切实际的期望。期望越高，可能失望越大。

幻灭是一种"中间状态"，有着时机的因素。如果你们在"走到一起"的阶段就彼此约定终身或者结婚了，那么当你们开始组建家庭时，你们会自然而然进入"走向不同"阶段。浪漫不断消退，幻灭自然发生。

如果在为人父母时你们已经处于"走向不同"的阶段，那么有一个孩子就是一个很好的分散注意力的方法；你们很容易陷入兴奋和期待中，把注意力从潜在的冲突上转移开。然而，未被解决的问题会不可避免地再次浮现，伴随着幻灭的感觉。

感到幻灭是正常的。在你们"走到一起"的第一年左右，问题通常开始悄然出现，你可能开始感到幻灭。你甚至可能认为这是因为缺少了什么，解决办法是生个孩子，而没有意识到，感到幻灭是关系发展的自然阶段。

应对措施

让你的伴侣参与其中。研究表明，感到最为幻灭的妈妈是那些在孩子出生前以为伴侣会更多地参与照顾孩子，但随后期望落空的妈妈。不出意外地，她们对自己的伴侣关系有着更多的不满。

承担你的责任。如果这种幻灭源于你们之前不了解的或者未表达的期望，那么现在就承担起责任吧，现在你有了分担它们的指南。不要责怪你的伴侣。责怪只会引发冲突，让你们俩都感到自己无力改变。你们要把精力投入到交流问题和共同前进上。

承认你的希望和期望——它们本身并不是坏事。你可能发现你的伴侣也有类似的期望，同样感到有点幻灭。别往心里去，这意味着你们在同一旅程之中，要彼此共情。

与其他父母建立联结。相同经历的分享能够帮助你们回归一些"正常"。与其他父母一起交流，但要小心，对喜欢抨击你的伴侣的人发泄情绪可能只会加剧你对伴侣的不良情绪。

不确定有何感受

我听到很多母亲说自己有多喜欢当妈妈，可我现在不敢这么说。事实上，我真的不知道现在我有着怎样的感受。

我只是感到麻木。

父母中的任何一方，有时都会对自己的角色感到有点"无聊"，对自己的角色产生矛盾情绪，这并不罕见，尤其是当你刚刚开始进入这一角色，或者你的孩子进入成长的新阶段时（比如蹒跚学步期）。

这可能是因为，最初你组建家庭是为了要满足伴侣、朋友或家人的期望。如果你与自己的父母存在未解决的问题，或者对自己的童年有复杂的感受，你就更可能感受到矛盾的情绪。同样，如果你觉得自己"还没准备好"承担为人父母的巨大责任，那么你也会有这种感受。

未达到的期望也可能引发矛盾的情绪。如果你原以为自己会感到完整、满足、安定，但发现自己反而感到不安、焦虑、不满，那么这也可能影响你的自信和自尊。

留在家中照顾孩子的一方可能感受到矛盾的情绪，特别是从有薪工作跳到家务工作更像是一种跳水。当工作、社交生活或个人抱负被严重打乱时，父母双方都可能产生矛盾情绪。

如果你的生产经历很痛苦，你更有可能感受到矛盾的情绪。我们将在第三部分的最后探讨这个问题。

审视当下

矛盾情绪是各种情绪的混合体——对父母身份的"巨大"担忧，对不好后果的恐惧和不确定，对生活方式受到颠覆的愤怒，对自己突然成为生活中的配角的愤慨，等等。

矛盾情绪也可能是过去问题未解决的迹象。现在的某种情况可能让你不自觉地想起很久以前类似的一个情境，你仍在对它进行自我反思。

在我们一起浮潜的这段时间里，让我分享一下我和丈夫以及孩子们度过的圣诞节是多么美好。但当我们的孩子们还小的时候，有很多年我都对这一天感到心情矛盾。有时我会感到很紧张，我也不知道为什么。后来我意识到，我们的准备和庆祝活动让我想起了自己童年时悲伤的圣诞节。因为我的父母离婚了，每次圣诞节父母中总有一个人不在场。当我最终意识到这一点，让自己感受这些情绪时，我才意识到我有着复杂的情绪。承认我的紧张和悲伤是解决问题的开始，这样我就可以放松下来，和家人一起享受这个特殊的日子。

中间地带。矛盾情绪也可能是各种复杂情绪的中间地带。人们有能力同时容纳各种矛盾的情绪，但在重大的为人父母责任面前，你会感受到极度的爱与极度的挫败感之间的张力。

悦纳自己。你越了解自己在感受、思考、渴望什么，你就越不会产生矛盾情绪。当你能为自己的情绪"留出空间"，并不带评判地对自己共情时，你会发现自己更快乐、更平静。不要抵制自己的感受，顺其自然，它们是新的自己的一部分。

应对措施

静下心来感受你的情绪。请回想一下（或重新阅读）第一部分关于情绪成长的内容，如果你抵制或者回避自己的感受，它们就会以一种奇怪的方式变成其他情绪。比如，没有表达出来的悲伤或失望往往会转化为愤怒。当你能够识别并说出自己的感受时，你就可以开始处理它们了。这样，你将更快地克服自己的矛盾情绪。

分享自己的感受。你的伴侣是这个世界上唯一一个了解你为人父母有多快乐又面临多少挑战的人。在处理自己的复杂情绪时，将你们的这种共同经历作为安慰的来源，也许你们还能一起开怀大笑。

借鉴其他父母的经验。与那些坦诚而真实的人分享自己的经历，这样你就知道自己是正常的，自己并不孤单。

感到沮丧和愤怒

我在做了妈妈以后才知道，原来我可以如此愤怒。一丁点儿小事就能让我火冒三丈。有时候，当我的伴侣、我的姐姐来帮忙时，我会把气撒在他们身上。我讨厌这样的自己，但我似乎控制不了自己。

昨天我丈夫第一次对我们的孩子大喊大叫。这让我很震惊。

作为为人父母旅程的导游，我很认真地对待我的工作，因此我将与你分享很多人不会说的事情：感到沮丧和愤怒是为人父母的必经之路。通常这些情绪都很简单，也是可以理解的。比如因为游乐场状况不佳而愤怒，因为要带着一大堆东西去喝咖啡而沮丧，或者因为伴侣在一周内第二次忘记买牛奶而恼怒。

这些都是小事，但沮丧和愤怒的情绪会在数天、数周、数月甚至数年内不断累积，在深层酝酿，随时可能爆发。这些长期潜藏的情绪往往会被一些小事触发，比如牛奶被打翻了。

审视当下

你脑中的声音是什么？ 你有没有注意到，当你感到沮丧或愤怒时，你会反复琢磨为什么自己会有这样的感受？就像是你的大脑里在一遍又一遍地播放循环录音？你有没有注意到，这只会让你愤怒或者沮丧更长时间？

深层原因。沮丧和愤怒通常是更深层、更脆弱情感的产物，比如你对无法控制的局面感到无能为力，对未达到期望感到失望或内疚，你的不安全感和孤独感，等等。这些情绪可能一直在被高压炖煮，直到被伴侣或孩子触发。

展望未来。沮丧和愤怒，如同怨愤一样，很可能给你的健康、友谊、家庭关系以及为自己创造的环境等带来长期的困扰，因为它们可以无限度地积聚。

警惕情绪泛滥。有时候，某些情境可能触发你强烈的情绪，给你带来巨大的压力，让你的身体不堪重负。在这种情况下，你更容易发火和伤害他人，因为你的战斗 / 逃跑等反应已经被激活了。

把感受与行为分开。这是支持自己、伴侣和孩子在成长过程中保持情感健康的关键方法。

经验法则是：产生情绪没有问题（是情绪使我们成为人类），但我们表达情绪的方式可能有问题。例如，对你和你的伴侣来说，生气没有问题，但对对方大发雷霆是不行的。对于孩子来说，感到沮丧是没有问题的，但是打姐姐是不行的（你可以去……）。

学会疏导自己的情绪，这样你就不会失控。你确实需要找到合适的方式来表达自己的感受，因为如果你不把情绪发泄出来，你就会把它们藏在心里，这会影响你的心情，对你和你的家人来说都没什么好处。如果你在这方面遇到一些困难，你可以寻求心理学家、心理咨询师或者人生导师的帮助。

应对措施

了解你的大脑如何运作。自动的、无法控制的愤怒是在你大脑的"底部"被激活的。缓慢地做几次深呼吸，然后对自己说"我感到……，因为……"来激活上层的大脑。这是拦截战斗 / 逃跑等反应并获得自控能力的起点。随着时间的推移，这会变得更加容易。

控制情绪泛滥。抽时间休息。把自己关在卧室里，或者出去跑步。沮丧和愤怒常常伴有强烈的身体反应，通常需要一个物理途径来释放，因此你可以捶打枕头或者痛哭一场，让情绪从你身上冲刷而过，发泄完情绪之后再回来。

再次审视你的期望。是不是因为你自己、你的伴侣或你的孩子没有达到某个本来马上就要实现的期望，而让你感到愤怒和沮丧？如果有，要承认这一点。

常把事情说出来。沮丧和愤怒往往是由没有说出口的体验在内心混乱堆积而产生的。常常把它们说出来能够防止它们交叠在一起。

将能量作为动力。如果你觉得自己在某种程度上被不公平对待，因此感到沮丧或愤怒，那么请积极利用内在积聚的能量。愤怒和沮丧是巨大能量的来源，不要失去它，而是利用这种能量，有力地解决问题。

请伴侣为孩子提供帮助。如果你的伴侣遇到困难，向他反映你看到的情况（比如："我看到你因为孩子不配合而感到沮丧，你想让我介入吗？"），可以给你的伴侣一点儿时间冷静下来，这有助于防止事态升级。之后遇到需要伴侣介入的情况时，你会为此感激的。你们甚至可以事先就这种情况达成某种共识。

感到怨愤

　　我的丈夫尽他所能继续过着他"有孩子之前"的生活。他过得很轻松，每天工作很长时间，然后回家做自己的事情。周末他会一直和朋友们一起玩游戏。我觉得他根本不想当父亲。我受够了，我一点儿个人时间也没有。

怨愤是愤怒的一种形式，是对那些背叛你、让你失望或以其他方式伤害你，而你不愿或无法与之对质并解决问题的人的正常而自然的反应。怨愤似乎在"保护"你远离那些让你感到脆弱、害怕再次被他伤害的人，但如果不对怨愤加以识别，这对你和对方都是有害的。

如果说羞愧是灵魂的毒瘤，那么怨愤则是关系的毒瘤。当问题没有得到解决，进而变得更加复杂时，怨愤就会产生。怨愤似乎是关于别人的，但它会缩小你的视野，侵蚀你的幸福。即使是在引发怨愤的情境出现很久之后，怨愤仍然会长时间存在。

怨愤会随着时间的推移而不断积累，最终毁掉一个家庭。未解决的怨愤甚至会影响到好几代人的家庭关系。人们会在成长过程中自然而然地接受某个亲人甚至整个大家庭都"不说话"，而不去了解真正的原因，这种情况并不少见。你有注意到这一点吗？

审视当下

重新审视你的期望。怨愤通常是由不切实际的、没有说出口的或没有得到满足的期望所催化的，前两者对你的伴侣并不公平。即使你会心怀怨愤，你可能也不会真的期望伴侣换工作、完全放弃他的社交圈，或者成为一个完全不同的人。

再次深化理解。你心怀怨愤，可能是因为你没有了解所有的真相。误解的泥淖之中容易滋生怨愤，你对伴侣的状态了解不足或者对他有一些预设，这可能影响你对他的感情。

接下来我要带你更加深入地了解这个问题。

在某些情况下，怨愤的根源甚至并不在你当前的关系中，而可能是前一段关系的残留。也许，在某种程度上，你的伴侣做的某件事或者他的某种说话方式让你想起了自己的父母、兄弟姐妹或者前任伴侣。

应对措施

转移注意力。将注意力从伴侣身上转移到自己身上。给彼此留出空间，以不指责对方的方式，告诉伴侣你现在的处境。也为你的伴侣留出空间去探索自己现在所处的位置。

一起交流。经常与伴侣进行交流，不仅仅交流"什么事"，还要交流"为什么"以及"怎么做"。通常，你会发现让你痛苦的是伴侣的行为，但如果你理解了对方的出发点，你就更能理解他了，理解越多，痛苦就越少。你的伴侣也需要理解你的事情、原因和处事方式。

互相认可。在可爱的小家伙成为家庭中心的时候，你很容易感到自己被忽视、不被欣赏。让你的伴侣知道你仍然在关心他，感激他为整个家庭所做的一切。伴侣越能感到自己受到欣赏，就越会愿意参与进来——你们的生活将不再如此不同。

> 自从我当了爸爸，我就忍不住对我老爸产生了怨愤之情——他对我来说不是一个好爸爸。
>
> 我的妈妈在很多方面都让我失望。我一想到她就生气。

为人父母，你不仅要展望未来，还要回顾过去。你会不由自主地将现在的自己与当年的父母进行比较。通常，他们的表现会让你失望，但你的指责未必都是公平的。你的父母采取那样的养育方式往往是有原因的，其中一个重要的原因是，他们对不同养育方式对孩子发展的影响知之甚少。

审视当下

幸运的是，时代已经改变！以前的父母认为，自己的首要责任是将我们塑造成他们认为我们应该成为的人。旧有思维方式是这样的：如果他们能够掌控你的行为，你就能成为"好孩子"，这样他们就是"好父母"。不幸的是，有些父母掌控过度，你可能因此对自己没有一个所有需求都能得到满足的童年感到怨愤或失落，可能还会感到伤心。如果是这种情况，我们将努力为你提供帮助。我们将在第三部分讨论更多这方面的内容。

　　父母养育孩子来适应他们所出生的家庭和环境。因此，如果父母认为这个世界是一个粗暴而充满暴力的地方，他们就会努力培养孩子应对这种环境的技能——让孩子坚强起来，增强体魄。但遗憾的是，这样只会养育出更多需要以这种方式生活的人。如果你的父母曾经虐待你，你可能要经历一段漫长的时间来摆脱旧有思维模式、学习新观念并获得疗愈。

应对措施

　　请你的父母敞开心扉。如果他们在你身边，也愿意和你交谈，现在就是和他们聊一聊你的童年的好时机了。构建一个安全的空间，让他们能够放松地敞开心扉。将你养育孩子的生活与他们在与你同龄时的生活进行比较，请他们聊一聊你不知道的事情。你可能了解到更多事情，它们有助于缓解你背负已久的怨愤和悲伤。

　　卸下重担。如果你能卸下这些总是被你背在身上的重担，你就会发现自己多么精力充沛，感觉多么轻松。你会长长地松一口气！

　　可能需要学会原谅。如果有必要，为了自己而选择原谅。原谅并不意味着忘记他们所做的事或放松警惕，而是意味着释放你内心那些破坏性的情绪，那些情绪给你带来痛苦，但其他人可能对此一无所知。原谅意味着照顾好自己，将这些能量用于自我疗愈。你放下的怨愤越多，为疗愈腾出的空间就越多。原谅既是一个决定，也是一个过程。

感到焦虑

　　我不知道这样是否正常，但自从我们有了孩子后，我发现有太多的事情需要担心！我无法让我的伴侣理解这一点。

　　我把房子收拾得一尘不染，没有一件东西放错地方。我总是担心我的丈夫和孩子会弄乱它们。

感到焦虑有点儿像恐惧，但恐惧时，你通常知道自己在害怕什么。然而，焦虑是对不确定性的反应——对未知的恐惧——而不知道原因所在可能让你更加焦虑。

组建家庭伴随着许多未知，因此感到有点儿焦虑是正常的。然而，这是否会引发问题取决于你焦虑的程度，以及它在如何影响着你和你的伴侣。

你的焦虑可能很轻微，伴随着模模糊糊的、时不时出现的不安的感觉（比如，在育儿过程中表现出焦虑——宝宝的吸吮姿势是不是正确？我这样做对吗？），也可能来源于在孩子进入各个年龄阶段时的担忧（比如，她会不会感冒？他的成绩够好吗？她会有男朋友吗？他会不会离家出走？），最终演化为对自己或对孩子的极端恐惧。焦虑是可以控制的，我们将在第三部分详细讨论如何应对焦虑。

审视当下

压力会暴露你的脆弱之处，让你感到更加焦虑和不安全。

焦虑有连锁反应，从内部开始，向外辐射到你的伴侣和你身边的人。这可能引发他们的焦虑，甚至婴儿和幼儿也能感受到。归根结底，当你感到与自己、伴侣或支持系统脱节时，你更容易感到焦虑。多多建立联结可以减轻焦虑。

你的关注点在哪里？留意自己内心的情况。焦虑让人感觉不舒服、不愉快，令人痛苦，你自然会想要缓解焦虑。你可能向伴侣寻求一些安慰，你可能更加关注自己从伴侣那里没有得到的东西，以及伴侣应该做些什么来弥补这一点，比如改变行为或者承认错误。你可能过分关注某个特定问题，而没有关注自己的内心感受。

你在分享自己的感受吗？如果你不与伴侣分享你的焦虑感受，它就可能换一种方式表现出来，对伴侣产生更大的影响。

应对措施

倾听你的自我对话。你可以让自己更加焦虑，也可以减轻自己的焦虑。如果你不断告诉自己"这太可怕了""我应付不来""我不应该这样""我不知道该怎么做"，你就会更加焦虑。这样的自我对话会让你感到无助，陷入焦虑的旋涡。你可以用积极的自我对话来管理这些表层的焦虑，"我会没事的""如果我需要，我就可以得到帮助""我还在学习，这需要时间"。把自己当作自己的朋友，说自己需要听到的话，而不是不想听到的话。

记得给自己留出空间。如果你的焦虑与你更深层次的情感有关，就请使用从第一部分学到的"保留空间"的技术来进一步探索。

不要把你的焦虑归咎于伴侣。这不会解决根本问题，而且有可能引发不必要的冲突，让你更加焦虑。然而，你可以期待得到伴侣的支持。

承认自己的感受。焦虑是对未知的正常反应。接受并承认自己的感受是减少焦虑和管理焦虑的第一步。当我们忽略自己的感受时，它们往往会变得更加强烈。

分享自己的感受。以一种不指责他人的方式与伴侣分享你的焦虑。请伴侣支持你找到管理焦虑的方法。他是否也感到焦虑？你能够如何帮助他？

> 前几天，我感到头晕、呼吸困难。我去看了医生，他说我经历了一次焦虑发作。我和伴侣对此都感到担忧。

焦虑（或惊恐）发作很常见（约35%的人会经历），尤其是在毕业、结婚或组建家庭这样的过渡时期。它会让人非常痛苦，尤其是如果这是你第一次发作，当时你身边还有小孩子的话。了解它是什么，为什么会发生，以及你可以采取什么措施来应对，将会有所帮助。

审视当下

你的身体在与你交流。焦虑发作是焦虑不断在你体内累积的结果，而你当时可能都没有意识到这一点。它们通常发生在你经历了一段激烈或持久的压力和不确定性之后，如果你的压力没有得到定期缓解，这些影响就会在你的体内和内心不断累积。惊恐发作是你的身体在说："现在你能关注一下我吗！"

焦虑是由压力引发的。如果你在身体、心理或情感上没有照顾好自己，你就更有可能感到有压力。

应对措施

知道如何帮助自己。焦虑发作虽然并不令人愉快，但对身体无害。如果你感到自己即将焦虑发作，尝试转移自己的注意力。不要从一开始就避开那些你觉得会触发焦虑的地方，这反而会助长更多的焦虑情绪。如果你正处在发作之中，安慰自己它很快就会过去。控制自己的症状，而不是否认它们，这有助于增强你在下次发作时应对的信心。

寻求伴侣的帮助。伴侣可能不知道如何提供支持，因而在无意中加重你的压力、焦虑（和抑郁）的症状。和伴侣聊一聊什么事情让你感到很有压力，如何管理和减轻这些压力。和别人聊一聊它们可以帮助你减轻自己的压力。

定期锻炼。排解压力的最佳方式就是锻炼。日常锻炼是一种抵抗焦虑和抑郁的自然方法。现在，把宝宝放在背巾或推车里，出发吧。

咨询专业人士。如果以上方式都不能缓解你的焦虑，那么你可以选择咨询心理学家，他们可以帮助你了解焦虑的起源，探索它们，并在必要时向你推荐进一步的治疗方案。尽量找一位既受过关系动力培训（并非所有人都受过培训）又了解围产期（孕期和为人父母初期）所面临的独特问题和挑战的专业人士，这样他们可以采用"家庭整体取向"来关注你的心理健康，并支持你的伴侣也来帮助你。

感到失望

我原以为我的丈夫能够为我提供很多帮助。

我请了三周假来照顾家庭，但大多数时候，她都让我觉得自己非常多余。

一些妈妈以为自己的伴侣在育儿方面会投入更多——无论是在生活上还是在情感上——当她们的期望落空时，她们自然会感到失望。

另一些妈妈不希望伴侣参与太多，将育儿视为自己的事情，这样做可能让伴侣感觉自己受到了排斥和拒绝。

审视当下

有所觉察。你的伴侣可能没有意识到你需要支持，尤其是当你不好意思向他们寻求帮助时。整个社会都期望女性成为超级妈妈，这加剧了这种情况。

你的伴侣有何感受？你的伴侣可能需要感到被包容和重视，这样他们就不会觉得自己只是一个多余的帮手或者周末的自动提款机。

应对措施

明确自己想要什么。保持沟通渠道的畅通，避免因失望和怨愤的不断积累而引发冲突。

为彼此留出空间，这样你们就可以共同潜游得更深，分享彼此的内心感受。

多次协商。孩子的需求在很短的时间内就会发生变化，因此要比孩子快一步，定期多次协商各自如何参与育儿，彼此保持同步。比如，当孩子到了可以在晚上听故事或者周末做运动的年龄时，常常在外工作而较少参与照顾宝宝的一方就可以参与其中了。有些伴侣会在孩子上学后交换彼此的育儿角色。

团结起来应对困难。寻找机会共同创造与合作，而不是相互对抗。比如，对孩子的管教是伴侣之间的一个棘手问题。你们中的一方可以花时间研究如何减少对孩子的管教，另一方可以采纳这些建议。你们双方都可以通过这种方式支持彼此，形成统一战线来为孩子提供支持。

感到伤心

我记得在我儿子出生后，我突然感受到一种前所未有的爱，而我的伴侣在这种爱面前突然显得黯然失色。我感到震惊、内疚和悲伤，我们之间的感情再也不会像以前那样了。我们之间的浪漫已经消逝。

适应失去个人空间、失去在孩子出生前和妻子在一起享受彼此的陪伴的生活，这是一个巨大的挑战。我注意到，如果我们不"争取"与对方共度美好时光，我们之间的关系就会开始走下坡路。

每次圣诞节来临时，尽管孩子们过得很开心，但我总是忍不住回想起自己童年的糟糕经历。

我怀念过去的生活。

有了孩子，我们会有很多收获。但在过渡期，我们也不可避免地会有一些损失——可能是期望的落空、失去了一些自我、与伴侣在一起的时间变少，或者自由感的丧失。你的感受强度取决于这些损失对你来说有多重要——有些可能对你来说微不足道，而另一些则会让你深感痛苦。

有一些损失可能非常微妙、出乎意料、难以解释（比如不自觉地怀念孩子出生前的自己和那时的感情生活）。你甚至有可能为失去希望而悲伤，为失去你本以为会拥有的未来而悲伤，为失去你从未想要的过去而悲伤。

这可能是告别你的职业生涯的重要时刻，即使你愿意放弃它，你也会感到有一些遗憾。在孩子出生前没有多多旅行也可能让人感到遗憾（这是我的遗憾之一，但我现在正在努力弥补），或者你可能为自己没有在一个充满爱的家庭中长大而感到伤心。

父母们遇到一些他们没想到自己会感到伤心的情况是很正常的。你可能为怀孕结束、肚子里不再有宝宝的感觉而感到伤心。你可能想要顺产，觉得自己被剥夺了经历"真正"的生产过程的机会，最后留下了剖宫产的疤痕，对此感到伤心。

如果你需要辅助生殖或者做试管婴儿，而没有经历"自然"的怀孕，或者你无法怀孕，因此收养了孩子，你可能会有一种失落感。

妈妈们可能对自己无法进行母乳喂养或者提前放弃母乳喂养而感到失望。这些情况可能让你觉得自己在某种程度上很"失败"，从而为没能达到自己对母亲角色的期望而感到伤心。

爸爸们也有着自己的失落感。他们可能感到自己不再是伴侣生活中最重要的人，因此感到失落，觉得自己被孩子"取代"了。生活方式的改变、独立感的丧失（特别是如果你是在家照顾孩子的一方），以及缺乏满意的性生活，对于大多数父母来说都是需要调整的地方。

还有其他值得怀念的东西：时间、自发性、自由和隐私。在孩子出生后，我和丈夫之间的关系仿佛结束了一般，我们感到非常悲伤，失去了那些轻松、缠绵、不受打扰、彼此分享和休闲的时光。还好现在随着我们的孩子逐渐长大，我可以看到这些时光正慢慢回来。

如果损失的程度足够大，很可能让你经历一段类似于悲伤的过程。稍后我们会谈到这一点。

审视当下

你是正常的。大多数父母都期待着收获和快乐，如果有丧失或离别，他们就会觉得一定是自己出了什么问题。我们对于为人父母的各种利弊都有着矛盾的情感。这很正常，没有关系。这并不意味着你不爱你的孩子、不喜欢为人父母或者你和伴侣不爱彼此。这只是说明你是一个真实的人。

　　为人父母是苦乐参半的。 孩子说出第一个字、迈出第一步、第一次学会骑自行车，每一个里程碑都给人带来复杂的感受，"他不再是个婴儿了""他们长大得太快了"。只想要两个孩子的双胞胎父母可能为自己无法再次经历养育小宝宝的时期而感到伤心。

　　这种感觉会持续下去。 孩子第一天进入幼儿园、初中、高中、大学，每一个新阶段的到来都意味着要告别过去的阶段，未来你要一直面对这些，因此越早接受并学会应对自己的丧失感，和伴侣彼此安慰，事情就会变得越容易一些。

　　为人父母会让过去的悲伤重新浮现。 如果你和伴侣一方或双方的父母都生病了或者已经去世，为人父母会让你对此有更深切的感受，即使这些经历已经过去很久。在宝宝出生后和新生儿时期，你可能会感受到自己的悲伤，孩子的生日和庆祝活动可能让你再次想起自己的父母。

　　你和你的父母关系如何？ 如果你和你的父母关系不好，那么随着你和孩子的关系不断发展，你可能开始因为错过自己父母的生活而感到失落。一些特殊场合可能勾起旧时回忆和与之伴随的情绪。过去的悲伤可能重新浮现，需要你再次面对。然而，如果处理得当，这可能疗愈你们，重建你与父母之间的联结，即使他们已经离世。

　　丧失的感受是很常见的，即使很少有人谈论它们。

应对措施

　　接纳健康的悲伤。 懂得如何悲伤是一项生活技能，因为总会有丧失。体会和表达悲伤或遗憾的痛苦可以帮助它们更快地消逝。悲伤和疗愈是相辅相成的。当感情涌上心头时，它会为疗愈净化空间。

　　与值得信赖的倾听者分享你的感受。 否则你的情绪可能随着时间的推移逐渐积累。分享自己的感受可以让别人有机会安慰你、疗愈你。

　　　　自从我的孩子出生后，我就浑身不舒服。这是正常的，还是我患上了产后抑郁症？

　　对新手父母来说，有一段情绪调整期是非常正常的，尽管大多数人都没有预料到这一点。实际上，我认为一个通常用来描述悲伤的过程在这里也适用。让我来解释一下。

我们大多数人在为人父母时都非常无知、毫无准备，也许还带着许多不切实际的期望，为人父母的现实生活会是一个巨大的冲击——这就是悲伤（下文加粗部分）产生的原因。

比如，在我们的第一个孩子出生时，我记得我感到非常震惊，我要时时刻刻照顾他，无法停歇。我那时近乎疯狂地试图向自己、丈夫和其他人证明我能应对得来（**否认**）。我对自己和丈夫总是很生气（**愤怒**）。我想出了许多计划来让生活重回正轨（**讨价还价**），但总是持续不了几天，因为我太累了，我心烦意乱，无法坚持下去。我那时没有意识到我很**抑郁**，我只是觉得自己累得不行。与亲密的朋友交谈有所帮助。我最终**接受**了自己的处境，从那时起，情况开始好转起来。现在回想起来，我不禁怀疑自己那时是否真的感到伤心。

审视当下

你感到伤心吗？ 新手父母（尤其是留在家中照顾孩子的一方）可能为他们过去生活的某些部分或过去的自我而感到伤心，包括伴侣关系的某些方面。然而，人们很少或根本没有意识到这一点，这可能让你感到困惑、内疚或羞愧。

更糟糕的是，不承认、不允许、不支持为人父母的这些"丧失"可能让你陷入困境，尤其是处于抑郁之中时。事实上，我认为缺乏对丧失的准备，以及缺乏进行调整的机会，是越来越多的父母出现产后焦虑和产后抑郁的原因。

最近的研究显示，约 1/3 的母亲和 17% 的父亲报告有焦虑症状，1/6 的母亲和 10% 的父亲报告有抑郁症状。考虑到这些都是自主报告的数据，实际的数据可能更高。

一项研究发现，在为人母之前事业有成的女性患抑郁症的风险更高。她们的生活确实经历了很大的变化，也许她们有更多的丧失需要哀悼。

应对措施

与你的伴侣或者其他妈妈**谈谈这个问题**。运用你的保留空间技巧。和他们分享你怀念的事物，也问问他们想念什么。这样真诚地分享自己的回忆本身就是一种安慰。

弄清楚你能改变什么，不能改变什么。 在你无法改变的事情上浪费精力是没有意义的，这只会让你更加疲惫。对那些你无法改变的丧失感伤心一会儿，然后把注意力转向你能改变的事情。

制定计划。想一想你可以如何实际地将你怀念的事物融入新生活。和老朋友见上一面？偶尔出去玩一晚上？培养一个爱好或兴趣？在家兼职做你以前的工作？重新列出优先事项清单。

感到内疚

事情不尽如人意，有时候宝宝不洗澡，没洗的碗筷在水槽里堆了好几天。大多数时候我还好，但有时候当我要入睡时，我看着身边的宝宝，听着另一个房间里儿子的声音……我觉得他们值得更好的生活。

没有达成自己对生产的期待。没有自然而然学会母乳喂养；没有一开始就建立亲密的亲子关系；想要远离宝宝；知道自己忽略了伴侣，但没有精力做出任何改变；怀念过去可以自由花钱，而不用去想自己有没有权利的生活；工作、孩子和人际关系的各种需求让人觉得自己在所有这些方面都做得不好——令你感到内疚的事情堆积如山，无穷无尽。

审视当下

你在责怪自己吗？ 我们现在不再像从前一样能得到整个村庄的支持，我们因此失去了彼此分享的为人父母的智慧和支持。书籍和育儿课程只能带你走一段路；在母亲们完全康复、对母乳喂养和照顾宝宝充满信心之前，医院就让她们回家了。大多数人严重低估了产后支持的需求。

有一些内疚感是健康的。 健康的内疚感是一种信号，提醒你做了一件让你感觉不对的事情，它也是一种情感能量，激励你做出弥补、调整行为，以便下次做得更好。

"母亲内疚"不是健康的内疚。 许多妈妈感受到的内疚，是由完全不合理的文化、社会（也许还有家庭或伴侣）期望所引发的，你会允许它们渗透并影响你对自己的看法。内疚还与自尊有关。让自己远离这种有毒的期望，它会不公平地把你压垮。

如果你不处理自己的内疚感，它会继续存在。 如果你放任自流，将会一辈子都感到内疚。从商店买来的生日蛋糕，重复使用的万圣节服装，让别人家的孩子吃了很多糖果，没有购买有机食品，等等。我乐意承认，我做过所有这些事。曾经有一周很糟糕，我连续三天晚上给孩子们吃了微波速食面条。我觉得这些事情都没什么关系，这些并不意味着我是个坏妈妈；它们只是意味着有时候我精疲力竭，需要更多帮助。你也会遇到这种情况，你只能尽力而为。尽量让自己的期望与现实相符，活在当下。下一周的情况可能又会有所不同。

你的底线在哪里？ 自己决定接受什么，抵制什么。你要让谁定义你——别人还是你自己？你让谁定义你，谁就会对你的自尊产生影响。相信我，你不会想让别人来掌控这件事的。

应对措施

思考自己真正想要的。 你想要完美还是真实？想要一个整洁的家还是美好的一天？不要强迫自己做到完美。跟我一起念：快乐轻松，快乐轻松，快乐轻松……你的整个家庭都会因为你这样做而受益。

珍视你所做的事。 但凡你每天 24 小时在做一些其他工作，你都会觉得自己应该有休息时间。你不会被期望一次做好几件事情，而且你会觉得因为自己的劳动得到奖励是完全合理的。不幸的是，在很多方面，留在家中照顾孩子的一方的价值被贬低了，这可能让我们对过去认为理所当然的事情感到内疚。不要接受这种观念。

珍视你自己。 如果你生病了，让你的伴侣或其他人照顾家里，让你可以休息一下。即使你认为自己不值得这样，你也要抽时间休息。你值得！你很快就会看到经常拥有"自我时间"的好处，这对你自己和你的家庭都有益。在经历了特别艰难的一天或糟糕的一周后，犒劳一下自己。我非常相信自我补偿的积极作用。下次在你熬夜之后，尽快安排时间放松一下。

不要一直牺牲自己的需求。 不断地为他人牺牲自己的需求会滋生怨愤——对自己、对家庭的怨愤，以及之后他人对你产生的怨愤。经常为自己留出时间和精力，会带来平衡。

如果你没有得到自己想要的支持，让你的伴侣知道这一点。

如果不合理的期望来自你的伴侣，那么是时候进行一次健康的讨论了，或许可以多进行几次讨论。

从内而外建立自尊。 健康的自尊可以保护你免受他人无端的期望和评判，免遭不现实的文化压力和社会压力，不必成为讨好者和情感照顾者。与其听从外界的声音，不如关注并倾听自己的内心声音，把它的音量调大。

感到嫉妒

我讨厌他可以随心所欲地自由来去，而我整天都被困在家里。

自从我们的儿子出生后，我就像是从这个星球上消失了。

感到嫉妒对于伴侣双方来说都是正常的。妈妈们可能嫉妒伴侣有机会"逃离"、花钱更自由、做事更随性、做出不必考虑宝宝需求的决定。爸爸们可能觉得自己无法参与孩子出生后的筹划、兴奋和支持，他们可能感到自己被忽略，之后在亲子关系中也会被排斥。

当你期望彼此比以往任何时候都更加相爱时，这种嫉妒之情可能让你感到意外。父母双方都可能觉得宝宝在某种程度上取代了自己在伴侣心中的位置，这个问题需要得到解决。

审视当下

哪些方面需要改进？现在你们需要对哪一种家庭关系投入更多关爱？你的伴侣可能需要更多时间与宝宝亲密相处，或者你和伴侣之间需要彼此投入更多关注。

建立信任。滋养你们之间的关系是消除嫉妒的灵丹妙药。

应对措施

说出你的需求，比如得到关注、安慰、陪伴、讨论自己困扰的机会。专注于照顾宝宝的父母可能根本没有意识到彼此正在逐渐失去联结。

没有太多感受和表达

当了妈妈后，我的情绪就像坐过山车一样起伏不定，但我的丈夫不一样，他好像一点儿感觉也没有。

成为父亲很可能是你的伴侣迄今为止所经历的最大改变。话虽如此，他的生活变化没有你的那样迅猛或者深远，这会反映在你们各自的情绪之中。当他正在适应旋转木马般的生活时，你可能正在紧张地体验过山车。

一个普遍的误解是，男性不像女性一样有那么多的感受。这只是部分正确。所有人当然都有自己的感受，但人们可能无法以相同的方式体验或表达出来。这可能导致伴侣关系出现问题，尤其是当一方认为另一方不表露情感就是不关心自己时。如果这引发了批评与指责，那么"不表露"情感的一方可能更加沉默。

审视当下

换一个视角。想想你伴侣的角色榜样。他可能成长在一个男性榜样不会表达太多情感的家庭里。这向男孩传递了一个强有力的信息：不要有感受，即使你有感受，也不要表现出来。

理解并尊重伴侣的不同之处。女性喜欢和其他女性交谈。我们有更多的实践机会，习惯于展示自己的脆弱并表达自己。男性可能很少有机会与其他男性分享自己的内心世界。如果他们有更多的实践机会，他们可能对此更有信心。

互相靠近，各退一步。当伴侣为了应对彼此之间的差距而疏远对方时，问题就出现了，但这只会进一步扩大差距。你的情绪可能让他不知所措，他的情感缺失可能让你失望。先说出你的想法，给他时间慢慢适应自己的感受。这样你们就可以在思想和情感层面都建立联结。情感咨询也可以帮助你们实现这一目标。

应对措施

不要等待你的伴侣主动开启对话。他可能没有同样的紧迫感来分享自己内心的感受，因为对他们来说，这可能不是什么大事。你一定要主动发起对话，特别是当你的伴侣通过努力工作、沉迷于酒精、沉溺于网络或游戏，或花更多时间与朋友在一起来疏远你的时候——这些都是人们常见的应对机制。

即使是在非常幸福的伴侣关系中，大多数时候，提出关系问题的也是女性。

给你的伴侣机会来了解你的一天是什么样的。让他们在周末体验这样的一天，这不是惩罚（尽管可能感觉上像是惩罚），而是让他们真正体验你的生活，而不仅仅是倾听。与孩子共度时光对他们俩都有好处。同时，你也能好好休息一下。

感到更为敏感

自从做了妈妈，我对其他母亲的困境更为敏感，即使她们生活在地球的另一端。

当我妻子把我们的宝宝递给我时，我第一次把他抱在了怀里。这填补了我生命中巨大的空白，我甚至不知道它的存在。

我简直不敢相信，我在当了爸爸后，看电影常常会哭泣。

当你成为一个家庭时，最令人惊奇但往往出乎意料，有时甚至令人感到痛苦的事情之一是，你会对其他人的喜悦、恐惧和悲伤更为敏感。同理心意味着你能感知并理解另一个人的感受。你不仅仅是试穿他们的鞋子，而且穿着它们走了足够长的时间以至于感到不适。

审视当下

珍视这一点。拥有同理心是你生命发展的重要里程碑，它标志着心理和情感成长的巨大飞跃。我们经常提到的"抱持"就是对自己有同理心。

它会产生影响。如果父母中有一方突然发展出强大的同理心，情况可能有些棘手。但好消息是，同理心可以培养。

同理心是一份礼物。当伴侣双方都体验到新的或更深的共情时，它可以为我们的家庭、我们的社区带来美好的事物，这是我们的世界迫切需要的。

应对措施

扩展同理心。同理心是一种可以习得的技能。首先，你要培养自我意识。只有当你首先熟悉自己内心的感受与体验时，你才会对另一个人的感受和体验更快识别、更加敏感。其次，你要做到自我接纳。只有当你首先对自己的感受和经历感到舒适时，你才更容易接受另一个人的全部感受和经历。有了自我意识和自我接纳，离理解他人和同理心就只有一小步的距离了。

创造并守护安全空间。你的伴侣首先要感觉到安全，否则他将无法深入内心探索，也没有信心说出自己内心正在经历的事情。

树立同理心的榜样。以你希望对方回应你的方式来回应你的伴侣。

感到从未感受过的满足、快乐、感激、希望和爱

尝试试管婴儿的过程简直就像是一场噩梦。最终我们决定领养孩子，这让我们的生活重新充满希望。

宝宝长牙齿是再寻常不过的事，让他控制哭泣的过程是令人心痛的；让宝宝从母乳喂养过渡到吃固体食物的过程真是痛苦；如厕训练令人沮丧，要上幼儿园的第一个早上也令人沮丧。虽然有这些事情，但我不会用世界上其他任何事物交换我为人父母的这段经历！

看到伴侣对我们宝宝的爱，好吧……

现在我感觉我的整颗心都在身体外面。

在这个阶段，我们谈论了人们通常所说的各种"负面"情绪。但正如你所了解的，所有的感受都是重要的，它们都在提醒我们要关注它们、倾听它们并从中学习。它们引导我们了解一个家庭需要什么才能绽放。

只要你为不同阶段的生活做好了准备，就像你现在正在做的那样，你就会有更多的精力来享受为人父母的欢乐、愉悦和奇迹，而它们真的有很多！父母通常会比非父母更幸福、更满足，觉得自己的生活更有目标和意义。没有什么能比得上孩子纯粹的、无条件的、全心全意的爱。当然，伴侣的爱也是如此！

如果你现在能在自我关怀和关爱伴侣方面做得很好，并且拥抱自己新出现的各种情绪，那么你在下一个阶段至少会稍微领先一些。如果你在前几个阶段都做出了努力，你可能发现下个阶段更容易应对。

说到自我关怀，现在是不是该休息一下？你需要做些什么？我这么问是因为，接下来的阶段也可能既具挑战性又充满回报，我们即将进行更深入的探讨。

Becoming
Us

第六阶段

培养你的父母自我（为人父母的最初几年）

　　到目前为止，尽管你们经历的风景可能因人而异，但你们基本上都是作为伴侣共同度过这些阶段的。然而，在接下来的旅程中，你们可能发现自己大部分时间会独自前行。但这没关系，因为你和伴侣在这个阶段所做的个人努力不仅对你们各自有益，而且对你们的关系和宝宝也有好处。

　　虽然我们大多数人都预料到，养育孩子会在某种程度上改变我们的生活，但却没有预料到这也会在某种程度上改变我们自己。为人父母既是一场深入自我的探险，也是一场我们与伴侣同行的旅程。对伴侣来说也是如此。

　　我们作为一个人的自我认知、脆弱、自尊，以及我们对自己、伴侣、父母，甚至是朋友（尤其是那些仍在享受聚会的朋友）的看法都可能在为人父母的过程中发生变化。在充满变化的时代，我们对于孩子将要来到的这个世界的看法也可能发生变化。这些都是很大的变化。

　　随着你生活中不同方面的变化，你可能发现自己为了适应这些变化也在改变自己。你可能在某些方面感到有所拓展，在其他方面又感到有所回撤。这两种状态都需要一些调整。对于一些人来说，为人父母就像中年危机一样，在这个时期他们会重新评估自己，或者甚至第一次认识真实的自己。

为人父母是一种邀请，能让你更深入地审视自己。它邀请你走进自己的内心深处，问一问自己："对我来说什么是重要的？""我对自己、伴侣和家庭的想法、感受和期望是什么？"虽然问自己这些问题可能让你感到有些茫然和困惑，但寻找答案的过程正是内在探险的真正开始。

但是，当没有人谈论这些问题时，这也是一个挑战。或者他们只是告诉你应该如何做，甚至更糟糕的是，假装一切都很好，而实际上并非如此。这可能让你难以理解自己正在经历的事情，让你感到迷茫和孤独。

然而，得到认可，尤其是从我们最亲密的人那里得到认可，是一种基本的关系需求。如果你的内在自我没有被看到、听到、认可、承认或欣赏，它可能会变成一种追问。你可能试图通过其他方式满足自己对得到认可的需求，比如购买"最合适"的东西，过于努力地追求得到某种结果，或者将精力投入到维持某种"虚假的自我"中，而不是去发现真实、不断变化的自己。你的伴侣可能也会这样做。

然而，你身份的转变，或许比其他任何变化都更有可能让你与伴侣更紧密地联结在一起。因为你越接近自己的核心，你在那里越舒服，你就越能让伴侣进入你的内心。

自我的新面貌

自从当了妈妈，我就一直觉得心情不好。我感觉一切都"不一样"了，但我甚至无法用语言表达出来。

在成为妈妈的过程中，我经历了快速的成长，感受到对现实和观念的一种非常真实、原始、强烈的打击。虽然这让我成了一个充满爱心的母亲，但也让我和伴侣的关系出现了裂痕。突如其来的责任感和新的生活层次展现在我面前，我的伴侣却没有感受到它们。我们渐行渐远，开始拥有完全不同的生活方式，有时候就像两个陌生人一样。

我完全控制不了我的孩子。前几天她在超市里大嚷大叫，我的脾气就失控了。我不知道发生了什么，我感到非常丢脸。

你的身份认同建立在几个方面之上——你的外表、工作、兴趣爱好、目标和抱负。当你为人父母后，所有的这些都可能发生变化。

新手爸爸通常意识不到，生孩子对新手妈妈的自我意识会产生巨大的影响，新手妈妈也很难用语言将其表达出来。自我意识的变化令人难以琢磨和解释，你可能只是觉得"自己变得不一样了"或者"自己不再是自己了"。

试图解释连你自己都不清楚的事情会令你感到沮丧，更不用说你的伴侣了，尤其是当你忙于照顾婴儿并且睡眠不足的时候。你可能更明显地感受到自己（以及伴侣）会毫无缘由地变得暴躁、沮丧、迷茫，或者对你的伴侣感到不满，仅仅因为他不需要像你一样经历那么多变化。

当一方经历变化一段时间后，你们可能感到彼此失去了联结。你离怀孕前的自己越远，你和伴侣之间的距离也就变得越远。当你正在经历一些事情却无法分享给伴侣，或者当你分享给伴侣而他无法理解时，这种孤独感会更加强烈。

之后，你的伴侣可能会把所有沟通困难的情况都解读为挫败、指责、评判，认为这都是在针对自己，从而做出令你们两人感到彼此更加疏远的反应。多多了解自己的状态，你可以更好地维系与自己以及伴侣之间的联结。

审视当下

新的意识。为人父母拓宽了你的边界，旧有边界之外任何新的方面都会挑战你对自己的认知。有时候，你会觉得与新的父母角色格格不入。也许你曾经是一位艺术家，但现在没有时间从事艺术创作，那么你还是一个艺术家吗？你可能对此感到迷茫。

路标去哪里了？ 如果你是在其他文化中或早些时候跨入为人父母的门槛的，那么你会感受到长辈、仪式和传统充当自己的向导和路标。大家庭和社区会为你提供实际支持和情感支持，帮助你找到自己的立足点。

举个例子，在意大利南部的一个小镇上，每当有新生儿出生时，教堂的钟声就会在早上十点敲响，提醒镇上的居民关注新家庭的需求。在巴厘岛，整个村庄的人会聚在一起举行盛宴进行庆祝，为新生儿的未来祈福——这被认为是家庭和社区的责任。

再次审视自己的期望。如果你没有预料到成为母亲会对自己影响这么大，而现在确实如此，那么你可能感到惊讶或者痛苦。

如果你期望你的伴侣能理解，他们又该如何理解呢？只有身处同样处境的人才能真正充分地理解这种感受。这就是为什么与其他可能面临类似问题的母亲诚实交流至关重要。这样，你会觉得自己不再孤独，变得更加"正常"。

你和伴侣的育儿方式会不断演变。即使你已经有孩子很长时间了，你也可能发现，随着孩子的成长或者新孩子的到来（尤其是不同性别的孩子），你会不断发现你们家庭关系中新的方面。

以我个人为例。我小时候很讨厌做运动，但当我们的孩子开始玩球类运动时，每周末去看他们的比赛成了我最期待的事情。我非常想让伴侣和我一起去看孩子的比赛，但他对此没什么热情。他之前踢足球踢了好几年，现在已经对这项运动失去了兴趣。

通往未来的窗口。当你的孩子进入青春期时，你和伴侣之间可能出现一些激烈的争论。孩子应该参加哪些活动、是否要有宵禁，在这些问题上的讨论可能显露在为人父母上的新特质，比如过度保护（母亲更常见）或喜欢冒险（父亲更常见），可能引发许多冲突。如果在此之前你们的生活一切安好，那么这个阶段可能让你们感到震惊，但这也是正常现象。

这也是帮助你们建立更深联结的窗口。能够共同解决棘手的育儿问题会让你和伴侣感到彼此之间的联结更加紧密。每次在你尝试解决问题时，即使没有做得很好，也要为自己和伴侣感到骄傲。

应对措施

不要惊慌。你所经历的一切都是为人父母的自然过程。找到自我安抚和平静的方法，以便发展出更深层的直觉声音。这个声音可以引导你渡过难关。

开诚布公。让你的伴侣知道你在经历什么，即使你自己也不完全明白，你也要和伴侣不断沟通。你可以这样说："我知道我最近有点儿敏感，我也不太清楚为什么。"这样就可以开启一段对话，只要有变化出现，这段对话就能持续进行。很可能，伴侣也在经历自己的改变之旅，在努力寻找解释这段经历的方式。你们可以互相帮助。

留意你的自我对话。自我批评可能引发焦虑或抑郁，因此留意自己是否产生消极的自我对话至关重要："我应该知道如何做这件事。""我不应该有这样的感受。"或者"我做得很糟糕。"捕捉这些消极的陈述，用更加友好的说法替换它们，比如："没关系，我还在学习之中。""下次我可以做得更好一些。"或者"我做得很好。"积极的自我对话对提升自尊有很大的帮助。

花时间做一些能感受到自我的事情。 把时间（哪怕是小段时间）优先用于你的爱好、自我呵护，或者重拾过去的兴趣。你越爱自己，就有更多的爱能分给其他人。我保证这是真的！

和朋友共度时光。 老朋友是你与过去的自己（那个在生活和爱变得复杂混乱之前的自己）之间的纽带。沐浴在朋友的温暖之中能够滋养你的灵魂，让你重新焕发活力。尽可能经常这样做，视频聊天也是一种简单的方式。

伴侣的新面貌

我从没意识到我的丈夫这么没耐心。当他对我不耐烦时，我可能一直选择了忽略，现在看到他对我们的儿子如此没耐心，我很震惊。

我们在如何处理孩子的脾气问题上意见不一。我的丈夫认为应该惩罚孩子，这让我大吃一惊。

看到伴侣对孩子做出消极的反应令你感到不安，尤其是当你觉得他们受到的伤害比你预想的更严重时。为人父母强烈的保护本能让你想要扑向任何对孩子的安全构成威胁的人。

但就像有时你会感到不耐烦、恼怒或生气一样，你的伴侣也会如此。你有没有注意到，与自己做错事相比，你更能意识到伴侣出了错？

无论是给不肯站着不动的孩子穿衣服，还是在处理小朋友们一起玩耍的纷争，重要的是不要犯过度介入的错误（除非有人要求你介入）。让你的伴侣全面地体验育儿的喜怒哀乐对你们整个家庭都有好处。

审视当下

你们都在不断调整。 这在某些时候看起来非常尴尬。

孩子在每个成长阶段都会做出很多恼人但常见的行为。 为此做好准备，这样你对孩子的期望就会更现实一些，这样能够减轻孩子的压力，让他们有空间按照自己的方式而不是按照你强加的方式成长。

获取更多知识能够减少你们的挫败感，让你们能够平静自信地应对小家伙的各种需求。

如果你或你的伴侣做出了令人感到后悔的行为，请把此作为一个教育的机会，为孩子树立一个良好的榜样，教会孩子用真诚的道歉来弥补自己的过错。

应对措施

设定情绪释放开关。 你已经知道，愤怒和挫败感会不断积累，因此我们需要找到释放这些情绪的方法。彼此沟通是避免情绪爆发的一种方式。围绕你们对孩子的期望和希冀持续进行对话，以便共同应对问题。

不要在孩子面前谈论相关问题。 父母双方在育儿策略上达成共识至关重要。让孩子觉得自己是父母争吵的原因，这对他们来说是不好的，无论他们年龄多大。

鼓励你的伴侣留出休息的时间。 就像你需要有自己的时间、需要暂时摆脱母职一下，你的伴侣也是如此。

鼓励你的伴侣和朋友交流——无论是在喝咖啡、喝啤酒的时候，还是在打高尔夫球或网球之后。如果他没有已为人父的朋友，而你有，就邀请这些朋友来分享自己当爸爸的经历。和其他父母共度时光会让你们觉得自己的经历是正常的，并为你们双方打开更多的沟通和支持渠道，你随时都可能需要它。

认识到事物的另一面。 看到孩子让你的伴侣展现出自己最好的一面能够让你进入爱的源泉。当伴侣处理你无法应对的危机时，当他温柔地处理孩子的伤口、修理破损的玩具，或者与孩子在地板上玩耍一个小时（你早已放弃了这件事）时，这些时刻都是如此美好。许多母亲感到最为欣慰的一件事情就是，为人父使伴侣展现出更柔和、更敏感的一面。这让母亲像是又一次陷入了爱河。

身体形象

> 我曾经是一个苗条的金发女郎，现在我已经生完孩子一年多了，却一直超重、宅在家里、发色变深。我照镜子时都快认不出自己了，我无法想象我的丈夫会怎么看待我这种形象。

尽管你可能已经为怀孕期间的身体变化做好了准备，但由于一些迷思，你可能期望产后自己的身体会迅速恢复。当你发现自己的身体辛苦工作了很长一段时间，却留下了宝宝肚、妊娠纹或静脉曲张时，你可能感到震惊和沮丧。这会影响你的自尊。

审视当下

调整需要时间。 你要改变自己最底层的自我感受。第一步是要认识到你的身体变化是一件非常个人化的事情。怀孕会给所有妈妈带来身体的变化，但你的变化对你来说是独一无二的。生产所留下的伤疤是你诞下你所珍爱的孩子的母爱标志。

你是否为自己设下陷阱？ 不要拿自己和其他妈妈进行比较，更不要拿自己和那些经过营养师和私人教练调教（可能还经过图片处理）的名人的产后身材进行比较。那些都不是真实的。过着节食和疯狂锻炼的生活，生怕摄影师突然跳出来抓拍你松弛的腹肌，这种生活一定很糟糕。要同情他们，也要同情你自己。

集中注意力。 现在是时候把注意力集中在最重要的事情上了。当你过于关注自己的外表，而不是健康和幸福这些更重要的问题时，你就可能错过更深层次个人成长的机会。当然，想要展现自己最好的一面没有问题，但如果你的自尊建立在此基础上，你可能变得没有安全感。

优先考虑健康和幸福会让你更加接近真正的自己，而不仅仅是表面上的自己。这也能为你优雅地老去做好准备。

你的身体服务于你。 开始更多地欣赏你的身体的功能，而不是它的外观。你的身体是一个奇妙的东西，让你能够做自己想做的事情——过上充实的生活，表达和接受关爱，分享奇妙的经历。你的身体已经创造了培育、孕育和滋养孩子的奇迹。注意它是如何做到的，以及它能够实现哪些事情，并对此表示感激。

谁是你的裁判？ 你在自己耳边嘀咕着什么负面的评价？使用"最好的朋友"法则。如果你最好的朋友看起来有点儿不修边幅，你会评判她吗？还是给她一个拥抱并帮助她？她的外表更重要，还是她的健康更重要？

伴侣有不同的视角。 父亲通常很难像母亲自己那样关注母亲产后的身体状况，虽然他可能注意到了你身体的变化，但他更多会带着一种敬畏和感激的心情。

让你的伴侣意识到， 你现在对自己的身体问题更加敏感，怀疑自己是否不够有吸引力、不够性感了。你需要伴侣告诉你你是美丽的，不仅仅是在语言上，还需要在行动上有所表示。

应对措施

告诉伴侣你希望他如何回应。当你向伴侣敞开心扉时，你也在邀请他进入你的世界。如果你没有得到自己想要的回应，就用一种不评判的方式告诉他你想听到什么。

比如，你可能向你的伴侣抱怨你的体重。他可能认为这是在邀请他解决问题，于是他建议你多去运动。这在你听来像是一种批评，因为你想听到的是说自己仍然很美。你想要先得到伴侣说自己依然很美的安慰，然后说如果你想出去散步的话，他愿意在这段时间照顾孩子。

保持简单。让你的身体感觉最好的就是简单的事情——吃好、锻炼好、休息好。照顾孩子需要许多体力，因此你要在上面这些事情上做得更好。你越能很好地满足这些基本需求，你的身体就越能很快地恢复。

优先考虑自己。为人父母是寻求帮助的绝佳时机，也能让别人习惯你需要帮助这一点。如果健身在以前对你来说并不重要，那么孩子可以成为一个很好的动力。身体健康能让你更好地应对为人父母的严酷挑战——抵抗疲劳、管理压力、陪着孩子在游乐场狂欢。也许你可以参加一个带有儿童看护服务的健身房，或者参加晚间课程，这样你就有不需要照顾孩子的时间了。

当自我关怀变得比自己的外表更重要时，你就知道自己正走在正确的道路上。

自　　尊

曾经我是一个有能力的职场女性，因我的工作经验和知识受到他人的尊重，而现在日常琐事都令我感到难以胜任。这是怎么回事？

当你思考自己究竟是谁时，你通常会想到一些自己或他人描述你的品质，比如博学、开朗、干练、等等。如果我把你从一个能表现出这些特点的环境（比如在孩子出生前的日子）转移到一个无法表现这些特点的环境（比如在家照顾孩子的日子），那么你很可能觉得迷失了自我，至少有一段时间会这样觉得。

在孩子出生前，没有人会向你的衣服上吐东西，挑选一套漂亮的衣服会很有趣；在工作中你能够掌控一切，很容易表现得干练；在一夜好眠之后，思维敏捷、乐观开朗也是很轻松的。

一些妈妈更容易受到生活方式变化的影响。比如，在生孩子之前，如果你在自己的事业上投入了长期的努力和大量的精力，那么适应生活的变化对你来说可能是一种更大的挑战。

当你习惯了在工作或学习中获得认可、奖励和实际成果时，在照顾孩子的日常琐事中寻找目标、满足感、自我价值感对你来说可能也是很大的挑战。

没有人会因为你换尿布的技巧高超而赞赏你，也没有人会为你精心准备的午餐奖励你一个 A+。母亲这个角色可能让你感觉自己变得无足轻重。即使是那些自愿离开工作岗位的母亲，也可能偶尔怀念自己曾经充满活力的样子。这就像是从《欲望都市》（*Sex and the City*）一下子跳到了《宝宝与郊区》（*Babies and the 'Burbs*）。

自尊下降在新手妈妈身上非常常见。没有达到自己对自己的期望，受到他人的评判和比较（甚至是来自陌生人的），离开了职场一段时间令自己的社会地位下降，感到与世隔绝，甚至感觉自己不再性感，即使是大地之母遇到以上情况也会觉得她已经不再是以前的自己了。

当了妈妈后，我对丈夫的批评更加敏感了。
这正常吗？

这绝对正常。对自尊影响最大的因素之一就是伴侣对你的态度。来自伴侣的负面评论可能让你感到沮丧、被贬低、抑郁，很有可能引发冲突。

然而积极的反馈会提升你的自尊，增加你对母亲角色的信心和享受程度。虽然伴侣对你的角色的赞赏和认可很重要，但更关键的是你自己要认可和赞赏自己。

审视当下

你要对自己的自尊负责。健康的自尊是由内而外生长起来的。为人父母是你拓展自我各个方面的最好机会。

提醒一下。这并不是一份你要在没有任何支持的情况下完成的工作。你的伴侣也要做出努力，让孩子在一个温馨、有爱、安全的家庭中长大，他有同等的责任为此做出贡献。

应对措施

了解你的个人界限。伴侣对你的看法并不能定义你，你自己对自己的看法才是最重要的。如果伴侣说了一些消极的话，影响了你对自己的看法，你确实会感到受伤。但要在心里屏蔽他的评论，你可以想"你根本不知道你在说什么"。有一种说法是："所有的批评都是个人的经验。"

重新评估自己。还记得我们在第一部分提到的身份认同危机吗？为人父母的身份认同危机可能意味着你需要重新评估什么能给自己带来目标感、满足感、认可感。对我来说，那就是像对待我的事业一样认真对待母亲的角色——研究养育方式、如何培养孩子的自尊、如何温和地管教他们。准备好与你的伴侣一起解决这些问题。

重新与自我联结。如果你暂时离开了工作或学术生活，这可能是一个你与自己丰富的内心世界建立联结的机会。你可能惊讶于真正能给你带来深刻满足和喜悦的东西。如果你继续怀念过去生活的某些方面，那么可能说明这些东西是你身份认同的重要组成部分。想办法将它们融入你的日常生活中。

成长和疗愈。将自己的个人问题处理好可以让你在为人父母的过程中获得真正的成就感，因为这意味着你可以有觉察地养育孩子，而不是进入自动驾驶状态。你在养育孩子方面做得越好，你对自己的感觉就会越好。

社会图景

我为了养育孩子而放弃了工作，可我感觉别人对待我就像对待失业者一样，尽管我现在比带薪工作时还要辛苦得多。

在我成为母亲之前，我没有觉得女性在社会和政治上处于不利的地位。现在我突然意识到，那些对我来说很重要的事情都没有得到足够的关注，比如干净的基础设施、高质量的兼职工作、令人负担得起的育儿服务、充足的学校经费。

有一天，我正在哺乳，有人突然冲我咆哮，让我"遮住点"。我被吓到了。

　　我想成为一个体验感强的爸爸，但当地很少有适合父亲的服务，这让我感到非常沮丧。

整个社会需要很长时间才能迎头赶上所有父母的需求和利益。太多的父母在他们生活、工作和抚养孩子的社区和城市中会受到不良情绪的影响。事情是这样的：当伴侣中一方或双方的社会支持减少时，他们之间的关系可能面临更大的压力。

审视当下

　　时代已经改变。你可能还记得，在为人父母的传统成长模式中，第三阶段是父母经过辛苦努力后，获得了更高的社会地位。

　　然而，对于现在的父母来说——尤其是母亲——情况几乎完全相反，这太糟糕了。你知道吗，在美国的一些州，会有人投诉母亲太过"暴露"，女性在公共场合哺乳甚至得不到法律的保护。

　　你有没有注意到这种双重标准？如果乳房能和商家的利益挂钩，你会发现它们能从广告牌或杂志页面上溢出来。

　　你是否变成了隐形人？当妈妈们离开带薪工作，留在家里照顾孩子，承担"世界上最重要的工作"时，她们在社会上的价值却不知怎么地被贬低了。你获得认同感的一种方式可能是别人如何看待你。当你觉得自己被忽视了，失去了发言权，想要做兼职或一份还能留出些精力照顾孩子的工作，却因此失去职场竞争力时，我们的社会文化为你呈现了为人父母怎样的图景？

　　新手爸爸也可能被忽视。产前育儿课程通常会忽略父亲的需求和观点。现在有许多新手妈妈小组，但没有太多新手爸爸团体。媒体通常将父亲描绘成无能的人，雇主通常不会因为对为人父母的尊重而推广家庭友好型的工作。父亲通常被视为母亲的育儿助手，而不是与自己的孩子直接建立联结。如果母亲还会强化这一点，那么会对父亲的自尊心以及他们之间的关系产生进一步的影响。

　　这些会产生副作用。与价值感有关的负面信息会影响一个人的信心和自尊，加剧他的无力感、绝望感、抑郁情绪。如果你没有意识到自己在接收这些信息，你可能反而一直在给伴侣施加压力或者指责对方。

应对措施

不要让外界压力影响到你。 在家的周围设立界限，保护内部的事物不受外界的影响。你可能在家外面得不到应有的尊重，但在这四面墙之内，你有权得到尊重。

倾听内心的声音。 确保它比你从外界获得的信息更响亮、更有力。你内心的声音是最重要的。倾听它，如果需要的话，将它整理一下，与需要的人分享。

要愤怒，但不要对你的伴侣生气（你希望他站在你这边）。留在家中照顾孩子的一方做的许多工作都是看不见的劳动，也许在伴侣回家之后就看不见了；没有孩子的朋友看不见，那些认为留在家中照顾孩子的一方没有在"工作"的人也看不见。

发声。 好好感受自己的挫折感，来支持为人父母这个事业。参与到那些让你充满激情的事情中去——在网络上，与其他父母一起，和社会金字塔上不同的人一起。我们的声音越多，我们的需求就越能被听到。与那些需要满足你为人父母需求的人聊一聊，比如你的上司、社区领导等。

无聊而无所适从

> 我待在家里很无聊，但我不知道该做什么，我不想回到原来的工作岗位。

随着宝宝的成长，照顾宝宝和照顾家庭之间的平衡可能发生倾斜。我们中有一些人本来对这个世界野心勃勃，可在孩子出生之后，他们的人生目标已经缩减为做好家务，这可能让他们感到非常泄气。

虽然你可能沉浸在母亲的角色之中，但你对家庭主妇［或"家庭妇女"（housewife）——仿佛自己嫁给了一所房子］可能并没有同样的感觉。因此，你可能发现自己越来越烦躁甚至抑郁。

如果你现在处于这种状态之中，那么可能是时候考虑一下重返职场、学习课程、培养新兴趣了。你的不满可能是因为你渴望迎接更多的挑战或刺激——如果你打算重返职场，现在正是进行学习或者开启新的职业培训的好时机。

为人父母会让你思考，在这个世界上你真正想做的是什么。

审视当下

你的价值观是否发生了改变？ 我认识一些父母，他们放弃了房地产、法律和航空公司的工作，转而从事教育、青年辅导和维护社会公义的工作。为人父母可以让你与自己的核心价值观更紧密地联结在一起，引导你担任更有意义、更有使命感、更令人满足的工作角色、社会角色、环境角色。

雇主青睐有孩子的员工。 重返职场的父母是可靠的，他们已经拥有了"软"技能，并渴望将其运用得当。职场已经发生了许多变化，现在人们为了全新的职业而重新接受培训已经变得非常常见。尽管还有很长的路要走，但大多数雇主现在都意识到了工作和生活的平衡问题以及育儿危机，正在采取措施留住现有为人父母的员工，并吸引新的员工。家庭友好政策也越来越多地出现在政治议程上。

有时候，了解自己不想要什么是找到自己想要什么的最好方法。 我不想感到无聊。我在养育（第三个孩子的）新生儿阶段缺乏精神上的新鲜感，这促使我开始撰写本书！

你的激情是什么？ 最为自得其乐的员工是那些即使没有报酬也愿意做自己工作的人。利用这段时间寻找机会，或许你可以将自己的激情和创造力转化为可行的职业。在工作中感到快乐会让你整体更加快乐，你的整个家庭都会因此受益。

应对措施

坚持做在孩子出生之前你喜欢做的事情， 这让你之后更容易回归平衡的生活。你可能需要暂时削减自己放在活动和爱好上的时间，但你不需要完全牺牲它们。

抓住接受教育的机会。 幸运的是，你现在的选择比以往任何时候都更多。大多数学院和大学都提供日托服务，以及灵活的在职课程和在线课程。

考虑做兼职工作。 在外工作对于提升自尊有很大的好处，而且暂时离开孩子会让你更加珍惜和他们在一起的时间。

准备好再次调整自己的期望。 你的宝宝在新生儿时期可能很乖，因此你计划提前回到工作岗位，但后来你后悔了，因为小家伙开始变得像魔术贴一样黏人。宝宝的分离焦虑在 10 个月到 18 个月之间达到顶峰（然后在 2 岁左右减轻）。宝宝也变得越来越有趣、更加快乐，长大得很快，错过所有这些美好的事物可能会让你感觉变得越来越困难，而不是越来越容易。

让你的伴侣知道你的状态。当你对生活感到沮丧或无聊时，如果你不与伴侣沟通，他可能误以为你在对他感到厌烦。

陷入家庭生活中

自从有了孩子，我就再也没有真正属于自己的爱好了，所有的兴趣和活动似乎都要围绕别人展开。

留在家中照顾孩子的一方每天大部分时间都在围绕孩子的需求来承担责任并完成任务，放弃了周五晚上的小酌，放弃了周末购物和外出度假，生活做出了很大的调整。你甚至可能没有意识到自己错过了什么——我记得我儿子五岁时的第一次学校舞会，我花了好几天时间计划穿什么，然后不停地催他和我一起跳舞。

审视当下

放弃喜欢的事情，这需要一段时间来适应，找到新的兴趣更加需要时间。在此期间，你可能觉得自己处于不稳定的状态，但你可以利用这段时间来整理思绪，为下一阶段做好准备。

有没有成长的空间？行动的第一步是为自己腾出时间。留在家中照顾孩子的一方会因为想要远离孩子而感到内疚（或者觉得自己哪里出了问题）。这并不意味着你不爱孩子或者不适合为人父母。更有可能的是，你需要给自己充电，让自己的生活更平衡，这样你才能成为最好的父母。

换个角度看。你认为世界上最伟大的工作是什么？现在想象一下，你必须一天到晚、一周七天做这个工作，没有休息时间、没有病假、没有年假……而且看不到尽头。这就是为人父母。想要休息、需要休息是情有可原的，而且休息在生理、心理、情绪和精神上都对你有益。

应对措施

珍惜自己的宝贵时间。你可能因为离开孩子而感到内疚，试图通过做一些

"重要"的事情来证明离开的这段时间是有意义的，比如去购买生活用品或者办事。其实，你应该做一些能给自己充电的事情。

寻找能为生活创造平衡的活动。 你可以寻找放松的活动，也可以寻找刺激的活动。什么能让你放松？什么能让你充满活力？阅读、去健身房、看电影、做手工或拼图、跳舞、听音乐、和朋友出去玩？在无聊的日子里，计划做一些刺激的事情，而在压力大的日子里，计划做一些放松的事情。无论是从短期还是长期来看，生活的平衡对你和你的家庭都有帮助，而为人父母是我所知道的最漫长的旅程。

自我成长。 还记得我们在第一部分"成长"一章中提到的吗？与伴侣有着不同的兴趣和活动对你们的关系发展是有好处的。如果你在有孩子之前没有太多机会发展自己的个人兴趣，现在正是时候。

整合周围的资源。 越来越多的店铺开始迎合那些也想过自己生活的父母。室内游乐中心和户外咖啡馆已经有一些很好的咖啡。有些商店也会备有一大堆玩具，方便孩子玩耍、顾客安静地购物。如果你喜欢的商店没有这些，你可以给它们提出建议。当地的电影院可能有"宝宝外出日"的放映场次，在这里你可以安静地欣赏电影，而不用担心哭闹的婴儿或者到处蹦跶的孩子会让自己尴尬。如果你当地的电影院没有这样的场次，你也可以向他们提议增设。

父亲的角色

我希望我的丈夫能更多地参与到我们的家庭生活中来。他太过专注自己的事业，一回家就径直去电脑前工作。我真的很生气。

我和妻子经常因为我工作的时间争吵。我的工作要求我投入很多，她也喜欢我们的生活方式，但在照顾孩子的问题上，她想要得到更多帮助。我无法两者兼顾。

引发冲突的可能不仅仅是你在工作上花费的时间。工作时间和工作烦恼可能渗入家庭生活，从而削弱家人之间的联结。那些总是待在书房或车库里的父亲们，即使在周末或假期也沉浸在工作中，将工作作为自己的首要任务，从而疏远了家人。

作为一个父亲，我想留在家里帮忙，但我也感受到了自己养家糊口的责任。我不知道如何应对这一切。

有时候我觉得我只是一个提款机和一个修理工。

在过去的一代人中，父亲的角色发生了很大的变化，因此现在的父亲们可能觉得有些迷茫和不知所措。大多数父亲都会在孩子出生时在场，休陪产假，想要参与到家庭的日常生活中。

父亲们也需要面对自己的身份认同问题。对于许多男性来说，事业往往是他们身份认同和自尊的重要组成部分，当你的成就感与养家糊口联结在一起时，这种感受可能更加真实。在家庭和工作之间找到平衡是一项巨大的挑战。这时候，高质量的陪伴时间就显得尤为重要。

审视当下

你的生活安排是怎样的？ 新手爸爸可能对自己的父亲角色缺乏自信，而在工作中更有安全感，但解决这个问题会带来巨大的好处。考恩（Cowan）在他的"组建家庭"课题中邀请每对伴侣将自己的生活安排划分为"为人父母""身为工作者或学生"和"身为伴侣"等部分。伴侣双方在"为人父母"的安排上越均等，他们的关系就越幸福。更加关注"为人父母"的生活安排的男性也拥有更高的自尊。

应对措施

让你们在一起的时间变得有价值。 有几种方法可以做到这一点。一种是尽可能多地参与到孩子的日常生活中，哪怕只是监督孩子刷牙和给他们讲睡前故事；另一种方法是参与到那些能让孩子记住你的陪伴的事情中去——处理孩子的伤口，在院子里一起踢球，或者在桌子下搭一个小木屋。让你的伴侣时不时给你们拍一些照片，这样孩子会永远记住你们在一起的时光。

将你的困难展露出来。 除了努力在工作和家庭之间寻求平衡，大多数父亲还需要应对缺少休息时间的问题。有些人甚至觉得自己有必要为了家庭放弃一些自己的生活，告别徒步旅行、打高尔夫球或极限运动，因为你或者你的伴侣觉得这些运动不再适合你们，也比较危险，放弃这些活动可能引发你的沮丧和怨愤。

谈谈你的想法。让你的伴侣知道（而不要责怪）你的感受。她可能不知道这对你产生了什么影响，很有可能她也在同样的问题中挣扎。如果你觉得被所有那些期望压得喘不过气来，也和伴侣聊一聊。从眼前的重要事情开始，把其他事情留给以后。能够被人倾听可能就已经足够了。

> 我自己的父亲非常严厉，也很冷漠；我们家主要是妈妈和我们在一起。我不知道作为父亲我应该扮演怎样的角色。

这些年来，有很多新手爸爸曾向我倾诉他们对自己父亲所感到的痛苦、愤怒、恐惧、失落的感受。我感到很难过，这些父亲试图通过批评和控制，而不是鼓励和引导来塑造自己的父亲形象。

想一想你自己的父亲是如何抚养你的。你欣赏他的什么，你希望怎么对待你的孩子，你希望从你的父亲那里得到什么——这可以激励你与孩子建立美好的关系，与自己、伴侣，甚至你的父亲建立更好的关系。

审视当下

你永远都很重要。研究表明，爸爸常常读书给其听的孩子具有更好的语言能力。适龄的"打打闹闹"的游戏有助于培养孩子的自信。爸爸与女儿的关系为她未来与男性的伴侣关系提供了一个模板。如果你积极参与她的生活，她对未来男性伴侣的期望可能更加现实（而不是浪漫），并且更有可能信任他们。与父亲关系良好的青少年女孩更少经历意外怀孕。如果以上这些还不足以让你信服，这一点一定会让你信服——研究表明，这些孩子也不太可能试图自杀。

对男孩来说也有好消息。有参与度高的父亲的男孩具有更明确的身份认同感和更高的自尊，在与女性和其他男性建立和维系健康的关系方面也更为出色。他们不太可能患上抑郁症、品行障碍，也不太可能做出危险行为。他们自杀的可能性也较低，不太容易触犯法律。

作为新一代父亲，你可能需要：向你的孩子树立一个男性和养育者的榜样；了解伴侣关系的重要性，以及如何保护和维系它；了解一个育儿团队应该是怎样的，以及如何扮演好自己的角色；在伴侣关系中将权力合理分配。

令人兴奋的是，这一代父亲将会为我们的家庭、社区和世界带来很大的影响。

应对措施

不要比较。 你的父亲是在一个完全不同的时代长大的，那时父亲的角色和责任受到了许多限制。尽管他可能尽了自己最大的努力，但与你对自己的期望相比，他可能还是有很多不足。你可能需要感受一下这些悲伤，然后与某些方面和解（参见本书第三部分相关内容）。

决定自己想要做出什么改变， 以及你需要做出哪些与父亲所做的不同之事。如果你清楚地知道是什么阻碍了你和爸爸之间产生亲密感（比如，他总是大喊大叫、批评你，或者宁愿待在酒吧也不愿意回家），那么你就知道自己在哪些方面不想重蹈覆辙。

一直参与孩子的生活。 和你的宝宝一起在地板上玩儿，给你蹒跚学步的宝宝讲故事，和大一点儿的孩子玩游戏，和孩子一起踢球，带孩子去看医生，这样你就可以帮孩子擦干眼泪。从工作中抽出时间参加一些有点儿无聊的学校活动，你将永远出现在照片中。

走进厨房，教你的孩子做你最喜欢的早餐。偶尔参加孩子学校的志愿活动，其他妈妈也会喜欢你的。当你的孩子进入青春期时，做他们的司机，给他们分享你的经验和建议，即使他们当时不想听，他们也会记得的。你的伴侣也会为此感激不已。

> 我不理解伴侣是怎么想的。她想让我帮助照顾孩子，但当我这么做时，她却开始生我的气，然后我也会感到沮丧。

新手妈妈可能过于投入孩子的生活中，以至于忽略了自己，有时候可能连自己饿了或者需要上厕所都意识不到。这让她们感到沮丧，有时也会将这种沮丧发泄在伴侣身上。

审视当下

她可能不会承认，但她需要你。 许多妈妈都很努力地证明自己是好母亲，却无意中将伴侣排除在为人父母之外。还有些人在面对令人应接不暇的需求时会进入自动驾驶状态。如果是这样的情况，你提供的帮助可能让她感觉事与愿违。

认识到自己扮演着重要的角色。 你的伴侣指望你给予她积极的反馈——让她确信你会一直陪伴在她身边，有时还需要你的肩膀让她哭泣。温迪·勒布朗的研究发现，如果伴侣给予许多支持，那么75%的母亲会喜欢照顾孩子，85%的母亲在此过程中找到了强烈的使命感。这也会令你们的孩子受益。

我要在这里暂停一下，因为我想指出一些很重要的事情。

你对伴侣的态度会影响你的孩子。勒布朗的研究还发现，当伴侣难以对新手妈妈提供支持时，80%的女性会被自己的母职激怒，87%的女性在这个角色中找不到什么意义和目标。失去了过去身份认同感的参考系（工作、友谊、兴趣等），新手妈妈的自尊很大程度上取决于她作为母亲的自我感受。因此，请注意自己是如何看待她的，因为她现在脆弱的自尊心和照顾孩子的能力掌握在你的手中。

应对措施

增强她的觉察。温和地让她知道你注意到了什么。如果她正处于自动驾驶状态，她可能对你所看到的现象感到震惊。让她知道你理解她，而且再次告诉她你想要参与进来。

在为人父母的头几年，你们的需求和欲望可能发生很大变化，因此你们要**常常相互聊一聊**。彼此坦诚地分享这些内容可以防止问题不断累积，减少关系紧张，使家庭更加和睦。

分享为人父母的所有不同体验——不安全感、挫败感、无尽无休——这样你们就能彼此共情，也可以相互分享快乐的时刻和重要的里程碑。这也会让你们避免陷入许多父母会卷入的"谁更辛苦"的竞争之中。

现在是你们在这个旅程中评估现状的好时机。你是从了解爱、学习和成长的技能开始这段路程的，你在那里学到的可能比你预料的要多。你一直坚持不懈，之后在"绽放"一章中学会了如何将它们付诸实践。

接着，我们讨论了你需要做好什么准备，才能为孩子的人生旅程尽可能提供一个好的起点。你纵身一跃，降落到为孩子搭建的巢里。然后，当你从树上下来时，你检查了地图，发现上面的地标图片与你所降落的地方不太匹配，因此你需要做一些重要的调整。

然而，尽管面临这些挑战，但你在照顾孩子方面做得非常出色，现在终于可以将注意力转向自己和伴侣了。我们在"搭建大本营"一章中讨论了自我关怀和关爱伴侣。现在你知道了，当生活朝着不同的方向发展，变得格外具有挑战性时，你可以回到自己的大本营中。

从那里开始，我们开始深入森林，之后深入水下。我们探讨了为人父母更深层次的情感以及它们如何塑造你自己和你的伴侣关系。在最后的阶段，我们探讨了为什么为人父母的变化也会改变你，以及为什么支持彼此的父母角色非常重要。

现在我们又回到了共同向前发展的阶段。

还记得一开始，我告诉你把"绽放"一章的技能卷起来塞进旅行背包，在需要的时候拿出来使用吗？

现在就把它们拿出来吧。

Becoming
Us

第七阶段

在差异中共同成长
（为人父母的最初几年以及未来）

　　你可能正处于为人父母的这个阶段，因此发现了这本指南，或者有人向你推荐这一章来读一读。如果是这样，欢迎你，让我们继续共同前行。但我建议你在某个时刻回到起点重新开始，即使你已经有了大一点儿的孩子。因为这将帮助你理解自己是如何来到这里的、为什么来到这里。

　　以及我们现在要去向何处。

　　看到那座山了吗？就在那乌云聚集的地方，甚至有可能要下雪。那就是我们要去的地方。不过，我要提醒你，在途中我们会遇到一个特殊的山峰，它可能成为你和伴侣迄今为止面临的最大挑战。我们很快就会讨论相关的内容。

　　当你们为人父母时，关系的变化、疲惫、失眠、自由的受限、新的责任、更强烈的情绪、曲折的成长曲线都是引发冲突的原因。除此之外，你们在伴侣关系中还会出现新的差异。

　　我们大多数人都没有学习过如何处理伴侣关系中的差异，因此我们往往以两种方式来应对它们：争吵，或者避而不谈。重要的是，了解如何应对冲突会让你和伴侣更加亲密，而不是将彼此推开。

虽然这会对你们的伴侣关系产生巨大的影响，但真正的赢家是你们的孩子。你和伴侣之间未解决的冲突或相互竞争会削弱你们为人父母的能力，也会破坏你们作为一个育儿团队的协作能力。

在这个阶段，你们将把至今学到的关于为人父母和伴侣关系的所有知识付诸实践。为人父母会让你们进入一段与以往不同的关系之中，它会让你们再次成长，它会带给你们压力。这个旅程的每个阶段都可能产生新的问题，以前作为情侣的你们可能从未遇到过这些问题。你已经知道，为人父母是你内心发生巨大变化的时期，你也需要与伴侣分享自己内心进行的调整。在这个阶段，你可能发现这是最难做到的事情之一。

在上山的路上，我们会经过一些茂密的树林。有些带刺的灌木可能挡住你的路，让你想要摊手放弃。但前方确实有更明晰的森林小径，即使你现在看不到它们。事实上，你的前方甚至一条路也看不清，只有当你回头看时，你才会看到那条清晰的小路。因此有时候，你只需要相信我，即使看不到前方的路，也要迈出脚步。

你和伴侣在冲突中找到解决之道的能力是你们关系成熟的真正标志，也是为人父母的真实实践。有进入学步期和青春期孩子的父母会明白我的意思。就像情绪觉察和自信一样，这是一项重要的生活技能，你会希望将其传授给你的孩子。

这个阶段的旅程向你们展示了如何共同成长。

没有时间交流

我们俩都忙着照顾孩子和工作，根本没有时间坐下来好好谈谈。

在照顾孩子的过程中，有数不清的事情要做，其他事情可能显得不那么重要。但是，现在每天花 15 分钟与伴侣交流一下，可能就意味着能够避免今后 15 年双方不必要的抱怨出现。

审视当下

对伴侣关系的承诺就是对孩子的承诺。你们之间关系的基调是孩子成长的背景音乐，因此每天拿出一些时间来与伴侣交流，一起喝杯咖啡或散个步，是必不可少的。

问题不需要一下子全部解决。你们完全不受打扰的时间很少，因此可以把交流分到几天的几段小块儿时间来进行。

如果需要的话，这也会给你们时间冷静下来，消化刚刚说过的话。在矛盾开始升级时，最好一次或多次暂停，而不是提出草率但无效的解决方案，让伴侣中的一方或双方都不满意。

应对措施

寻找保持联结的方法。如果你们不能在家进行面对面的交流，那么就打电话、发短信、发邮件，来了解对方一天过得怎么样。五分钟的专注关怀胜过一个小时的心不在焉。

伴侣不愿倾听

当我谈论关于孩子的问题时，我的丈夫不愿意倾听。我最后只能在房子里追着他喊，以引起他的注意。这让我非常沮丧。

当你与伴侣分享自己的担忧时，如果对方不愿倾听，这确实令人沮丧。你希望通过这种方式，邀请对方一起来解决问题。然而，当伴侣忽视或阻止你的这些尝试时，你不仅没有解决最初的问题，还给你们的关系增添了新的问题。你们双方都不会希望这种情况发生的。

审视当下

你是如何表达自己的想法的？你的伴侣很难听进去你说的话，可能不仅因为你所说的内容，还因为你表达的方式。你的语调、肢体语言、手势和面部表情传达的信息远比你的语言多得多。

你在说什么？ 表示绝对的词语（必须、总是、从不，等等）、指责、批评、唠叨都可能导致你的伴侣听不进去你说的话，让他封闭自己或者建立防御。你无法将自己的想法传达出去，还可能发现伴侣未来更不愿意和你讨论问题。

你的感情就像一层层的洋葱一样。 指责、批评和唠叨都来自恼怒或沮丧的外层，而它们有可能是你试图与伴侣建立联结的方式，因为这种方式不会让你感到被暴露或者很脆弱。

深层内容是什么？ 沮丧的深层可能是受伤或失望的感受，甚至是想要与伴侣更加亲密的愿望，但你可能不想与他直接交流这些感受，因为你担心伴侣的回应可能让你更加受伤。

你可能指责、批评或唠叨，试图改变伴侣，避免自己受到伤害。但问题是，实际上你可能因此推开了他，为自己制造了新的伤害。

了解自己想要什么。 批评、指责、唠叨的核心是对行为改变的要求。试一试向伴侣直接表达你的需求。

应对措施

避免绝对化。 "你从来没有""你总是""你应该"这些表达听起来像是在评判、控制或非常专横。请使用你在"绽放"一章中学习的技术来代替这些表达。

不要轻易指责对方。 当你认为他人应该对问题负责时，你就会指责他人。如果必须要归咎责任，最好是等双方都清楚了事实并且一方决定承担责任时进行。过早的指责只会让你的伴侣变得具有防御性。

要意识到批评既可能是建设性的，也可能是破坏性的。 除非批评是有益的（准确的、敏锐的、经过对方同意的），否则批评可能摧毁对方的自尊。如果你批评你的伴侣，他可能会为了自我保护而闭嘴，也可能对你发火。这不仅仅会影响你们的关系，有研究表明，经常受到批评的父亲会更难与孩子建立联结。

要了解到，你的伴侣可能感到被指责、被批评，即使这不是你的本意。 过去的几代人会用羞辱、指责、批评和控制的方式来管教孩子。因此，如果你的伴侣的父母曾经采取这样的养育方式，那么你的伴侣可能具有防御性，常常觉得你的话是一种指责或批评，因而对此做出过度的反应。你可以为自己的孩子打破这种负面的教养模式。

要意识到，你让伴侣倾听自己的尝试可能听起来像是在唠叨。 当你感到沮丧或不耐烦的时候，你很容易重复自己的话。你可能因为缺乏睡眠而忘记了已经告诉过对方的事情。真正的唠叨会让人感到自己被控制甚至遭到羞辱。这可不太好。

从批评转向请求。运用你在"绽放"一章中学到的技术来实现这一点。

展望未来。总是翻伴侣的旧账并不会激励他下一次做得更好。

唠　　叨

> 我的妻子总是唠叨，要我多帮她照顾孩子。我知道她说得有道理，
> 但我听够了那些话，我只想一走了之。

被妻子唠叨会让你感到恼火、沮丧，而她被你冷落也会感到烦躁，现在是时候寻找一种对你们双方都有效的新的沟通方式了。

审视当下

男性和女性会用不同的方式交流。有一种理论认为，男性倾向于线性思考（朝着目标或解决方案努力），而女性倾向于全局思考（从不同角度审视情况）。因此，对你来说可能听起来像是唠叨的话，对她来说可能是在试图帮助你看到事情的另一面。

你是如何处理信息的？有些人是"外部处理者"，把想法说出来有助于他们理解事物；有些人是"内部处理者"，喜欢在内心进行对话。当外部处理者解释或打断内部处理者伴侣的思路时，双方都会感到沮丧。

你在升级矛盾吗？让伴侣感到挫败的方式包括忽视她、不断打扰她或者转身离开她。如果伴侣追求的是你的理解或联结，那么你这样做会让她感到沮丧，而她会更加坚定地让你知道这一点。

这是一种习惯吗？你可能出于某种原因而无法好好倾听对方——睡眠不足、孩子的干扰、谈话氛围变得激烈，因此你觉得离开可能比留下来争吵要好。如果这些情况只是由于外界因素偶然发生，那么它们可能影响不大。但如果它们变成一种习惯，就会让你的伴侣感到被冷落。久而久之，她可能就不会敞开心扉，也不再相信自己会得到想要的回应。你可能觉得那也不错，但最终这会对你们双方产生负面影响。

深层发生了什么？忽视、发呆、打断、离开确实可能是控制焦虑、避免争吵、避免感到不知所措的方式。如果你停止谈话，你在当下确实控制住了局面，

但这样也有可能带来长期的问题。或者你这样是因为对伴侣所讨论的话题不感兴趣？如果是这样，请问一问自己为什么会这样。

应对措施

问自己一些有挑战性的问题。你认为自己和伴侣是平等的吗？伴侣的担忧和你自己的一样重要吗？你想要从伴侣那里得到支持，并愿意回报她吗？你和你的伴侣是独立的个体吗？你们都有权利拥有自己的想法、感受、价值观和信仰吗？不仅仅是理论上，实际生活中这些是如何运作的？

控制你的情绪。如果你的伴侣在付出真诚的努力与你交流，你就应该认真倾听她。控制好自己可能涌现的情绪，以免影响你对伴侣的倾听。如果你无法让伴侣知道你不懂如何倾听，那就休息一下，再试一次，直到你能够做到。通过练习，管理自己的情绪会变得更加容易。

控制你的回应。说出你所听到的内容，重复你能记得的内容，让对方知道你第一次就听明白了。安排一个时间去做伴侣让你做的事情，告诉她你要做这件事的时间，或者说明你为什么无法做到。转身离开会给你的伴侣带来更大的压力，这并不是你想要的。

诚实相待。如果出于某种原因，你在那一刻无法倾听对方，那么请说明原因。你可以说"我现在不能听你说话，因为我……"，这样总比让你的伴侣认为你根本不在乎她要好。

不交流

> 我对丈夫教育孩子的方式有些意见，但我不想跟他争吵，因此我什么都不说。

不谈论问题并不能解决问题。事实上，戈特曼的研究表明，离婚的头号隐患就是习惯性地避免冲突。

> 在表面之下一直有一些问题在酝酿，但当我试图提出它们时，我的丈夫会说："我不想讨论这件事。"

这可能是因为他不喜欢直接面对问题。也许他过去的交流经历（无论是与你之间的、与他的前任之间的，还是在他自己的家庭之中的交流）都是负面的，他不愿再走上那条路（除非是骑着摩托车，这样他就可以在需要的时候逃离现场），这也情有可原。

你们对彼此的反应和回应在一定程度上取决于你们各自的依恋类型。再读一遍相关章节的内容，你就不会把伴侣的自然反应当成是针对你的。

这里我还需要提一下。"我不想讨论这件事"再加上经常烦躁或退缩，可能是抑郁早期的一个信号。我们将在第三部分讨论相关内容。

现在我想指出一点。看到那边山上没有树的地方了吗？那是一个非常滑的斜坡。我见过很多父母滑下去很多次，我想告诉你们他们最后的结果，以免你们也走上同样的道路。

一开始，可能是一些琐碎的生活烦恼，让你们摸不着头脑，因此你们忽略了它们。但后来这些小烦恼不断出现，你们之间的关系开始越发紧张，可能开始相互抱怨。如果你们不清除这些"抱怨"，那么关系的紧张可能进一步加剧。当这种情况发生时，你对伴侣的态度可能开始改变。你会开始消极地解释伴侣的意图或行为，做出假设，你们之间的误解会越来越多，而解开误解的动力越来越少。

到了这个阶段，你可能开始觉得自己与伴侣之间的距离越来越远。如果这种情况一直持续，你们对关系的失望和绝望感可能变得越发根深蒂固。我见过遇到这种情况的伴侣，其中一方已经准备离开，而另一方甚至没有意识到两人之间存在严重的问题。

我不希望这发生在你们身上，因此让我们彻底避开那个斜坡，走上另一条路。

审视当下

你们互相影响。你的行为会引发伴侣做出反应，反之亦然。比如，如果你习惯性地避免交流，这就会促使伴侣总是试图与你交流。你越抵抗，对方就会越努力，导致你更加抵抗。在这场舞蹈中，你们都比自己意识到的更能控制自己的舞步。

父母关系是一个平等的游乐场。你们的孩子有父亲也有母亲。你们对他来说都很重要。这意味着你们每个人对家庭的想法、观点、期望、梦想和担忧都同样重要。孩子希望你们成为他的支持团队。

你害怕不同吗？ 你不需要害怕，只需确保应对差异的方式安全、有效。做好你自己的工作，当伴侣没有做好时，（温和地）提醒他。

应对措施

思考一下深层原因。 "别担心"可能意味着"我没有精力去和你争论这个"或者"我害怕和你交流，因为我现在没有自控力和任何谈话技巧"。

定期交流。 一个释放的出口可以防止事情积压，排解可能破坏你们之间关系的压力。

换种方式处理冲突

以前每当事情变得紧张时，我们会各自冷静一下。他会开车出去，我会去跑步。现在孩子还小，需要有人照看，我们没办法再这样做了。

在你们组建家庭之前，你们可能已经有了几年经验，知道如何有效地处理双方之间的分歧。然而，在孩子出生之后，许多之前的策略可能就不再奏效了。有些伴侣之前会激烈地争论来释放紧张情绪，然后幸福地拥抱在一起。但是，宝宝和孩子都不喜欢吵闹。在孩子面前，如果你们主要的问题是两个人都去工作的同时无法保持房子的整洁，那么你们可以考虑雇一名清洁工。在孩子面前，你们会尽量避免争吵，或者选择求同存异。但是，在疫苗接种、如何管教孩子或将他们送往哪所学校的问题上，你们无法再这样做了，因为这些都需要你们共同决策。

你们也不能做出让其中一方不高兴的重大决定（比如给孩子起名字），否则一方的怨气可能在很长一段时间内影响双方关系，甚至影响到你们的孩子。

审视当下

妥善处理冲突能使你们作为伴侣的联结更加紧密。一直知道你的伴侣爱你、接纳你、尊重你并珍视你，即使你们在某个问题上无法达成一致，你们之间也能拥有信任感和安全感。

你们的东西在哪里？ 你的东西是你的，你伴侣的东西是他的。但是如果你们能够彼此做出一些妥协、达成一致，或者至少在分歧中保持善意，你们就可以创造"我们的"东西。

你来得正是时候，这里是我们今晚的露营地。我们可以用这个作为例子。假设你们开始时住在同一个帐篷里，之后你们产生了分歧，决定搬到两个独立的帐篷里。你们可以把帐篷放在露营地的两端，背对着彼此，但孩子该去哪里呢？如果你们把帐篷对着彼此搭起，中间铺上一张野餐毯，你们的孩子就可以在上面玩儿，在睡觉时你们也可以共同照看孩子。

应对措施

致力于平等。在孩子出生前，你们作为伴侣所做出的一些重大决策可能使某一方承担了更多的责任，这取决于你们各自的优势、经验、兴趣等。比如，你们中的一方可能在筹备婚礼或购房方面承担了更多的责任。而为人父母是追求平等的最终使者：你们两个人对孩子来说都很重要。

在为人父母的问题上寻求折中。你们将面临敏感而复杂的话题，从现在到未来需要不断地解决问题，尤其是在涉及孩子的行为问题时。来自父母双方的相互矛盾的信息会让所有年龄段的孩子都感到焦虑，从婴儿到青少年——因为无论他们听从父母哪一方的指示，另一方都会对他们感到生气或失望。为了你的孩子的成长，你们此时真的需要找到一个折中方案。

频繁发生冲突

自从我们有了孩子，我和我丈夫之间的争吵似乎更多了。这正常吗？

我非常不想承认这一点——每次当我和伴侣之间产生分歧的时候，我都很容易把情绪发泄在孩子身上。

你和伴侣之间的冲突出现得更为频繁，这是很正常的。考恩和其伴侣的一项重要研究发现，高达 92% 的伴侣在孩子出生的第一年里，产生了更多的冲突和分歧。如果你们为以下问题争吵，那就更正常了：家务问题、财务状况、长辈关系、育儿方式，以及到底谁是引发这些问题的罪魁祸首。

审视当下

你对这些分歧有什么看法？ 你可能对它们的出现感到焦虑，因为你自己的父母就没能处理好相关问题。

你处理冲突的方式能够很好地预测你的未来。 那些以冷暴力（不参与、拒绝交流、冷落对方、提前结束讨论）、批评、蔑视、防御来应对分歧的伴侣之间最有可能出现严重的关系问题。根据戈特曼的研究，蔑视（不尊重他人或者看不起他人）是能够最直接地预测关系破裂的因素。

深层原因是什么？ 退缩和回避可能是处理焦虑和情感受伤的方式。如果你们能够为彼此留出安全空间，所有这些原因便能够显现。

应对措施

接受你的伴侣是一个独立的个体，他有权拥有自己的观点。 尊重你的伴侣——也就是你孩子的另一位家长，这表现了对自己的尊重，也能教会你的孩子尊重他人。

让你的伴侣对你产生影响。 这是处理冲突最关键的做法之一。戈特曼的研究发现，一方（尤其是男性）不接受另一方（通常是女性）的影响通常是离婚的一个强预测因素。

感受你的初始反应。 你首先会感受到的是战斗 / 逃跑 / 僵住 / 修复反应。要知道，这种你在童年时期开启的自动防御反应会让你把伴侣视为敌人，表现出攻击、回避或退缩，或者将伴侣视为需要解决的问题。

做出回应。 抑制你那被激发出的孩子气，留出足够的时间来整理好自己，感受自己更深层的情感，找到自己坚定的声音。

找时间交流， 温和地用以"我"开头的句子开启谈话，对问题可以强硬，但对人需要温和。

识别情绪泛滥的信号。 当你感到情绪泛滥，无法正常思考，或者开始感到焦躁时，停下来休息至少 20 分钟，直到你的身体平静下来，你可以再次清晰地思考。然后回来继续尝试，这样问题就不会再次得不到处理。预防情绪泛滥的最好方法是不断练习你的"绽放"技能。

自我安抚。 不断累积的焦虑和绝望会导致争论升级。你可能本来想要说"这很重要，你需要听我说"或"我现在想停下来，我受不了了"，却说出了一些对双方都无益的言辞。自我安抚（比如放慢呼吸、安慰自己、暂停对话）可以防止你说出让你很快后悔的话或做出让你很快后悔的事情。

在双方都冷静下来后，对争吵进行反思。类似"我生气是因为我觉得你不在乎我"的表达可以帮助你的伴侣理解你为何生气，下次尽量避免。

经常向对方表达感激之情，这可以防止负面情绪不断积累。父母双方容易互相抱怨。当你的伴侣做了令你感激的事情时，告诉他你的感受！

了解如何修复你们的关系。你在和好朋友在一起的时候，会小心翼翼地不说可能伤害对方的话。你们之间的关系比可能存在的任何分歧都更重要。根据戈特曼的研究，当伴侣一直无法修复争吵造成的伤害时，离婚的可能性会超过90%。当你引发关系断裂时，你们之间的联结会受损，最好是在试图再次讨论相关话题而为联结带来压力之前，先修复你们之间的联结。

警示信号

在《为人父母：如何在家庭成长中稳固婚姻》(*Becoming Parents: How to Strengthen Your Marriage as Your Family Grows*)一书中，作者描述了四种可能为伴侣关系带来真正麻烦的模式。

升级：这是指伴侣彼此失去控制，像在棋牌游戏里一样为矛盾升级"不断加注"。你可能通过提出一个价值5美元的批评来开启对话，你的伴侣这时可能用一个价值20美元的防御性回应来回应，之后你抛出一个价值50美元的负面反驳，你的伴侣做出一个价值75美元的回击，然后你用一个价值1000美元的转身离开的威胁来打破僵局。这种做法不仅对你们的关系有破坏性，而且实际问题仍然没有得到解决。下次你尝试提出这个问题（肯定还会有下次），在你还没开始之前，你们之间已经积累了超过1000美元的沮丧和怨愤。

否定：从微妙的批评到明显的轻视，忽视对方的担忧、贬低他们的体验、对他们做出负面评价。否定会使一个人受挫，是在攻击他们的自尊，尤其是一些不易察觉的否定，人们通常很难做出反击。否定会让人们封闭自己并变得怨愤。每当有人处于"劣势"时，家庭结构的平等和稳定都会受到破坏。

消极解读：这包括猜测伴侣的意图、对他们做出假设，以及不去澄清误解。经常做出消极解读的人通常不会听取伴侣的解释或想法，他们会用自己编造的事实来自我合理化那些防御性或攻击性的过度反应。这会使对方觉得自己不断被误解，感到无力、无法表达自己的声音，并可能导致抑郁。

退缩或回避。 对大多数人来说，冲突都是令人不悦的。当你已经筋疲力尽、心烦意乱、疲惫不堪时，冲突会让你感到更加疲惫，难怪你会想要回避它。有时候，将问题搁置，在更合适的时机解决它是有意义的。但是，持续的退缩、回避、冷眼相对——持续不愿解决问题——尽管都是保护性策略，但问题仍需要得到解决。这些保护性策略也可能侵蚀家庭的根基。

关于育儿的冲突

我们已经为如何养育孩子争论好多年了。问题太多了。

我真的受够了。

现在我要给你一副双筒望远镜，这样你就可以看到未来可能发生的事情。还记得我之前提到的那座白雪皑皑的山峰吗？那里有一些需要避开的危险地带，你看到了吗？我会告诉你它们在哪里。

审视当下

真实比正确更重要。 "正确"是一种有输有赢的立场。如果你和伴侣已经争吵了好几年，那可能是因为你的目标错了。如果你固执地坚持自己对现实的看法，认为它是唯一正确的，那么你的伴侣就永远是错的。这样彼此之间的怨愤可能升级，孩子可能因此认为独立思考是一件坏事，因为它会引发争吵。你的整个家庭就这样走向破败。

真实意味着敞开心扉， 承担暴露脆弱的风险，邀请你的伴侣进入你的世界。为他留出安全的空间，让他也这样做。这比死守一个观点更加需要勇气。我要再次提醒你，这样做会比争吵好几年花费更少的时间和精力。

向前看，向后看。 除非你们开始找到一些共识，尤其是在如何抚养孩子的问题上，否则孩子会被迫在父母之间做出选择。这会让你们两败俱伤，给孩子带来巨大的压力。焦虑会通过这种方式传染给每一位家人。也许你家就处于这种状况，这就是你们现在面临许多问题的原因。如果真的是这样，那么你要成为能够打破这个循环的人。你可以做到这一点。

问题本身不是问题所在。大多数痛苦来自无法妥善处理问题。当你不允许你的伴侣有不同的认知、观点或解读时——当你认为自己的观念是唯一的真理，当你把伴侣的认知视为一种对你的拒绝或防御时——你有可能使那些简单且容易解决的问题不断升级。

谨防自我攻击。未解决的冲突会因你无休止的自我对话而不断升级。在你的心里不断细数伴侣的种种过错就像是在排放一种有毒气体，会逐渐模糊你对他的看法。你会在脑海中恶毒地羞辱你的伴侣。你有没有注意到，如果你的伴侣在你进行自我对话时和你说话，你可能对他大发雷霆，引发一场真正的争吵？接下来你就会注意到了！

你们之间未解决的问题越多，你在头脑和心里储存的东西就越多，为下一次争吵积累的能量也就越多。

审视你的认知。你解读伴侣所说的话的方式会激发你的某种情绪，之后你会用语言把这种情绪传递给你的伴侣，他也会对此进行解读，如此反复。因此，在对伴侣做出回应之前，先审视一下自己的认知。

应对措施

做出回应，而不是做出反应。克服战斗／逃跑／僵住／修复的自动反应。将回应看作一块需要锻炼的肌肉，你要让它变得比你的自动反应更加强壮。

将分歧看作一种机会，来更好地了解自己、了解伴侣，将你们之间的差距视为跨越隔阂、在共识之上建立更多联结的契机。

拥抱你的内在力量，让你的伴侣也拥有自己的力量。争吵是两个人的共同作用，而我们经常责怪对方。在一段正常而健康的相互给予与接受的关系中，你的伴侣对你做出的反应会和你对他们做出的反应一样多。然而，对某些人来说，防御是一种攻击手段。如果你想了解为人父母更有挑战性的部分，你可以阅读本书第三部分探讨的不健康的关系动力。

好消息是，虽然争吵是两个人的共同作用，但停下争吵只需要一个人。你可以做出回应，避免触发伴侣就的防御机制，引发他做出更为积极的不会触发你不良情绪的回应。如果你只是陷入自己的消极反应之中，你的伴侣就不会发生改变。

接受你无法改变的事物，努力应对你能改变的。你不能改变伴侣的性格，但伴侣的行为模式、交流模式、信念、育儿方式能够发生改变。首先要让你的伴侣知道你欣赏他，欣赏他作为孩子家长的样子，你对这些非常感激。这有助于他接受做出改变的具体要求。

知道何时要寻求专业帮助。有些关系需要他人的支持来解决冲突。当伴侣双方还需要面对自己的心理健康问题、注意缺陷 / 多动障碍（AD/HD）或自闭症谱系问题、未解决的创伤或成瘾问题时，冲突会变得更加复杂。为了更加安全地解决冲突，使解决过程更为健康、更有成效，伴侣需要在专业人士的帮助下解决那些深层问题。在伴侣双方对这些问题理解不全面的情况下尝试解决冲突可能带来沮丧、心碎，并有潜在的风险（更多相关内容请参阅本书第三部分）。

接纳你的伴侣。是你至今为止生活的总和使你对某一种情境有着自己的想法和感受，你的伴侣也是如此，他的想法和感受也是独特的、不同的、有价值的。

我们总是遇到一些小问题。这些问题并不严重，但无法得到解决。

我们经常会发现自己为了一些不重要的事情争吵，比如书架应该摆放在左边还是右边、谁该倒垃圾，诸如此类琐碎的事情。也许还包括关于孩子的一些简单决策。回顾那些激烈的争吵，你可能想要知道为什么自己会如此生气。

审视当下

你需要掌握更多的信息吗？如果你无法做出决策，可能是因为你没有足够的信息来指导自己的决策。研究一下，深入挖掘，找到能改变你的想法或者与你的直觉或理智相契合的信息。

你们之间的激烈争吵是由小事引发的吗？你们是否无法确定问题所在，一直在原地打转？你是否觉得自己或伴侣反应过度了？这可能是因为潜在担忧的触发因素的存在。如果你们因为谁扔垃圾的问题争吵了好几周，那么是时候换个话题了。

应对措施

有意识地谈论潜在担忧。在《为人父母：如何在家庭成长中稳固婚姻》一书中，作者指出了以下这些常见的潜在担忧。

权力和控制。谁来做决定？谁影响谁？谁说了算？这些问题对于那些认为"正确"比"合作"更重要的人来说很重要。在你们为人父母之后，你们会面临新的决策、压力、弱点以及来自童年的触发因素，这些潜在担忧更容易被触发。

需要和关怀。你有多爱我？我在你那里是最高优先级吗？比如，伴侣中的一方对另一方唠叨（比如，还没做的家务），可能是因为他觉得"如果他不做某事，那就意味着他并非真正地关心我"，与此同时有一种怨愤的感情。如果你担心宝宝会取代你在伴侣心中的地位，这些潜在担忧就更容易被触发。

认可。你欣赏我吗？你看到我做了什么吗？你注意到我多么努力地工作吗？你的伴侣是否认可你的价值，是否感激你的努力？你们为人父母，承担了更多的责任，快速转变到新的角色，快速适应许多隐性的育儿工作，这些潜在担忧可能被触发。你可能花上一整天的时间来打扫和整理房间，而房间会在五分钟内被搞得一团糟。

承诺。你会支持我吗？我可以依赖你吗？你能够一直陪着我吗？宝宝出生后，做出承诺的风险更高，可能引发更多争吵，掩盖潜在的焦虑，如果你小时候经历过某种形式的抛弃，情况就更是如此。

信任。你认为我在撒谎吗？或者是在编造事实？你觉得我会做这样的事吗？你认为我是怎样的人？这些潜在担忧可能是由"无效化"引发的。当你的伴侣质疑你的承诺、价值、信仰、想法、感受、动机时，你可能觉得他在质疑你作为一个人的价值。这对你来说是一种侮辱和痛苦。

接纳是所有问题的底层原因。在我们的内心深处，我们最渴望获得接纳，最害怕被人拒绝，尤其是被伴侣拒绝。具有讽刺意味的是，我们非常害怕伴侣看到真正的我们是什么样子的，于是我们设法将他们拒之门外，将真实的自我隐藏起来，这反而会让伴侣感到自己被拒绝。

不要试图解决问题。潜在担忧并非需要解决的问题。这就是为什么当这些潜在担忧在冲突中被触发但没有被明确时，"试图解决问题"这一做法行不通。构建安全的空间来进行深入的对话，处理潜在担忧，理解和关心彼此。你们的对话将会很有趣。

准备放弃

　　我们的孩子现在已经长大了。我和伴侣以前经常吵架，但现在我们都不想费力吵架了。我觉得很无聊，不知道待在这段关系里还有什么意义。

还记得我们提到的洋葱吗？你会在不同层次上与人交往。陌生人只能看到你的表面，而随着信任的不断建立，你会让人们看到更多，与他建立更加亲密的关系。他们也会对你这样。随着时间的推移，如果信任受损甚至破裂（即使过去很长时间），你就会开始保护自己，更少地暴露自己的不同层面。一段只暴露表面的关系会让人感觉有些浅薄以及无聊。

我和其他人的交往都没有问题——我的伴侣怎么了？
也许我们根本就不适合彼此。

你和伴侣之间的关系是独一无二的，你不会像对待他那样对待其他人。你可能有更多热情，也可能更具毁灭性。无论如何，你试图传达的信息是至关重要的，也就是你的感受如何。在这种亲密的层面上分享感受需要很高的技巧。

亲密沟通的目标不是寻求妥协，甚至不是达成一致——尽管这可能是最终结果——而是理解和接受你们各自眼中的现实（还记得 intimacy 这个单词拆开是 in-to-me-see 吗？）。

当你无法获得伴侣的理解时，你们可能都会变得更加沮丧。正是这种紧张加剧了争吵。一旦你们能够理解对方的观点，你们就都能够放松下来了。

审视当下

发现不同层次。你倾向于与大多数人分享你的表层，他们也同样如此，因此你可能想当然地以为每个人都差不多——每个人都像你一样思考、感受和回应。但是你越是深入挖掘，你越会发现，自己是独特的，与他人有着许多差异。最终，你甚至可能发现塑造你表层态度和行为的某些记忆，有时这些记忆埋藏得很深。

在冲突中，你对某个情境的个人反应是你的大脑运作的结果，它就像你的指纹一样独特。这像是一个弹球在你的不同意识层次之间弹跳，可能从一个感觉开始，跳到一个想法，再跳到另一个感觉，把你带到一段旧的记忆，然后在你甚至还没有意识到的情况下，与你的信仰或价值观联结在一起。所有这些都可能在不到一分钟的时间里发生。难怪我们会让伴侣感到困惑不已！

应对措施

深入探讨你更深层次的自我，找到新的联结层次。诚实和坦诚有助于建立信任。剥去那些可能给伴侣关系蒙上阴影的虚伪和矫饰。回到你真实的自我，思考你真正想要如何与伴侣相处。

叫停那些行不通的事情。 对自己和你给你们伴侣关系所带来的东西负责。停止指责、辱骂、防御、轻视、批评、讽刺。

不要混淆问题。 你的伴侣忘记了倒垃圾，这不知怎么地又让你想起三年前的某一天，他没能做某件事，然后又想到他的母亲也对你不好，最后想到他不够爱你。看看这一次对话翻了多少旧账！

做真实的自己。 如果你们之间的关系表面上很礼貌，但在用冷漠掩盖潜在的敌意，请引起注意。一场激烈的争吵就能毁掉这样的家庭，在这种环境中长大的孩子会学会在未来的伴侣面前隐藏真实的自己。最好是在专业人士的帮助下，小心地把冲突带到表面并解决它们。孩子从能够处理冲突的父母那里学到的东西要比从掩盖问题的父母那里学到的多得多。不断的实践也会让你在处理冲突方面变得更加熟练。

用几个月来尝试不同的事情。 你现在知道了，你无法改变你的伴侣，但你可以改变自己的行为方式和沟通方式——这些通常是引发关系中最大痛苦的原因。专业人士的支持对这种情况也会有所帮助。

转移注意力。 如果你只关注伴侣的缺点，那么他的种种优点就会被你忽视。你看到刚刚飞过的那只鸟了吗？它非常美丽，也非常稀有，非常珍贵。它叫作"看一看我"。

你们有什么共同之处？什么能给你们带来共同的快乐？你们的关系中哪些方面运作得很好？哪些方面过去运作得好？什么时候比较好？在你们一起度假的时候？与平时有什么不同吗？所有这些都是伴侣关系的基石。

不要纠结于你得不到什么。 问一问自己，你得到了什么。安全感？陪伴？实际的帮助？同时，问一问自己，你付出了什么。伴侣关系是相互的，要使它绽放，需要你们的共同努力。

有规律地远离一切。 当我们陷入固定模式时，我们会感到无聊。你们两个可能需要的是再次成为"最好的自己"的机会，来让你们想起当初为什么选择了彼此。找一个假期来享受二人世界，充分放松、找回活力、重新探索、重燃浪漫。把这些重要的事情和纪念品一起带回来。在生活糟糕时，回忆这些美好的时光能够让你们想起彼此之间的亲密联结。

多多冒险。 一项研究表明，与只做"好事"的伴侣相比，一起进行积极、刺激或冒险活动的伴侣更可能珍视他们的关系。也许你们可以两者兼顾。

和其他夫妻交朋友。不同的人会激发我们不同的层面。有时候，你会在伴侣与他人的交谈中发现伴侣新的一面。把这种"新鲜感"带回家，享受它。

构建共同的意义。你可能已经对你们的关系感到厌倦，因为在日常家庭生活中，你们伴侣关系的意义逐渐消失。防止这种情况的一个方法是，定期或临时举行一些能够激发亲密联结的仪式。尽情发挥吧，比如，为你的伴侣洗头发，每周轮流做一道特色菜肴，重回你们当初决定结婚的地方看看，送对方一份写着"还记得那时候……"的礼物。你还有什么其他的好想法吗？

被争吵淹没

> 每当我和妻子争吵的时候，我都感觉自己在被轰炸。她总是说她想
> 要解决问题。说得对，但我们从来没有真正解决过问题。

在冲突中，如果你感到自己受到攻击，那么很可能你会将所有的精力用来保护自己，而不是处理问题。因此你需要一种新的策略。

审视当下

感到惊讶吗？大多数冲突是无法解决的。戈特曼的研究表明，69% 的人际关系冲突是无法解决的，它们就是会一次又一次地出现。审视那些潜在的担忧，展开关键性对话。

如果没有潜在的担忧，实际上你们并不需要解决分歧仍然可以拥有很好的伴侣关系。但是，不要为了摆脱对方而说这些话，这并不意味着你们不再需要付出大量的努力，而是表明你们需要调换一下方向。让伴侣知道，你愿意和她一起走下去。

关注感受，而非问题。花时间去了解你自己和伴侣的所有感受，并请对方也这样做。伴侣最初涌现出来的感受可能影响她的沟通方式，而这些感受很可能被你忽略。那些隐藏起来的细腻情感可能还没有得到充分表达，正是这些情感最有可能改变你们倾听彼此的方式。

应对措施

教会伴侣如何跟你说话。请她用更简短、更容易消化的话语和你交流。她可能觉得，当她终于引起你的注意并鼓起勇气开启对话时，有太多事情需要说出来，很难停下来。这会让你感到自己像是受到了言语攻击。

要知道，人们只能吸收四句简短的句子之中的信息，之后就会开始觉得信息过载了。对于疲惫的父母来说，可能只能吸收两句话里的信息。请伴侣常常停下来一会儿，确认一下你是否跟上了她的思路，然后再继续。在她进入下一个部分之前，让她知道你已经理解了前一部分的内容。

请求暂停。如果你仍然感到不堪重负，告诉伴侣，你需要休息一下才能接收更多信息。让她知道你稍后会继续讨论。去散步，或者做点别的事情，让头脑清晰一些，然后再回去。

权力的使用和滥用

在生活和各种人际关系中，想要拥有一定程度的权力和控制感是很正常的，否则你可能借助权力游戏、操纵、冷暴力来寻求补偿。在你的伴侣关系中，你可能一直比较被动——不积极参与、避免展开讨论或做决定，或者把伴侣关系放在较低的优先级上，所有这些行为都可能破坏你的家庭氛围。

> 前几天我妻子宣布，她已经为我们的女儿报名了为期一年的昂贵的钢琴课程。她不是挣钱养家的那个人，这件事也根本就没跟我商量。

不与你商量就做出本应共同决策的事情，她可能正试图在伴侣关系中获得权力或控制感。你需要与伴侣交流一下你对她做出这个决定的感受，也要听一听她为什么会不和你商量就做出这个决定。

审视当下

权力的平衡。还记得我们之前提到的吗？当你们都在工作、赚钱并朝着相同的目标努力时，你们之间的权力平衡相对均等。但孩子的出生会给你们的生活带来翻天覆地的变化。

在比较传统的伴侣关系中，父亲可能感受到养家糊口的压力，将更多精力投入到工作之中，试图在工作中获得一种控制感。母亲可能通过在孩子和家庭方面承担更多的责任和决策权，来预防或应对这种压力的出现。在某些情况下，母亲可能还会贬低父亲在育儿上的努力，迫使他在育儿中退居次要地位。

这可能让你们在未来的道路上遇到问题，因为你们两人都试图在各自的领域获得权力和控制感，你们都希望坐在汽车的前排，共同驾驶。

应对措施

在你们的关系中，**有意识地围绕共同决策展开对话**。告诉对方你对这个决定的感受，也要愿意听一听她为什么独自做出这个决定。

让你们之间的伴侣关系更加平等，这样有助于家庭的稳定。

> 有时候，我丈夫下班回家后，会充满厌恶地环顾客厅，问我："你今天一整天都在干什么？"我一整天都在忙着照顾孩子，累得要命，却无法展示我的付出。现在我一知道他要回家了，就会变得特别紧张。

孩子的出生会带来巨大的生活变化，你们俩都可能感到不知所措。无力的情绪可能刺激一些父亲通过贬低伴侣来重获权力感。这个问题需要得到解决，否则你可能感到绝望和无助，这可能加剧你的抑郁情绪，进一步影响你的家庭。

审视当下

你比你所意识到的更伟大。感觉自己有能力、能够胜任、有动力有助于提高自尊。在职场中，你很可能为此获得具体的回报：加薪或晋升、销售业绩的上升、老板的感谢、同事的钦佩、客户的反馈。增强支撑自尊的内在力量是你一生的旅程，它会根据你的处境而发生变化。当你全职在家照顾孩子时，你更多地需要依靠自己来建立自信。

审视关系之中的动力。如果你往往比较被动，而你的伴侣在你们的关系之中大多数时间都比较强势，那么你们的家庭基础可能有一些不稳定。努力做到情感坚定，并期望你的伴侣也这样做。

应对措施

让自己的内心变得强大。了解伴侣的态度会在你心中激起何种情绪，做好准备，坚定地向他表达自己的各种感受。

大胆说出来。沉默意味着同意。如果你不大胆说出来，坚持自己的主张，别人可能把你的沉默当作顺从。而你并非顺从，尤其是当你在心里大喊大叫的时候。找到自己的声音。

教他如何对待你。如果你的伴侣度过了糟糕的一天，带着坏心情回家，这是情有可原的。他和你一样有权利表达自己的情感，但他也有责任管理好这些情绪，不把它们发泄在你和孩子身上。

告诉他你想听到什么。比如可以说："我今天工作不顺，但这跟你没什么关系。给我15分钟洗个澡，让我忘掉那些心烦的事。"这样，你就给他构建了一些私人空间，也保留了一些善意。如果伴侣心情不好很明显与你无关，那么你们可以共同分享彼此一天的经历，彼此寻求安慰，而不是发生冲突。

思考家庭的不同方面：财务、房子、休闲时间、孩子，以及在各个方面影响力的平衡。如果有不平衡的地方，和你的伴侣讨论一下。随着孩子的成长，你们关系的某些方面将会发生变化，需要以不同的方式进行应对（比如，当孩子开始上幼儿园时，可能是重新协商工作安排和休闲时间的时候）。

明确无觉察和滥用之间的界线。如果在你表达了你的感受之后，你的伴侣变得更能觉察到并改变自己的某些态度或行为，那么这件事就翻篇了。如果你竭尽全力与对方进行沟通，可他的行为仍然持续或升级，或者你怀疑他是故意的、带有敌意的（贬低你）或带有被动侵略性（不和你商量就做决定或撤回关爱），你可能需要得到更多的支持。我们将在本书第三部分讨论这个问题。

> 无论我怎么说，似乎我的伴侣总是误解我的意思。
> 每次我尝试提出一个问题，即使我尽最大努力保持冷静、集中注意力、充满尊重地与伴侣讲话，我的伴侣也会反应过度，曲解我的意思，我们最终会陷入另一场争吵。

如果这种情况持续发生，可能是由于消极解读的缘故。不善于处理伴侣关系的人可能用消极解读作为烟幕来保护自己。他们就像在说："你让我感到不舒服，因此我要骑上我的摩托车离开这里。"如果你怀疑伴侣属于这种情况，那么最好寻求专业帮助。伴侣关系咨询师可以帮助你的伴侣更好地适应开放和亲密的课题，并帮助你们共同构建一个更亲密、更有爱的家庭，让你们都能放松下来。

然而，如果你觉得你的伴侣是在故意刁难你，那么这个问题需要得到解决。试图控制你的伴侣，不论出于什么原因，结果都可能走向虐待，需要小心辨别。我们将在本书第三部分讨论这个问题。

审视当下

洞察的机会。人们往往认为自己的伴侣和自己想的一样。如果你的思维方式是共同掌握权力，那么你会认为伴侣也是从共同掌握权力的立场出发。你会说出你的观点，邀请你的伴侣表达自己的观点，如果有不同，你愿意共同协商、做出妥协或解决问题。

但是，如果伴侣是从一方掌握权力的立场出发，他们会拒绝你的努力，认为你在试图掌握属于他的权力，于是觉得自己有理由采取控制、操纵或防御的手段来回击，不惜一切代价取胜。这意味着，尽管一方尽了最大的努力，问题还是无法得到解决。

以互惠为目标。新手妈妈对此尤其感到痛苦，因为她们往往会更加依赖于与伴侣的关系来获得幸福感。她可能比以前更想从伴侣那里得到更多，也愿意付出更多。但是，如果她的伴侣把伴侣关系看作权力之争，他可能觉得她在试图控制或改变自己，因此变得敌对、防御或收回关爱。

应对措施

聊一聊力量这件事。运用"绽放"一章中习得的技巧，聊一聊在伴侣关系之中如何均衡彼此的影响力。你可能发现，你的伴侣完全没有意识到自己的所作所为。你们可以共同做出承诺，为家庭的稳定来均衡彼此的力量。你们可能需要在专业人士的陪同下进行这些交流。如果你怀疑你的伴侣的反应是故意的，那么他已经跨越了虐待的界限（参见本书第三部分相关内容）。

追求内在力量的增强。与伴侣共同分担责任，对自己的行为负责，在犯错时道歉。如果伴侣关系中的一方掌握所有权力，便再也没有责任，没有问责，也没有道歉。

权力与亲密

我们的性生活这些年来一直在恶化。一开始，我关心的是感情，但他只关心性。后来，因为我不想让拥抱演变成别的什么，他就再也不愿意抱我了。但我之所以不主动发起性行为，只是因为他不肯给我一个拥抱。

我们之间还有希望吗？

审视当下

认识到权力斗争的存在。我们已经谈过了权力与亲密之间的关系，你已经了解到，孩子出生后伴侣之间可能发生权力的斗争，你们可能将对方视为自己的对手，而非同伴，从而陷入竞争之中。你不太可能喜欢一个被你视为威胁的人。

权力斗争会导致关系疏远。你将继续渴望能够让你感受到关爱的感情，而拒绝能让伴侣感受到同样关爱的亲密的肢体接触。如果你无法扭转这种局面，你们之间的关系以及你们整个家庭很可能受到影响。

值得庆幸的是，你可以扭转局面。这里有很多中间地带。

应对措施

了解自己需要什么。伴侣关系的绽放需要两个条件：平等、互相关爱。没有平等，就没有动力。如果伴侣关系总是单方面构建，那么一直付出的一方最终会放弃。

更深入地观察。权力斗争的背后往往是潜在的担忧。再次审视它们，当你忽视这些深层次的问题时，它们就会开始主导你的关系，给你们双方带来困惑、无助和怨愤。扭转这种局面的第一步是深入观察。

有一天，我丈夫回到家，一直没有放下他的"老板"架子，开始对我们指手画脚。那天晚上，他还厚颜无耻地想要和我在身体上亲近。

伴侣关系中最大的不稳定因素之一便是权力失衡，它会直接影响到你们关系的方方面面，特别是亲密感。你可以阅读本书第三部分更多相关的内容。

　　我觉得我有三个孩子：2 岁的米娅，4 岁的威尔，还有 37 岁的罗德尼。

　　我想罗德尼也注意到了你们之间关系的这种走向，从他的角度来看，他可能觉得你就像他的母亲一样对待他。这会对你们的伴侣关系有所影响，特别是你们的性生活。

审视当下

　　权力在谁手中？ 当一方过分想要影响另一方时，会导致对方退缩，更加不愿意建立联结。然而，如果一方想要与另一方分享权力，就可以吸引对方，创造更多亲密和亲近的机会。

应对措施

　　说出来。 如果你或你的伴侣偶尔处于"优势"或"劣势"地位，那么你可能只需要在这种情况发生时指出来。然而，如果你们的关系一直如此，你需要更有针对性地解决这个问题。我们将在第三部分继续讨论这个问题。

在孩子面前争吵

　　我们有两个孩子。我们有时候会在他们面前争吵，这样是不是不太好？

　　这样做好不好取决于至少三件事：孩子的年龄、你们争吵的频率，以及你们是如何争吵的。

审视当下

　　婴儿和幼儿对情绪非常敏感。 在他们学会使用语言之前，他们是依靠语气、面部表情和手势进行交流的，因此他们在感受情绪方面就像小海绵一样。对于年幼的孩子来说，愤怒是非常可怕的，生活在充满冲突的环境中的婴儿往往更加焦虑、烦躁，难以安抚。因此，如果你们在争吵中会提高嗓门、辱骂、威胁甚至做出更糟糕的行为，那么为了大家着想，请寻求专业人士的帮助吧。

你可以扭转局面。 如果你们之间的争吵对彼此不尊重、伤害双方的感情，或者根本无法解决问题，那么让孩子见证这些争吵对他们来说没有好处，反而会降低他们对人际关系的信任。然而，如果争吵并不频繁，而且你们能够运用本书提到的技巧处理冲突，那么将这种能力传授给孩子是一件好事。

此外，确保孩子看到你们俩和好了，或者至少让孩子觉得你们已经和好了。这样，他们就会学会相信，在伴侣关系中也能够保留自己的个性。

你想要营造怎样的家庭氛围？ 你们两人都对这一点负有责任。如果你们一直在争吵，家里的气氛会变得紧张和沉闷。如果你们希望孩子在一个温馨和充满爱的家庭中长大，就要共同为他创造这样的环境。

应对措施

找出争吵的原因。 如果你们一直争吵，那么肯定是有原因的。

学会"好好地"争吵。 重新阅读"绽放"一章的内容，或者寻求伴侣关系咨询师的帮助，来解决有可能阻碍你运用这些技巧的问题。

展示美好的一面。 让孩子看到你和伴侣是多么地相爱。这将平衡孩子对你们关系的看法，并增强他们最终建立属于自己的健康关系的能力。

大家庭

> 我丈夫的姨母快把我逼疯了，因此我请我的嫂子出面干预，但现在她们两个都不理我了。

> 我的婆婆爱管闲事，自从我们有了孩子后更是如此。我希望伴侣能够告诉她少干涉我们之间的事情。

处理与大家庭（或朋友）之间关系的方法取决于：你与丈夫之间的关系、你的丈夫与那个人之间的关系，以及你与那个人之间的关系。

如果你或你的伴侣不知如何很好地与长辈相处，那么你们都会希望尽量减少冲突，这能帮助你与孩子未来的照料者建立积极的关系，也有利于孩子与他的祖父母建立密切的关系。然而，对于不那么亲密的家人或朋友，你们可能需要采取稍微不同的处理方式。

审视当下

是否存在第三方关系？ 第三方关系是指第三方（通常是另一位家庭成员或朋友）被卷入原来两个人之间的冲突。当 A 没有直接与 B 解决问题，而是向 C 抱怨时，这种情况就会发生。然后 C 会让 A 知道 B 对他们不满，事情就会开始变得复杂，矛盾不断升级。还记得我们前面提到的有某个亲戚或者整个家族都"不说话"吗？第三方关系往往是造成这种情况的原因。在这种情况下，有冲突的两个人最好找到方法共同解决问题，而不要去影响他们和其他人之间的关系。

你们是否需要统一战线？ 对于与伴侣父母之间的问题，你和伴侣最好互相支持，作为一个团队来共同应对。当然，你们需要敏锐地运用你所习得的所有技巧来处理这些问题。

划清界限。 为人父母意味着承担一系列新的责任，包括为你的家庭划清界限，并保护它免受外界的影响，甚至是来自你的原生家庭的影响。

应对措施

友好沟通。 有时候，让你感觉像是在干涉自己的行为实际上都是出于想要提供帮助的好意，你很可能也确实需要帮助，在未来很长一段时间内都需要很多帮助。

使用"反馈三明治"技巧：积极、消极、积极。 比如："谢谢你想来帮忙，但我们今天不想接待访客，我们都累坏了。我们约在周日相见如何？如果可以的话，请你带上你做的美味焖鸡好吗？"

家务及宝宝护理

> 我们经常争论谁应该做什么。我想要更多帮助，但我的丈夫说他现在做的事情比以往任何时候都多，无法再做更多了。

在孩子出生后的几年里，在家务劳动分工上的争论无疑是大多数伴侣面临的最大问题。

审视当下

为什么这是一个大问题？ 我们之前谈论过潜在的担忧，然而在这块巨大的礁石背后还有很多小风浪。当伴侣积极参与宝宝护理和家务劳动时，就能给母亲带来她在伴侣关系中急需的平等和公平感，这是伴侣关系中所有其他元素（包括亲密）的基础。当母亲的时间不断被孩子和家庭琐事占用时，可能夺走伴侣急需的高质量相处时间，而这对于双方感受到被欣赏、被重视、被爱都很重要。

你需要解决问题的技能。 在你和伴侣共同的生活中，会出现无数的育儿问题，因此越早培养问题解决的能力越好，这也是另一个可以传授给孩子的很好的技能。你可以阅读"绽放"一章的内容来学习这种解决问题的技能。

应对措施

做好计划。 家务劳动往往在宝宝 3 ～ 6 个月的时候最多。因此，如果你们还没有来到这个阶段，你们可以提前做好心理准备；如果你们现在正处在这个阶段，请和伴侣约个时间好好谈一谈；如果你们已经度过了这个阶段，但没有任何收获，要知道这是正常的，不是你们任何一方的错。你们可以好好聊一聊，来处理和修复你们的关系，治愈当时所受到的伤害。

了解事实。 澳大利亚的一项研究发现，男性平均每天的休闲或睡眠时间比女性多 3 个小时。一般情况下，一个男性有薪工作、照顾孩子、进行家务劳动的总时长在 9 个小时左右，而女性则是 14 个小时。我提到这个数据并不是为了指责谁，而是想要让大家了解并更加切实地看待这种不平衡的现象。

不要马上寻求解决方案。 不成熟的解决方案的效果并不持久，还会引发更多的挫败。向对方说出自己的担忧和希望能够激发更为敏锐和有创意的想法。在更真实的层面上分享彼此的想法可以加强你们之间的联结，并激发你们找到维系关系的解决方案。

如果问题未能解决，问一问原因。 是潜在的担忧再次成了阻碍吗？是因为你们的依恋类型吗，还是因为你们的认知过滤器？

管理问题。 重新评估期望，进行断舍离（你拥有的东西越少，需要照顾的东西就越少），将一些家务外包给他人，列出剩下的家务劳动，然后与伴侣公平地进行分配。

与孩子一起学会走路

对于伴侣来说，孩子的两个成长阶段尤其具有挑战性——学步期和青春期。这是因为幼儿和青少年都在努力应对独立性、身份认同等重要的发展问题，如果你在与自己和与伴侣的关系中还没有解决这些问题，那么它们会再次让你失去平衡。在这些时期，你自己的不安全的依恋模式可能也会被重新激活。

就像你的孩子正在学习走路一样，你偶尔（或经常）会摔倒，然后会爬起来继续尝试。在与伴侣的关系中，你也会面临走两步退一步的情况。好消息是，到目前为止，你已经掌握了许多新的认知和技能（比如相互依赖，了解自己并允许伴侣做自己，以及用能让你们更亲密的方式来相处），你终于可以开始在为人父母的过程中实践了。

我的丈夫在和孩子玩耍时会变得很粗暴。这是不是对孩子不好？我建议他换成和孩子一起玩拼图。

你所说的"粗暴"是什么意思？你们的孩子对和爸爸一起玩耍的反应如何？如果他高兴地尖叫，那就由他们去吧。如果孩子最后总会哭泣，或者害怕地尖叫，那么需要爸爸温柔一点。但不要完全阻止他们玩耍，适度的打打闹闹对他们两个人都有好处。

审视当下

打打闹闹是有好处的。 打打闹闹能够帮助幼儿和儿童安全地走出舒适区，承担适度的风险，学会相信自己，建立起应对未知事物的信心。

伴侣的育儿实践很重要。 你们的孩子从父母处收获不同的品质。与其与伴侣竞争，不如相互支持，让孩子充分欣赏父母两个人的最佳品质。

应对措施

说出你的担忧。 作为孩子的另一位家长，尽管这可能不会改变最终结果，但你有权被认真倾听和尊重。

顺其自然。 为人父母拓展了你的学习领域。每当你走出舒适区时，不要试图指挥或控制涌进舒适区的东西，而是应该借此机会拓展你的舒适区。

我们的孩子总是"抓"着他的生殖器。我妻子会拍开他的手，但我告诉她不要管。正确的做法是什么？

对于幼儿来说，想要探索一切是正常和自然的。最好不要让孩子为自己这种自然的倾向感到羞愧，这种情况很快就会过去。最好忽略它。

我和我的伴侣在应对孩子发脾气的问题上有不同的看法。你能给我们一些建议吗？

在为人父母的问题上，我能够提供的最好的建议就是，提升自己的情商。我们大多数人受到的管教都是，要限制自己的行为。但现在你已经知道，行为是情绪的自然产物（发脾气是沮丧的表现，幼儿在学习很多东西，突然变得非常沮丧情有可原）。

尽量减少引发沮丧的情况，比如饥饿、过度刺激、过度疲劳。此外，正如你之前学到的，弄清楚孩子的潜在需求是什么。

管教孩子

我回家很晚，没有时间陪孩子。我不仅错过了与孩子相处的时光，还成了"等你爸爸回来就……"这句话里的主角。

如果你与家人相处时并不愉快，你可能发现自己不愿意花更多的时间陪伴他们。这反过来会影响家人对你的反应。孩子会做出一些行为来表达自己的不满，而这会加强你不想与他共度时光的感受。

然而，你与孩子相处愉快的时间越多，他对你的反应就越积极，你也就越愿意与他相处。孩子妈妈也会感激你的付出。这对你们来说绝对是一个三赢的结果！

对我来说，作为父亲一直管教孩子很困难。我讨厌总要对事情持消极态度。当我无法在工作和回家的间隙清空脑袋时，我会感到沮丧和烦躁，尤其是回家还要面对接踵而来的问题。

我和我的伴侣在如何管教孩子上总是意见不一致。他说我太软弱，我认为他太严厉。这是我们争吵得最多的问题。

继烦琐的家务劳动问题之后，对孩子的管教是引发父母之间摩擦的又一个问题。这个问题对你们来说可能很不舒服，但对你们的孩子来说可能更加痛苦。父母在关于如何管教孩子的问题上争论时，孩子是最大的受害者。如果父母达不成一致意见，孩子就会陷入一个无解的局面——怎样做都会让父母中的一方失望或恼怒。

审视当下

获得关注是孩子合理的需求。孩子需要获得积极的关注——一对一的专注时间，从而知道自己对父母来说很重要。当孩子感到自己和你建立了联结，觉得自己很重要时，他自然会想要取悦你，不太可能调皮捣蛋。当孩子对获得积极关注的需求没有得到满足时，他就会寻找其他方法来获得关注。对于孩子来说，惹上麻烦总比被忽视要好。

过去的管教方式。关于什么是最恰当的儿童管教方式这一问题的答案，多年来已经发生了变化，这要归功于我们对过去"控制和批评"的育儿方式有了更多了解，这种育儿方式对孩子的自我发展有许多负面影响，羞耻和恐惧会侵蚀孩子刚刚萌芽的自尊。

管教与惩罚不同。管教的字面意思是"以更好的方法教导"。父母可能过早开始惩罚孩子，而没有首先示范良好的行为模式，也没有指导他们如何采取不同的行事方法。教导是我们为人父母的责任之一。如果我们没有很好地向孩子传达我们对他的期望，那么惩罚孩子是不公平的，这是我们自己的疏忽。哦，你可能还需要一次又一次地向他们展示你的期望是什么。

对孩子的期望不要停留在行为得体上。正向管教不仅仅是引导行为，还能够提升自尊，教会孩子自我调节、自立和对自己负责。正向管教为孩子的自我认知、同理心和能力的发展奠定了基础，对孩子及其未来的人际关系都有好处。

扩展自己，共同承担责任。妈妈也应该参与制定生活规划、日常活动和管教内容，爸爸也应该多多关爱和共情孩子。如果父母中有一方总是扮演"警察"的角色，这对所有人来说都是不公平的，像"等你爸爸回来就……"这样的批评会强化这一点。同样，让妈妈独自承担家庭的情感负担也是不公平的。

共同努力。如果这个世界上只有一个问题需要你们共同解决，那就是为人父母的问题了。在关于自己如何表现的问题上，孩子如果从父母双方那里得到了相互矛盾的信息，尤其是在开始形成自己身份认同的脆弱的学步期，他们可能因此感到焦虑，没有一个框架来建立自己的人格。青少年时期也是如此。

应对措施

多多研究。你可以参考许多关于如何正向管教孩子的优秀图书和资源。和伴侣一起讨论这些问题，共同做出决策，为孩子的品格培养奠定基础。

全身心投入。父母中强硬的一方会给柔软的一方带来压力，反之亦然。这两种情况都会招致怨愤。孩子需要看到，所有人，无关性别，都可以是坚强的，也可以是柔软的，还可以介于坚强和柔软之间。我们作为个体越是全面发展，就越能让孩子成为独立、全面、完满的自己。

成为一个团队。如果你们在管教孩子的问题上一直陷入僵局，那么孩子可能一直处于焦虑的边缘，他们在长大后可能尝试离间或战胜你们，试图操控你们来获得自己想要的东西。但是如果你们团结一致，他们就不会去这样做。

努力保持一致。许多育儿建议都强调保持一致的重要性，但当你的管教理念与伴侣的有冲突时，一致性便无法实现。如果你总是一言不合就威胁要惩罚孩子，或者做出你可能根本不会兑现的承诺，那么你没法期待伴侣支持你，你的孩子也可能不再信任你。

你们需要首先达成一致意见：你们的管教内容适合孩子的年龄，并且对孩子有积极的影响。之后你们就可以充满信心地坚持下去，相互支持，并让孩子也坚持下去。

共同商定策略也意味着当你疲惫不堪无法继续时，你可以信任你的伴侣，他能够很好地接手。我喜欢那种感觉——当我的决心开始动摇时，我的伴侣会及时站出来支持我，说："你要听妈妈的话……"

在这最后的几个阶段，你们已经游过了充满强烈情绪的水域，探究了自我内心的深处，攀爬了一座座意见分歧的高山。你们终于来到了为人父母旅程的最后一个阶段，这也是最具变革性的一个阶段。

Becoming
Us

第八阶段

用亲密感来建立联结（永远如此）

现在我们已经攀登到山顶，让我们放松身心，欣赏美景吧。从这里，你可以看到所有的景色，包括你们已经走过的那一段很长的路。我将与你分享我所知道的你们可能拥有的未来。走哪条路并不重要，你只需要了解一件事，就能在继续前行时绽放。

这件事就是，如何与伴侣保持联结。好吧，还有第二件事，那就是在你们彼此失去联结、走散了一段时间之后，如何重新建立联结。这种情况很可能发生。你们现在已经发现了，为人父母的过程有时候会把你们带往不同的方向，有时候你们会各自获得个人成长的机会。没关系，再次走到一起，再次共同成长，这样你们的整个家庭就可以不断绽放。

为人父母的各个阶段错综复杂又相互交织，驾驭它们并不容易，但从某种程度上说又出奇的简单：你只要知道如何与伴侣保持紧密的联结，就能轻松走过所有阶段。通过联结，你们可以预防各个阶段中出现的挑战，或者它们至少会变得更容易应对。在混乱中保持联结的能力越强，你就越会发现挑战的出现对你来讲不再是威胁，而是为家庭建立更坚实基础的机会。即使处于狂风暴雨或者并不熟悉的环境之中，你与伴侣之间的联结也能为你们搭建一个避风港来抵御风暴。

你和伴侣用亲密感来建立联结。亲密感出现在你们生活的方方面面。智性的亲密感体现在分享彼此的想法、看法、问题和计划；生活上的亲密感是与伴侣共度时光、充满爱意、一起享受快乐时光；情感上的亲密感在彼此分享更深层次的感受、希望、梦想和恐惧中萌生；精神上的亲密感来自感受瀑布的奇妙、冥想的宁静、祈祷的虔诚；亲密感还来自分享为人父母的幸福，以及在艰难时刻同舟共济；性亲密使你们的伴侣关系与其他关系区别开来。亲密感能给你们带来归属感和紧密的联结。你们两个人对亲密的感受可能有所不同，比如一个人更喜欢骑摩托车，另一个人则更喜欢骑双人自行车。

这就是我要和你们分享的为人父母旅程的最后一个挑战。如果你已经走了很长一段时间，有了年长的孩子，那么你可能早就发现了这一点：亲密感可能是你们关系中受到最大影响的方面。尤其是当你们中的一个人整天都在工作，而另一个人每天都在家照顾孩子的时候，你们很容易过上平行的生活，彼此之间变得疏远。这种情况可能持续多年，对于那些不知道如何应对为人父母各个阶段的伴侣来说，他们可能觉得和伴侣之间除了孩子之外，再也没有什么共同话题了。

在你们冒险的这一最后阶段，即使你们的生活和角色在不断地发生变化，你们也会找到更多方法来保持关系的稳定。你们还将找到方法共同享受这段旅程，即使有时你们可能觉得彼此相隔甚远。

感觉与伴侣失去联结

在为人父母之前，我和伴侣都有着很高的工作职位。现在我每天在家里照顾孩子，我感觉与伴侣所在的世界开始失去联结。

在各自结束一天后，花时间与伴侣建立（或重新建立）联结，这可以为你们接下来的整个晚上营造良好的氛围。看着彼此的眼睛，拥抱，全身心地与伴侣在一起。即使你们现在的生活与为人父母前已经大不相同，五分钟的高质量关怀也足以为你们保持亲密联结。

我全身心地投入到母亲的角色之中，我与儿子的联结非常紧密。但
是，我与丈夫之间的距离越来越远。

在为人父母的过程中，你们的时间、精力和注意力都是有限的，如果全部投
入到一个方向，就没有时间做其他事情了。挑战在于如何在关怀自己、孩子和伴
侣之间找到平衡。

然而，最幸福的是你也能从伴侣那里得到关怀。一个充满爱的伴侣就是能量
源，你们之间的联结会一直支撑着你们。当你感受到情感上的联结时，你便不再
孤独。无论你们要面对什么，你们都是一起面对的。在了解为何会与伴侣失去联
结之后，你就能够扭转局面。

审视当下

你想要什么？ 与孩子之间的强烈联结可能使你与伴侣的联结黯然失色。对你
来说，"疏远"意味着什么？你想要更多的是什么？

这对伴侣来说可能很难。 过去的几代人，甚至现在的男性，都可能否认或
隐藏自己的情感。在他们感觉最脆弱的时候敞开心扉对他们来说是个很大的
挑战。

要做好准备以敏锐而充满尊重的方式提问。 为人父母是男性拥抱自己完整人
性的最佳时机，也是他熟悉可能早已封闭的脆弱部分最好的阶段。如果能够安全
地进行，这对他来说是疗愈的，能够丰富他与你之间的关系，并且意味着他将把
这种"完整"作为礼物送给你们的孩子。

联结是什么样子的？ 它可能是一个眼神，一个亲昵的动作，一句友善的话。
有时候你的伴侣可能感受到一瞬间的情感联结，有时候不会。伴侣可能错过这种
联结，可能转身走开而忽视了你的尝试，或者正专注于其他事情。

你发出了哪些信号？ 你做了什么，说了什么？你清楚自己想要什么或需要什
么吗？你是否有所掩饰，为什么会这样？

应对措施

发出明确的信号。 你可能因为担心伴侣无法按照你希望的方式回应，而掩饰
想要与其建立联结的尝试。也许你会拿你真正在意的事情开玩笑。一个有所伪装
的信号"你想出去走走吗？"实际上可能意味着"我现在想和你在一起"。给伴

侣留出说"不"的空间，你的伴侣可能累了，但他可能非常乐意在沙发上和你依偎一会儿。

注意伴侣发出的信号。他发出的信号是否明确？如果并不明确，想想原因是什么。这些信号可能非常微妙，一个笑话，一次轻轻的触摸，一个温柔的对视，或者一条短信。

对伴侣的尝试做出积极回应。无论当时感觉如何，都用微笑表示认可，眨眨眼睛，或者说一句体贴的话，任何表示"我明白的"或者"我懂你"的表现都是好的。

提出更多建议。母亲可能过于关注与孩子之间的联结，很容易陷入孩子的生活中。你可以上来透透气，深呼吸，看看四周都在发生什么，也看看你的伴侣在做什么。

做一个练习。找时间聊一聊彼此发出的信号，以及你们各自喜欢的回应方式。想一想你们之间的亲密程度或亲密距离，从一到十打分。

比如，"当你说……的时候，我感觉离你近了三步"，或者"当你开那个玩笑时，我感觉离你远了六步"。你们可能惊讶于彼此对各自意图的解读。

情感联结

我的丈夫一直都有点内向。我原本以为当我们有了孩子后，他会变得柔和一些，能够向我敞开心扉，但我现在很失望。

我想要从他那里得到安慰。我想在一天结束的时候找个成年人聊聊天。我想和他分享我的经历，我有很多感受，但他并不是一个好的倾听者。

审视当下

伴侣关系对每个人都至关重要。建立伴侣关系能够增进彼此之间的信任、理解、同情心以及强烈的爱的联结。一旦你与伴侣建立了这样的关系，你们也将为孩子树立榜样，他们长大之后也会寻求类似的彼此滋养的关系。

伴侣关系是可以培养的。要知道，伴侣关系要绽放需要满足两个条件：平等和互惠。平等包括信任（你不会在我暴露脆弱时乘虚而入）和独立（我们可以彼此不同），这是成长的前两个阶段。

互惠需要主动性和能力建设，这些是接下来的两个阶段。如果你和伴侣在个人成长的某个阶段受到阻碍，你们可能需要付出更多努力，来增进彼此之间的伴侣关系。

留意你的愿望。你对伴侣关系的渴求可能要求他暴露更多自己的脆弱，因为脆弱和亲密是相辅相成的。你的伴侣可能对此感到不适，因此你从一开始时就要格外敏锐。慢慢来，不要急于求成。

当他真的对你敞开心扉时，做好心理准备，你可能感到有些尴尬，因为这对你们双方来说都是陌生的体验，即使这是你多年来一直期待他做到的事情。

勇往直前。焦虑和不适是成长和适应的一部分。当你们都习惯于探索各自的边界，并在更深层次上彼此分享时，你们会感到不那么尴尬，而且会更加相爱。

你是如何提问的？ 人们通常只有在感到安全时才会敞开心扉，我们常常会低估自己在伴侣眼中的可怕程度。审视你试图引导伴侣敞开心扉的方式，他对此可能有怎样的看法和感受？也许可以尝试用用别的方法。

应对措施

营造安全感。在你们的关系中与彼此坦诚相对。期待彼此展现真实的模样，共同承担责任来营造安全感和舒适感。

成为彼此的避风港。在这个世界上，在职场里，或者在朋友圈中，你或你的伴侣可能觉得自己需要塑造一定的形象才能被认为是成功的，而在你们最为亲密的关系中，你们会希望彼此尽可能展露真实。不真实或不真诚会让你在自己甚至可能意识不到的层面感到疲惫，为人父母已经足够令人筋疲力尽了。

用你想要的方式与伴侣进行对话。如果你希望你的伴侣用温暖、温柔的语气回应你，那么就用这种语气跟他说话。

给你的伴侣提供措辞建议。不要害怕自己表现得太过明显，伴侣可能很希望你这样，告诉他你到底想听到什么。有句话说得很好："别人会以我们对待他的方式对待我们。"用你想要的方式去对待他人就是提供建议的一种方式。这适用于我们所有的人际关系和各种层次的沟通。

继续努力。亲密交流有时候确实有些吓人，但时间久了就不再这样了。温和地与伴侣交流，坚持不懈。你的努力永远都会得到回报。

不论结果如何，都要珍惜对方的用心。也许你的初衷是好的，但有些事情可能确实会碍事，比如对方的疲惫或分心等。原谅对方，继续与对方保持亲密。

共度时光

我发现自己很难与妻子共度美好时光。我们过去常常一起出去吃饭，就我们两个人，不用承担什么责任，交谈起来更轻松。在有宝宝之前，我们会把更多的精力、时间和热情放在只是和对方待在一起上。

我真的很喜欢与妻子和儿子一起出去逛逛，但每当我建议全家出游时，她似乎没有什么热情，经常找借口待在家里。我通常最后只能自己带着儿子出去玩。

我感觉很难过，但我确实迫不及待地想让我的伴侣带孩子去公园玩耍，这样我就可以有一些属于自己的时间了。

审视当下

你们会互相影响。你可能向伴侣寻求对你来说越来越重要的亲密需求，而与此同时，你的伴侣正努力适应对他很重要的亲密机会不断减少的状态。当一个人得不到回报时，他便很难持续付出。

留意自己的读心术。留在家中照顾孩子的一方的困境是，他一直在付出，付出，不停地付出。他没有多余的精力干别的事情。这就是为什么当伴侣接管孩子的照看工作时，他会感激不已，因为这样他就能有自己急需的休息时间来充电了。然而，当一个人期望自己的伴侣（可能正专注于减轻自己的压力）不用自己讲就能认识到这种需求时，问题就会出现。

应对措施

和伴侣聊一聊。当你不明白为什么自己的亲密需求得不到满足时，你更容易感到被拒绝，这可能是你们的关系产生裂痕的开始。

与伴侣坦诚相对。告诉伴侣你想念他，你想念与他在一起的时光。要求一些高质量的时间，不要强求（伴侣可能已经担负着足够多的要求了），而是采取一种表明你理解他所面临的挑战的方式，并愿意与他合作，这样就可以实现这一目标，同时能够为双方的利益着想。

用心度过你们在一起的时间。 除非有必要，否则不要谈论孩子的事情。与伴侣保持眼神接触和目光交流，牵起他的手，即使人在房间的两头也相互微笑，眨眨眼睛。建立亲密的联结只需要一个瞬间，付出很小的努力就能取得很好的效果。

对爱的渴望

已经过了好几个月。我想要性爱，但我的妻子只想和我说说话、拥抱一下。这种情况已经僵持好久了。我常常有一种被她拒绝的感受。

审视当下

你们最终可以两者兼得。 要知道，为人父母并非"非此即彼"，而是"两者兼顾"的过程，一切都是值得的。你已经了解到自己存在的多个层面，在亲密和脆弱方面有外在层面也有内在层面，一个通向另一个，逐渐接近你与伴侣的核心。分享思想导致感受，感受产生喜爱，喜爱产生亲密。你们之间的性关系是你们在其他层面关系的延伸，也受到它们的影响。女性通常需要思想上的交流、情感上的联结，以及来自伴侣的关爱。

你的伴侣现在戴着一顶新帽子。 给予伴侣对话、关爱和浪漫是使她摘下母亲帽子、戴上伴侣帽子的方式。在一天结束时，她需要你帮助她摘下母亲帽子，转换角色。

如果你对此并不敏锐（或者她没有让你意识到这一点），你也没有花时间关注她、欣赏她或与她分享见闻，那么她可能产生被拒绝的感受，因此更容易拒绝或不主动发起性行为。之后就该轮到你产生被拒绝的感受了。

性对你来说意味着什么？ 女性往往会低估或忽视伴侣对性的需求，认为它是自私的或不重要的。但对许多男性来说，性生活的丧失就是爱的丧失。性是他们与伴侣完全放松、建立联结和展现脆弱的主要方式，也与自尊密切相关。当一个女性在性方面拒绝她的伴侣时，她的伴侣可能感到自己不受欢迎或不重要（就和女性产生被拒绝的感受一样），或者觉得自己只是家里的一个帮手。

你的爱的语言是什么？在盖瑞·查普曼（Gary Chapman）的书《爱的五种语言》(The Five Love Languages)中，他描述了我们表达爱的不同方式。

服务行为：洗碗、修理东西、取干洗的衣物。**身体接触**：拥抱、亲吻、牵手、性爱。**肯定的话语**："你看起来很棒""你对我来说很重要""谢谢你在……方面做得很好"。**高质量时间**：早点下班回家、安排约会时间、请一位保姆照看孩子来腾出时间与伴侣共度良宵、周末度假、咖啡约会。**礼物**：枕头上的一朵花、你最喜欢的巧克力、特殊场合的一份贴心礼物。

你会用自己的爱的语言去爱你的伴侣，但问题是，如果这不是你伴侣的爱的语言，那么即使你付出了很多，他仍然可能感受不到你的爱。这件事的秘诀是，学会用伴侣的爱的语言跟他交流。

了解伴侣的爱的语言还有一个好处，那就是你不会在不经意间伤害他。如果做出服务行为是你的伴侣的爱的语言，那么他更有可能对水槽里的脏碗碟感到不安。

了解伴侣的爱的语言还能够帮助你做出真诚的道歉。对某些人来说，"我真的很抱歉"这句话比一束鲜花的意义更加深远。

应对措施

敞开心扉。你的伴侣需要知道你产生了自己被忽视或不重要的感受，知道这一点会让他觉得和你更亲密。这是解决问题的第一步。

谈一谈彼此的爱的语言。让你的伴侣知道你的爱的语言是什么。如果你还不知道他的爱的语言，就向他问清楚。看看你们是不是都有不止一种爱的语言。

避免进一步的问题。当你无法分享你的想法和感受时，其他类型的亲密接触可能受到影响。如果这种状况持续下去，可能导致未来出现其他问题。

> 我们为人父母快一年了，虽然我们偶尔会有性生活，但说实话，我只想要拥抱。这正常吗？

简单地说，是的。出于很多原因，在你们有了孩子之后，你会更加看重非性爱方面的亲密需求。如何与伴侣协商这个问题同样重要。

审视当下

这件事情有可原。如果你感到精疲力竭，觉得自己已经迷失在照顾孩子这件事中，或者觉得自己的存在只是为了满足其他人的需求，那么暂时远离性行为可以防止你感到更加疲惫。你可以寻找一些办法来重拾自我（参见为人父母的第六阶段的相关内容），这样你就能留给自己足够的"自我"，还能有更多的"自我"去分享给别人。

关爱是重要的。你可能发现，你给予孩子的关爱越多，你自己需要的关爱也越多（拥抱、按摩、牵手），以便恢复精力。不过，你需要明确地告诉你的伴侣，这些是无条件的关爱。如果有条件，你可能觉得这是对你的又一种要求，而不再寻求关爱。这对你们双方都不好。

渴望关爱与情感亲密度息息相关。与伴侣分享自己做母亲的所有感受是有益的，这样你们就可以理解为人父母的意义，让伴侣了解你每天的情况，让他参与进来，与他分享你的育儿经历。当你们分享彼此的感受时，关爱便会紧随其后。

分享感受可能令人不知所措。对你的伴侣来说，这可能是一种新的体验，他可能觉得尴尬或不自在，以至于无法像以前那样表达关爱。如果真的是这样，对他来说，性行为将变得更加重要，因为这是他与你建立联结的方式。

应对措施

明确你想要什么。伴侣之间与对方相处的方式可能截然不同。比如，一位母亲可能试图让她的男性伴侣参与进来——与他分享对自己和世界的理解——而他可能认为她在交给他一个需要解决的问题。他不明白为什么在给了她实际建议后，她还会感到失望。她不明白为什么即使她解释得如此清楚，他还是不"懂"她。这种交流方式可能让你们感到更加疏远，而不是更加亲密。

与伴侣谈论这个问题。这可能让你感到不舒服，但对他来说可能没有那么不舒服。明确说明这是关于你的问题，而不是他的问题。通过运用你在"绽放"一章学到的技巧，让他知道做什么事情对你有益。

寻找其他方式建立联结。了解你们各自的爱的语言，练习使用它们，直到你们找回彼此之间的默契。

没有时间在身体上亲近

有了三个孩子，我们实在是找不出时间来在身体上亲近了。

有三个孩子，要找到时间和精力做任何事情都很有挑战。但如果是关于你非常需要的事情，那就不是找时间的问题，而是关于如何把握时间。同样，还有关于如何合理分配精力的问题。

审视当下

重新聚焦。在第一部分"爱"一章内容中我们谈到，充满激情的友谊需要三样东西：安全的联结、相互关怀、性生活。它们都是相互关联的，先从头两个方面入手，第三个方面的问题便会迎刃而解。

只需片刻。互相挑逗、做一些体贴的事、讲个笑话、进行眼神交流、眨眼微笑，给对方制造一些惊喜，做这些事情可能只需要一小会儿时间，却能为你们之间制造美妙的亲密联结。

应对措施

抽出一点儿时间互相交流。将与伴侣不受干扰地进行交流设为优先事项，即使每次交流的时间很短，也要尽力实现。

得到孩子的配合。年幼的孩子已经开始理解"父母时间"的概念了。年长一些的孩子也能从做家务中获益，因此你们有时间一起休息一下。已经是青少年的孩子可以帮忙照看弟弟妹妹，让你们有时间一起喝杯咖啡。看到父母互相关爱，孩子会产生一种安全感。

同步就寝时间。同时上床睡觉、聊天、拥抱、重新建立联结。互相读一段书中的内容，或者分享一天中的有趣故事。为你们之间的爱和性生活尝试多种形式，你们会想出很多好办法的。试着一起醒来，锁上门，在孩子忙着看动画片的时候，一起待在床上度过一个慵懒的周日早晨。

一天结束时，我根本没有精力和伴侣在身体上亲近，我真的就是没有精力去做这件事，就是这样。

有时候，"没有时间和精力"其实是在委婉地说："我真的不想要。"

审视当下

诚实面对自己。性生活在你的优先事项列表中的位置是否很低？有时候缺乏兴趣纯粹就是因为累了，有时候是因为别的原因，比如未表达的愤怒或沮丧，或者这成了一种夺回权力的方式。

重新评估你的爱情生活。是什么让你感到被爱、被珍视、被欣赏？是什么让你的伴侣感受到这些？如果你们在这些方面投入更多时间和精力，你们的性生活会重焕生机。

发挥创意。对伴侣来说，用他的爱的语言表达 15 分钟爱意，可能比花费数小时用你自己的语言来表达更有价值。以对你有意义的方式向对方具体地提出爱的需求，提要求是有风险的，但这能让你有更多能量。而且，这样很性感。

了解为什么性生活对伴侣关系是有益的。性生活是我们能够只为自己做的少数几件事之一，帮我们从孩子的"侵略"中夺回感情生活的领土！

应对措施

深呼吸，（温和地）与你的伴侣坦诚交流。你们需要聊一聊你们之间所有潜在的未解决的问题。愤怒、沮丧和蔑视是我所知道的最有效的避孕方法，它们会阻断正能量并削弱彼此的欲望。如果你们不解决这个问题，你们的性生活将继续受到影响。

找到重新建立联结的方法。你最欣赏伴侣的哪些方面？他那古怪的幽默感？他使用扳手的娴熟手法？他做的扁豆汤？尽管筋疲力尽，他仍然能够躺在地板上与你们的小家伙玩游戏？想一想哪些事情对你来说是特别的，并让伴侣知道。不要因为生活琐事而忘记彼此，欣赏和感激是极佳的助燃剂。

不匹配的意愿

　　我和妻子对性的意愿一直不同步，自从我们有了孩子后，这种差异变得更大了。这正常吗？

这当然很正常！研究表明，在孩子出生后一段时间内，大多数新手妈妈和大约一半的新手爸爸对性爱的兴趣会减弱。新手爸爸的性欲会较早恢复，而新手妈妈在一年或更久之后会仍然对性爱兴趣不高，尤其是在哺乳期间。你对伴侣关系的渴望，无论是生理方面还是非生理方面，会很自然地上下波动，特别是在你感到有压力、心烦意乱、生病或疲惫的时候。因此，现在了解如何应对这一点能在未来的岁月中对你有所帮助。

你对伴侣关系的渴望可能会波动，不会总是与你的伴侣保持同步。母亲在有了宝宝之后对伴侣关系的需求通常会降低，因为她常常忙于照顾宝宝，无暇顾及别的事情。这段时间可能让你感觉，妻子和宝宝之间的联结日益加深，而你被排除在外。你可能想要从她那里寻求身体上的亲密感来弥补这一点，但如果她觉得有压力，你们之间的距离可能变得更远，而非更近。不过，到了某个阶段你可能会想要解决这个问题——性欲不匹配可能让伴侣间的紧张关系持续数十年。

有一种说法是："女性需要感受到爱才会愿意在身体上亲近，而男性需要在身体上亲近才会感受到爱。"对所有父母来说，好消息是，其中有很大一部分中间地带。

审视当下

多加理解。新手妈妈性欲的下降是完全正常的，原因包括激素的变化、压力、疲劳，以及整天都在接触自己的各种体液而导致感官过载。

你对性的意愿可能是你感受的延伸。除了激素外，你的性欲还会根据你所处的环境发生变化。如果你穿上西装，去做一份有挑战性的工作，得到一些赞赏的目光，和许多成年人交流，那么在一天结束时你会感觉到自己很棒，你自然也会想和伴侣分享这些感受。

你的伴侣的一天可能完全相反，她没有时间洗澡，没有与他人的交流，无穷无尽的育儿任务让她倍感压力、无聊、沮丧。她没有什么可以与你分享的，很有可能只会对你感到羡慕。

别往心里去。生理疲劳是产后性欲不匹配的主要原因。虽然一开始你们两个都可能因为分担夜间任务而筋疲力尽，但之后通常是留在家中照顾孩子的一方接管了这个任务，并且持续的时间更长。

她的内心发生了什么？ 新手妈妈的疲劳并不总是显而易见的。她很可能还承受着沉重的心理负担——头脑中的信息过载和肩头的过多责任——下一次喂宝宝是什么时候？检查的预约是什么时候？晚餐吃什么？什么时候预约保姆？医生说如何治疗发烧？要买些什么东西？当她脑中的信息过载时，她很容易与身体的需求脱节。

性是一个晴雨表。虽然有例外，但通常情况下，伴侣关系越好，性生活越和谐。反之亦然。通常情况下，女性缺乏性欲可能是因为她在其他方面对关系不满意。把这些问题清理干净，你可能发现她的性欲又恢复了。

应对措施

接受这个事实——有孩子之后的性生活会有所不同。这不是任何人的错，也不意味着伴侣关系是失败的。以前你可能从每周两次的性生活、整个下午都在一起、在海滩上散散步来获得满足，但事实是，现在的生活已经改变。

让你们的性生活达到理想状态是双方的共同责任。确保你们的关系安全稳定，这样你们可以毫无顾忌地提出性要求，而不感到羞耻，同时在不想要时可以毫无顾忌地说"不"，而不会让对方生气。

不要把彼此的付出当作理所当然。你不希望有这样一种关系：她觉得自己像是一个性释放的工具或女佣，而你觉得自己像是一个维修工或挣钱机器，彼此之间没有联结感，没有"我们"的意识。你们两个都要为成为"我们"而负责。

打开性方面的交流渠道。坦诚地说出彼此的恐惧、担忧和希望，这有助于你们应对一段长期关系中性欲自然的涨落。你们需要谈论这些事情。毕竟这也是你们为人父母责任的一部分——总有一天你们要与孩子在性方面展开坦诚和公开的对话。你最好先与伴侣进行练习，克服种种不适感！

勇敢地讨论各种可能性。现在是一个很好的时机，如果你们没有时间、精力，甚至没有兴趣按照以前的方式做事，那么现在可以尝试改变一下。你是否有勇气说出怎样的方式会让自己性欲上涨？有没有更简单（或更吸引人）的选择会让你们更加满意？这些选择可能比你想象中的要多得多。

再次提醒一下，要警惕自己的读心术。如果你不愿意公开交流，你就更容易对伴侣抱有期望，或者对他心生抱怨而不表达出来。这对你们双方来说都是不公平的。

为性生活安排约会。安排好你们一天的约会，让它成为可能。彼此友好相处，这样就不会有人在最后一刻失去兴趣。在白天想一想对方，也许可以发一条信息说："如果你带晚餐回家，我就把甜点准备好。"

皮肤过度接触

这可能听起来有些奇怪，但事实是，当我开始母乳喂养时，我的乳房就像是专属于宝宝的，我不想让丈夫碰它们。

我们两岁的宝宝一整天都黏在我身上，在照顾他一整天之后，我最不想要的就是晚上丈夫拍拍我的肩膀想要和我亲热一下。

宝宝天生就有"皮肤饥渴症"，他们渴望身体接触，这有助于他们健康长大。我们从未摆脱这种渴望，我们对身体接触的渴求伴随我们一生。我们从父母那里得到它，后来想要从伴侣身上得到它，并希望将它给予我们的孩子。

对于一个白天已经被宝宝抓揉和吸吮、沾满身体分泌物、全身皮肤都与宝宝接触的母亲来说，她可能产生相反的感受——一种感官过载、"皮肤过度接触"的感受。如果伴侣不了解这种情况，他就很可能感觉妻子缺乏热情，因而感到自己被拒绝了。

审视当下

给自己一点时间。 在母乳喂养的最初几个月里，尤其是在乳房胀痛时，新手妈妈会感到需要"保护"自己的乳房。随着你在协调每个人的需求（尤其是你自己的需求）以及重新找回你在性生活中的自我方面变得更有经验，这种不适感会逐渐减弱。

生理激素有着很强的影响。 如果你正处于哺乳期，那么性欲下降的主要原因是生理激素的变化。哺乳会刺激催产素的分泌，这种物质会让你感到放松和满足（在性行为中也会分泌催产素），还有一种名为催乳素的激素，它的分泌也会降低性欲。

这些还不够，当你倍感压力时，你的身体会分泌皮质醇，这种激素也会抑制性欲。所有这些因素共同构成了新手妈妈的天然避孕机制。

应对措施

释放压力。 有些伴侣解决这个问题的方法是暂时不谈性，他们商定在一段时间内不去考虑这件事，用这段时间来探索其他增进感情的方式。

提前规划。 让爱情生活充满激情和趣味需要多样性和创造力。现在是个好时机，想一想当你们两个都做好准备时，你们想做些什么。

身体意识

我的乳房和肚子都变得松弛，体重还增加了不少，我感觉自己一点也不性感，不知道我的丈夫现在是怎么看我的。

女性可能非常在意自己产后的身材和身体感受，即使已经恢复了很长一段时间也是如此。面对一堆要洗的衣物和要收拾的乐高积木，你很容易丧失感官的敏锐性。但是，重新找回自己的这一面在为人母的道路上是重要的一步。

审视当下

你与伴侣的看法不同。 你可能对自己的身体产生消极的看法，而大多数伴侣实际上会对女性的身体变化以及她孕育和哺育宝宝的能力感到敬畏。

警惕自我实现预言。 如果你觉得伴侣对你的身体有着消极的看法，那么你很可能用自己的滤镜来解释他的犹豫时刻，而不考虑与你无关的原因（比如伴侣自己的压力和疲劳）。你可能因为自己的解读而对自己的身体遮遮掩掩，而你的伴侣可能把这理解为你对性不感兴趣，他可能认为这是针对他个人的，并以你惯常做出解读的方式做出反应。你已经知道情况接下来会往哪个方向发展了吗？

接受自己。 我们曾经讨论过在伴侣关系中相互接纳的重要性，要在尊重彼此差异的同时保持联结。这不仅适用于你与伴侣之间的关系，还适用于你与自己的关系。拒绝接受自己的某些方面，无论是生理方面还是内在方面，都可能破坏你的自尊心。

重新评估性满意度。 你会希望性爱非常美好，以至于无论你看上去怎么样，你都想要性爱。如果不是这样，那么可能是时候思考一些事情了。你的生活中是否有足够的浪漫？你是否能够感受到伴侣对你的欣赏？你们会花时间进行伴侣之间的沟通和联结吗？

应对措施

谁让你兴奋？ 你想和他有亲密的互动吗？如果你脑海中立刻冒出一个肯定的

回答，这就说明你的性欲仍然存在。性欲本身并非问题所在，而是有什么东西在遏制它。

尊重产后身体发生的变化，这些变化是一个女性得到许多爱意而重生为母亲的标志。接受这些变化，拥抱它们，与它们和谐共处，而不是与其对抗。

暂停思考，迈开步子。 当我们的大脑中各种对话的声音太大，以致身体只能听到它们时，就会遏制性欲的产生。待办事项、应该做的事和不应该做的事，以及一连串的不安全感可能会潜入我们的大脑，妨碍我们感知身体欲望。各个年龄阶段的身体都喜欢探索、玩耍和享受乐趣。

谈论性爱。 请你的伴侣帮你摘下母亲的帽子，戴上伴侣的帽子。首先确定一下你们在性生活中都喜欢的东西，然后想出一些你们都想要尝试或做出改变的事情。你们甚至可以发挥创意，从中想出一些游戏来。

重新找回自己的感官体验。 给自己安排一次按摩，泡温水澡时加点儿精油，练习瑜伽，跳舞，或者参加其他活动，来感谢自己的身体给自己带来的欢乐。如果你负担得起，办一张健身房会员卡，甚至请一位私人教练，这对你的自尊心有好处，对恢复你的性欲有好处，对你的伴侣也有好处。你明白其中的逻辑了吗？

> 前几天，我的丈夫想给我买一些性感的内衣。我想找回性感的感觉，但看着我的大肚子和剖腹产的疤痕，我就是做不到。

许多母亲都要面对很多常见的身体变化：妊娠纹、色素沉着、缝线和疤痕、体重增加、乳头疼痛、乳汁渗漏，等等。

许多女性发现，从性感美人成为母亲，再成为美丽辣妈的过程是很困难的。然而，拥抱（或重新拥抱）你的性感对于你的自我认知、自尊以及你的伴侣关系都是有益的。在晚上放松一下，接触一下自己顽皮、冲动或喜爱冒险的一面，是对抗枯燥、重复、以孩子为中心的日子的好方法。

审视当下

现在的性生活可能比以前更令人满意和有意义。 你们确实已经不在蜜月期，要暂时放弃浪漫的约会，但产后的性生活可能更加刺激，因为它意味着放下防备和自我意识。接受并欣赏你的身体可以帮助你放松，而放松会让性爱更悠长。

减少个人的不安全感。 让性生活既关乎你，又关乎你的伴侣，更关乎你们之间的伴侣关系。通过彼此的理解、关爱和相互支持建立联结，对抗为人父母旅程中的不安全感。

性感来自内心。一位内心自信的女性，无论外表如何，都是美丽动人的。你想要变得性感，说明你已经产生了欲望，但你的头脑却把注意力放在了外表上。

应对措施

与你的身体重新建立联结。远离不安全感的诱惑，无视你头脑中的想法，而更加熟悉自己身体的语言。

让你的身体引导你。尽管你有担忧，但当你感受到自己的性反应时，你会感到确定和自信。在开始前戏（这在产后尤为重要）之后，你的注意力就会从对身体外观的自我意识转向身体的感觉。陶醉于伴侣对你的欣赏和享受以及你们之间的联结也是一种激励。

分享你的担忧。让你的伴侣肯定他爱你的地方，他对你的渴望并不比以前少，甚至可能更多，这是一种很好的催情剂。

> 这种情况已经持续好几年了！我是否应该放弃尝试主动发起性行为？还是有什么办法提高我妻子的性欲？

这两个都是很好的问题。性学研究者表示，对女性来说，最让她们兴奋的是伴侣对她们的渴望，但有了孩子之后，这件事变得很微妙。如果你太急于求成，她可能感到焦虑、有压力或害怕；而如果你不够热情，她可能认为你对她不感兴趣。这很可能对她的自尊和身体意识产生负面影响，进而影响她的性欲。

审视当下

你的态度会影响伴侣。伴侣通常不会意识到（女性也不会总是展露）自己多么容易受到你对她的看法的影响，新手妈妈尤为敏感。注意你的言行，帮助她变得更自信，她会很感激的。

敞开心扉。如果你不这样做，你们就只能总是猜（更多时候是误解）彼此的心意。

了解伴侣的看法。问一问伴侣每天的生活是怎样的，对她产生了怎样的影响。这样你就能更深入了解她为何会有这样的感受，以及为何你不应该对此感到自责。性欲会受到抑郁情绪的影响，因此你可能需要温和地与伴侣探讨这个问题。

伴侣之前有过性经历吗？ 伴侣经历过的任何性创伤都可能在成为母亲后被重新激活。遗憾的是，五分之一的女性曾经遭受性侵，五分之一的女孩在童年时期遭受过性虐待。经历过流产或宫外孕的女性在性方面也会格外犹豫。在提出这个问题之前，你需要了解伴侣的过去，并对其表示关切。与此同时，寻求专业帮助也是很重要的。

应对措施

充分发挥你的积极影响力。 你爱她就要让她知道！说出来，写下来，给她发信息或电子邮件、赞美她。经常用对她有意义的方式让她知道你有多么爱她，多么感激她。什么方式对她有意义？这是一个需要她来回答的问题。

关注性行为之外的亲密行为。 一起度过愉快而轻松的时光，进行深入的交流，这些对你们的关系同样重要，甚至更为重要。这是你们相爱时所做的事情，也是你们保持相爱所需要做的事情。研究表明，在孩子出生六个月前后，伴侣彼此之间的陪伴和亲热时间会减少，因此要关注性行为之外的亲密行为，它们能够增强你们之间的情感联结。

了解什么能让她兴奋。 对于一些女性来说，手脚麻利能令她们非常开心。研究发现，父亲积极承担家庭责任对性生活有着积极的影响（也会增加她希望再要一个孩子的可能性）。而其他女性可能看着伴侣一直洗碗也没什么感觉。

前戏对于不同女性意味着不同的事情。一些女性会被鲜花或巧克力所吸引，另一些女性则喜欢按摩，还有些女性认为"三个 a"是很好的催情剂——关注（attention）、认可（acknowledgement）和欣赏（appreciation）。

亲吻她。 很多伴侣在孩子出生后就不再亲吻了。我是说真正的亲吻。轻轻一吻脸颊是不够的。对于很多女性来说，深情的热吻非常令人兴奋。这可以让她们从头脑对话中解脱出来，重新与自己的身体建立联结。这也是回答"她到底想不想进行性爱"的好方法。如果她推开你，那说明她不想进行下去；但如果她没有，而且亲吻越来越激烈，那么……

不要把她拒之门外。 男性可能在情感上自我封闭，以防止因为被拒绝而受伤，但女性不太可能想和冷漠而不愿沟通的伴侣发生性关系。这可能会演变成一个恶性循环，而且极有可能持续多年。

商定一个共同的信号。她可以有一个"不"的信号，比如在你上床之前关掉灯或者穿上她的旧睡衣，这可能意味着"今晚不行"。这样你不用问就知道现在的状态。而如果她穿上了一件小小的黑色蕾丝睡衣，就可能是在"亮绿灯"。

寻求帮助。如果你已经尽了最大努力，现在是寻求专业建议而不是让这种情况继续的时候了。可能有一些事情阻碍了你们。与性治疗师（他们受过良好的训练，在处理伴侣间的常见问题方面经验丰富，但对你们来说仍然是非常私密的问题）一起挖掘并讨论这些问题，可以帮助你们达到你们想要的状态。

欲望之语

通过了解伴侣的欲望之语，度过"今晚不行，亲爱的，我得照顾孩子"的时刻。

1. 信任

与一个愿意牵起你的手，陪伴并支持你进行性爱探险的人一起在卧室（客厅、厨房等地）共度时光是非常性感的。这个人会关注你的性舒适区，又足够有耐心帮助你在需要时拓展它，这很性感。

2. 渴望

当你的伴侣看你的眼神就像你是绝世佳人，把你当作他的生命挚爱，觉得你非常性感，并在你情愿的时候急切地与你进行亲密接触的时候，你自然就能做好准备。

3. 幽默

幽默是性感的。一个人能以自己独特的方式逗你发笑，并和你分享私密笑话，这会成为性爱的美妙前奏。

4. 手脚麻利

无论是熨衣服、拖地还是洗衣服，一个能和你共同分担家庭责任的伴侣是尊重你、珍视你的。这种感觉让人充满力量，非常性感。

5. 了解你

与一个了解你的内心、欣赏你的独特性，并珍视你本来的样子的人建立深厚的联结，这会让你感到兴奋。

你可能没有注意到，在我们一起走过这段旅程的时间里，当我们经历为人父母的各个阶段时，我一直在沿途为你给出许多建议，帮助你和伴侣保持紧密的联结。

随着时间的流逝，这些建议会一直陪伴着你。你可以不断回顾那些曾经对你有用的建议，如果你发现自己没有达成期望，就尝试运用一些新的方法。

如果你在未来的岁月里开始感到迷茫，即使你的孩子已经成为青少年，你也可以浏览本指南中粗体字的内容。它们将帮助你重新找到方向，稳住阵脚，与伴侣共同度过各个阶段。

在接下来的旅程中，你还会遇到一些更具挑战性的地带，你可能不想走过这些地带。但我邀请你至少看一看它们，因为即使这不是你要走的道路，你所认识和关心的某个人也可能正要走这条路，他也不想孤身一人。我将在我们约定的最终地点与你相见，向你道一声再见。

Becoming
Us

第三部分

为人父母的额外支持

尽管以下问题比较敏感，但我还是将它们写在这个部分，我希望你能够用心觉察它们是否存在于你的生活中。如果你受到这些问题的影响，那么不了解它们、不谈论它们、无法寻求更多的支持和指导会给你和你的家人带来更多的困扰。

如果你的家庭中也存在这些问题，那么我希望阅读以下内容是你寻求帮助的第一步。虽然在很大程度上，本书的许多建议已经可以帮你避免陷入在为人父母旅程中的许多陷阱，但在这段旅程的最后一部分，一些极端的挑战确实会让你需要心理咨询师或医生的专业帮助和面对面支持，你甚至可能需要一个调控类的康复计划，或者由同路人组成的一个支持小组。

如果你正在为宝宝的出生做充分的准备工作，请你了解，本部分所讨论的大多数问题是可以预防的。通过接受产前教育、了解不同的生产偏好和干预措施的作用，以及选择一个支持性的生产团队，可以降低你遭受身体疼痛和生产创伤的风险。

抑郁和焦虑的情绪可以逐渐缓解并得到控制。悲伤和失落的情绪可以得到疗愈。通过自我意识、情绪智慧、勇气和深厚的情感联结，你们可以避免不忠、成瘾行为、虐待行为等问题。

因此，深呼吸，勇敢一点，让我们开始吧。

应对生产创伤、悲伤、抑郁、焦虑

对新手妈妈来说，经历创伤、悲伤或抑郁的时期是极具挑战性的。有时它们会让你和你的伴侣一起跌到谷底——一个荒凉、孤独和恐怖的地方。但这也可能是一个让你们团结在一起，让你们变得比自己所想象的更强大的地方。与那些从未接近谷底的人相比，我看到很多人、很多伴侣和家庭在触底反弹后，更蓬勃地发展。

生产创伤

吃饭、睡觉、打电话、处理琐事等简单的任务都变得难以应对。我感到非常焦虑，简直喘不过气来，我一想到自己怀孕和生产的经历，就会感觉像有一股巨大的浪潮将我击倒，让我喘不过气来。

生产创伤也会对伴侣产生影响。女性会直接经历生产创伤，男性则会看到并努力应对创伤所带来的影响。男性必须明白女性的经历已经影响到自己，女性也要知道自己的伴侣同样受到了影响。

我的伴侣希望我们再生一个孩子，但在我经历了第一次生产之后，我想我没办法再经历一次了，完全没办法。

创伤是逐渐形成的。即使你经历了一次"正常"的生产，你也可能因此感到震惊和不知所措。即使按照你的生育团队的说法，你的生产过程一切"正常"，你仍然可能觉得非常不对劲。事情也确实可能出错。生产创伤可能影响到父母双方。

长时间的生产过程、复杂的生产情况、催产、用产钳或吸盘抽吸、会阴撕裂、盆底创伤，或者紧急剖宫产都可能引发创伤。如果宝宝早产、生病或有残疾，也会引发创伤。

审视当下

当"正常"变为不正常的速度过快时，创伤就会发生。创伤源于在无法抵抗强大力量时感到无助。恐惧会给你的身体注入能量，激活你的战斗／逃跑反应，让你做好准备应对威胁。但当你感到害怕，对所处情况无计可施时（比如，紧急剖宫产），这种反应会被触发，但无法良好地自行运转。

你可能陷入"恐慌模式"。除此之外，你还要照顾一个婴儿。我听过的最贴切的描述是，这就像你在去往自己婚礼的路上发生了严重的车祸，但所有人只想谈论你的婚纱有多漂亮。这会让你觉得自己快要疯了。但其实不是你疯了，是这种情况让人抓狂。

伴侣也会受到生产创伤的影响。当看到你极度疼痛或有情绪困扰时，有些伴侣可能觉得自己对此负有责任，甚至会因"让你经历了"生产的痛苦而感到内疚。还有些人在目睹医疗干预时，可能觉得自己亲眼见你被侵犯，却无能为力。

伴侣需要得到指导和支持，因为如果他不知道如何很好地支持要生产的妈妈，就可能加剧创伤。目睹生产过程，尤其是创伤性生产，可能让伴侣陷入震惊。这会激活他们的战斗／逃跑／僵住反应，使他们无法为将要生产的妈妈提供支持。新手妈妈可能因此觉得自己被抛弃，从而加重创伤。

这些感受都是正常的，尤其是在经过交流之后，它们很快就会消失。尽早寻求帮助至关重要。创伤性的生产会增加产后焦虑和产后抑郁的风险，我们稍后会讨论这个问题。它还可能导致父母一方或双方患上创伤后应激障碍（post traumatic stress disorder，PTSD）。创伤后应激障碍的症状包括：

- 经常感到紧张，容易受到惊吓，对小事反应过度，易怒烦躁。
- 睡眠质量差，容易做噩梦。
- 在脑中事件重演，出现闪回，或者常被小事触发记忆。
- 感到无力、无助，或在面对未来的挑战时感到束手无策，感觉麻木或受限。
- 感觉分离，好像自己离开了自己的身体一会儿，自闭，将他人拒之门外，或者借助酒精或药物来达到这种状态。

如果这听起来像是你或你的伴侣目前的状态，请及时寻求专业帮助。创伤可能影响伴侣关系和家庭关系多年。然而，一些最为有效的治疗方法［如眼动脱敏与再加工（EMDR），你可能对此感兴趣］非常简单，只需几个疗程便能见效。

应对措施

做好"非正常"的心理准备。生产后的一段时间内，你可能感到有些不适。你可能发现自己连简单的小任务都无法处理。你可能感到身体疲惫，但无法休息。你可能发现自己不得不谈论自己的生产经历，即使是与一个一辈子都不会有这种经历的伴侣。

不要忍受自己的生理不适。如果你有任何疼痛和不适，向你的家庭医生、助产士或妇产科医生说出来，以评估你是否有Ⅲ度或Ⅳ度会阴撕裂、盆底肌问题或盆腔器官脱垂（POP）等生产损伤。这些常见的生产损伤需要治疗才能痊愈。

谈论生产经历。时间并不能治愈创伤。与能够为你提供支持的专业人士详细聊聊你的生产经历以及你的反应（即所谓的"倾诉"）是一个好的开始。这可以减轻创伤对你的影响，让你的震惊逐渐消退，让痛苦和无助的感觉得到倾诉。你所急需的情感支持能让你最终放松下来，适应你的新角色，并开始享受与宝宝相处的时光。一位接受过产后情感支持培训的咨询师、助产士或导乐师适合担任这个角色。

再次谈论你的生产经历。你可能需要从不同的方面进行多次谈论，来整合你的生产经历。找一个好的倾听者——一个关心你、认可你的经历、不对你评头论足、不用自己的故事打断你、不试图给你不适合你的建议（这只会让你更加沮丧）的人。创伤会让你变得脆弱、对伴侣的一举一动尤为敏感。向一个本应安慰你的人展露你的脆弱，但对方的反应很难让你感受到被支持，这很可能只会引发更强烈的痛苦。

要意识到，你的伴侣一开始可能不是最好的倾听者。他可能也在努力应对一些问题，并可能感到自己受到了责备，尽管这不是你的初衷。等到你们彼此都能自由舒适地交流和倾听时，就一起聊一聊生产的经历，并在需要的时候寻求专业帮助，重新建立伴侣关系。

任何能让你"释放"的方法都有帮助。写下你的生产经历——发生了什么、你的想法、你的感受、你的记忆，这可以帮助你重新处理在你的大脑或体内潜伏多年的创伤性记忆；画一幅素描或油画；感受自己的情绪并通过舞蹈释放它们；找一位心理学家或咨询师指导你，最好是从事围产期创伤治疗的专家。

对彼此温柔一些。不要评判自己，不要与其他伴侣比较，也不要给自己施加超出基本要求的压力。创伤是一种沉重的心理和情感负担。从创伤中康复就像康复严重的身体伤害一样——你需要照顾自己，得到关爱，慢慢来，一次解决一个问题，并寻求帮助。如果你没有得到支持，请考虑请一位产后导乐师。

建立日常生活规律。当你无法集中精力或者思路不清晰时，不费太多脑力的日常琐事可以给你带来安慰，并为你的一天提供支点。不过，请不要期待宝宝立刻养成规律的生活习惯，也不要催促他。现在是观察和了解宝宝自然节奏的好时机，与宝宝建立联结对你们双方都有好处。

健康饮食，并进行温和的锻炼。富有营养的食物是天然的药物。锻炼身体是天然的抗焦虑和抗抑郁的疗法。

构建你的朋友圈。加入当地的新手父母团体。如果团体讨论的话题不包含生产创伤，就提出请求纳入这个话题，并邀请其他成员一起进行讨论。你甚至可以自己成立一个非正式的互助小组，或者加入一个线上支持团体。与经历过创伤的人分享自己的感受可以让你意识到自己并不孤单。一定的社会支持有助于父母双方应对各种问题。

作为伴侣修复并重新建立联结。你与伴侣之间的信任联结会为你们的关系奠定安全感的基础，为你们双方搭建一个安全的避风港。这是至关重要的。如果在生产过程中这个联结被打破，比如你觉得自己被伴侣辜负了或抛弃了，那么请在情感咨询师的帮助下修复你们之间的关系。

生产创伤让人很痛苦。但是——这可能听起来有些奇怪——如果你能够渡过这个难关，你会发现它能让你们的伴侣关系更加紧密。当你们可以相互依靠，共同渡过难关时，强烈的危机会以一种强大的方式将你们紧密联结在一起。

丧失与哀伤

我妈妈在我女儿出生的几年前因乳腺癌去世。这真的令我非常痛苦。我比以往任何时候都需要她。不仅如此，作为一个妈妈，我现在更加理解她了。我多么希望现在能和她分享这些事情。

四年前我们失去了一个孩子。我现在怀孕了，尽管我很想要这个孩子，但我仍然感到有一点儿害怕。

我们的女儿出生时患有残疾，我为她未来可能面临的困难感到非常难过。我也担心我和伴侣会面临更多挑战。

周年纪念日总是让我难过。

有些丧失更为明显。许多丧失可能是创伤性的，尤其是突如其来、出乎意料的丧失。如果你有一个发育不良的孩子，你可能面临他们失去健康生活或正常童年的痛苦。这也会影响到你和伴侣的"正常"生活。不孕症、试管婴儿、流产和宫外孕都涉及丧失，这些都可能引发焦虑或抑郁。

一些父母在为人父母的过程中可能经历多次丧失，比如自己的流产、试管婴儿的流产、收养的失败。每一次丧失的痛苦很容易交织在一起。

在怀孕或生产时失去双胞胎中一个孩子的父母需要面对心碎的感受——告别一个宝贵的生命，同时迎接另一个新生命。

早产宝宝的父母可能感受到没能足月妊娠的痛苦，担心宝宝是否有健康问题。如果新手妈妈的朋友和一些专业人士不理解拥有新生儿的复杂情绪，也不理解她的焦虑是有充分理由的，那么新手妈妈的痛苦可能因此加剧。

那些曾经有过终止妊娠经历的人可能要再次面对这段经历，甚至可能是第一次为此感到伤心，从而产生内疚、焦虑或抑郁的情绪，而这些情绪可能当时没有得到充分的探索。

对于那些失去了父母的人来说，为人父母可能让他们重新想起失去父母的痛苦。旧有的丧亲之痛会在家庭庆典（如生日或节日）时重新浮现，让他们再次经历悲痛。悲伤咨询师可以为你提供支持。

审视当下

人们表达悲伤的方式是不同的。你和你的伴侣在不同的时候会有不同的感受和需求。你们中的一个可能需要哀悼这种丧失，另一个可能需要暂时忘记它。这都是正常的。即使你的伴侣正在经历一些与你非常不同的事情，也要给予支持。如果你们给彼此空间和支持，各自完成自己的心灵历程，你们仍然可以在整个过程中保持联结。

应对措施

互相问候——在丧失发生后的每天、每星期、每月和周年纪念日，都要互相问候，与对方保持联结，了解伴侣的情况。

表达你的感受。人们可能试图劝你别再想了，认为如果你不再沉浸于那些感受，它们就会消失。但这样可能最终只会让你处理自己更多的感受——被忽视、被贬低、被压抑。如你所知，我们的感受使我们成为人类。我觉得没有比为人父母早期更有人情味儿的时期了。你可以探索能够让自己的感受流动起来的方式——与人交谈、写日记、画画或做运动，然后为它们留出空间。

了解你的伴侣需要什么，或者什么能让他感到安慰。他想要找人谈一谈吗？你愿意倾听吗？他想要一个拥抱还是一些建议？或者只是给他留出空间，让他用自己的方式解决问题？同时也要让他知道你需要什么。

与能为你提供情感支持的人建立联结。重新与过去给予你情感支持的人建立联结，尤其是如果他们现在也有孩子的话。在这样的时刻，亲密的朋友可能成为你的救星。

拥抱的仪式。拥有仪式感是一种尊重意义的方式——表达自己的感受，珍视与分担我们的丧失的人之间的特殊联结。尽可能多地为彼此提供安慰。当你准备好时，你可能想要建立一个象征你的丧失的仪式。你们可以牵手、吹灭蜡烛，或者写信，然后将它们放在一个单独的盒子里——任何对你来说有意义的方式都可以。在合适的时候，也允许自己不再举行这些仪式。

了解自己何时需要寻求帮助。比如，如果自己的悲伤或抑郁情绪有增无减，几周之后你仍然食欲不振，或者即使你已经筋疲力尽却无法入睡或"放松"，那么请向值得信赖的医疗提供者求助。这些迹象表明你可能需要获得额外的支持。

父亲的哀伤

　　为人父母的丧失可能对父亲和那些可能被教育要隐藏自己脆弱的父母产生更负面的影响。他们可能试图回避或关闭自己的情感表达，但是屏蔽一种情感也意味着切断与其他情感的联结，包括爱、自豪、满足和喜悦。

　　人们的哀伤以及他们对哀伤的体验和表达方式就像他们本身一样独特。有些人会公开哀悼，有些人则会独自哀伤，有些人会把眼泪化为汗水。我认识一个父亲，他建造了一座美丽的纪念花园，这个花园在他的爱中不断成长。

审视当下

　　时间和空间。每当我们为某事或某人感到哀伤时，我们可能重新经历那些未解决的或未愈合的伤痛和丧失，甚至是我们在童年时期遭受的伤害，对于未被"允许"悲伤的人来说尤其如此。治愈旧有创伤的最佳时机是将它们融入新的悲伤和疗愈的过程之中。为人父母正是经历这一过程的最佳时机。

　　疗愈。你能够疗愈自己曾经的感受。分享你的所有感受，从伴侣、好朋友或心理咨询师那里找到安慰，或者找到其他方式来消化它们，这可以帮助你们缓解丧失带来的悲伤和孤独。

应对措施

　　让你的伴侣有足够的安全感对你敞开心扉。关切地问一问他感觉怎么样，如果他感到悲伤，那么他可能需要"允许"自己表达出来（并相信你也能接受这一点），特别是如果他在童年时曾因自己哭泣而受到羞辱的话。许多人都有这样的经历。

　　鼓励伴侣分享。如果你的伴侣不喜欢谈论自己的感受，那么他可能需要更多的练习，而你需要为此构建一个让他感到安全的环境。不要步步紧逼，你的伴侣有着自己的生活节奏，但要让他知道你关心他，会一直陪伴在他身边。

　　哭泣是一种净化身体的方式。当我们哭泣时，我们会释放压力激素，这有助于减轻情绪痛苦，缓解身体的紧张，让我们感到更为轻松和平衡。掩藏自己的哀伤可能导致压力激素水平上升，免疫功能减弱，令人感到绝望、无助和抑郁，这些都会加剧身体和情绪方面的慢性不适状况。也许去兜兜风，或者在车里哭一场会有所帮助。

知道何时需要寻求帮助。如果伴侣持续情绪低落或沉浸于工作、爱好、电脑游戏等，或者你注意到他增加了药物或酒精的使用量，那么是时候寻求专业帮助了——这些都是哀伤演变为抑郁的警示信号。

围产期抑郁和焦虑

几个月来，我一直感觉情绪低落。我的伴侣觉得我可能患上了抑郁症。

我的医生刚刚诊断出我患有产后焦虑。我原以为自己会很擅长做妈妈，现在却觉得自己很失败。

我们选择了领养孩子，我也有可能患上抑郁症吗？

新手妈妈在孩子出生后的一段时间感到情绪低落是正常现象。激素的变化、对宝宝诞生的期待和兴奋自然退去，以及连续几个晚上睡眠不足，这些是导致80% 的新手妈妈患上"宝宝忧郁症"的确切原因。对于大多数新手妈妈来说，这种情况会在几周后消失。

如果你经历的是丧失（放手）类的抑郁，那么在适应新生活和新自我的过程中，你可能有更长时间的情绪波动。而有了足够的实际和情感支持，沿途就会有更多的高潮和更少的低谷。

对于其他妈妈来说，情况并非如此简单。大约三分之一的女性在产后会经历焦虑，六分之一会出现抑郁症状。我曾经历过这两种情况，它们都让人非常痛苦。

怀孕期间和产后第一年的心理健康问题统称为围产期情绪和焦虑障碍（perinatal mood and anxiety disorders，PMADs）。我非常不喜欢这个术语，它增加了新手妈妈寻求帮助的阻力。我认为我们的社会在处理为人父母的相关事务上存在很多问题，种种不切实际的期望、经济上的压力、支持系统的缺乏、割裂的医疗服务体系等，焦虑和抑郁的普遍存在因此变得合乎情理，我还可以举出更多的例子。坦白说，我对没有更多的人因此感到焦虑或抑郁感到惊讶。这些数据仅仅是愿意说出自己情况的家庭的统计所得。我更喜欢使用围产期心理健康（perinatal mental health，PMH）状况这个术语。

好消息是，围产期心理健康状况是可以预防、治疗和控制的。由于存在多种影响因素，而且这些因素因人而异，因此治疗和康复的方法也有许多不同的选择。寻找一位医疗专业人士为你和家人提供最佳建议。如果有人没有花时间了解你和你的家庭情况，只是给你开个处方，那么就去找另一位医生吧。

审视当下

你是否有相关病史？你的家人或者你自己是否有焦虑或抑郁的经历？有的话可能会增加患病风险。痛苦的生产经历也会增加患病风险。像睡眠不足、甲状腺激素水平低、贫血或高血压等身体状况都可能产生影响。这些都是寻求医疗帮助的重要原因。

你的周围正在发生什么？你的社会状况，比如贫困或有经济压力、与家人和朋友的隔离、在青春期怀孕、缺乏实际的支持和情感上的支持等因素都会产生影响。母性所带来的身份认同和独立性的变化也是如此。人际关系问题是最大的问题之一，但值得庆幸的是，你正在努力解决这个问题。

你的内心正在经历什么？低自尊、类似"我必须做到十全十美"的压迫性信念、未达成的期望、对控制的需求，这些都会不断累积。对生产的震惊、有心无力的担忧、与人隔离所带来的孤独感、不堪重负的压力也是如此。

换个角度看。医生的诊断并不能反映事情的全貌。在像是马来西亚等一些比较传统的社会中，产后抑郁症的报告率低至 3%。经历产后抑郁不是你的错。你本不应该在没有充分准备和支持的情况下为人母。

焦虑症的一些常见症状：

- 即使筋疲力尽，也无法入睡。
- 感到乏力或缺乏动力，同时烦躁不安，无法放松。
- 食欲减退，体重突然减轻或增加。
- 持续感到担忧，从紧张不安到惊恐发作。
- 思绪纷飞，无法暂停。
- 感到头晕、呼吸急促、感到潮热。

强迫症（OCD）的一些常见症状：

- 不断清洁。

- 不断检查宝宝的状况。
- 闯入式的和令人震惊的恐怖的或丑陋的想法或图像（比如关于宝宝的安全），让你觉得自己是一个坏妈妈，甚至是一个怪物。

闯入式想法的出现实际上非常普遍，这件事就像是，一个恐高的人想象自己站在悬崖的边缘。你的头脑正在让你面对自己最大的恐惧。这并不意味着你是个怪物，而更有可能意味着你会对宝宝投入格外多的关心。与之相关的一本好书是卡伦·克莱曼（Karen Kleiman）的《好妈妈的"坏"想法》（*Good Moms Have Scary Thoughts*）。

关于抑郁症应该注意的：抑郁有时是逐渐发生的，有时会突然发生，通常是在做母亲的第一个月内，可能持续几周、几个月或更长的时间。

症状如下：

- 大部分时间感觉沮丧、痛苦、想要哭泣，但没有明显的原因。
- 无法享受自己的生活和陪伴宝宝的时光。
- 感到绝望，感到自己一无是处。
- 对外界发生的事情失去兴趣，对自己以前感兴趣的事情失去兴趣。
- 避免接触让自己感到有挑战性的人或地方，进而加剧孤独感。

大多数妈妈的围产期心理健康状况都是轻度的，较少数是中度的，极少数是重度的。症状最严重的情况称为产后精神病，这种情况非常罕见（不到 0.2% 的妈妈处于这种状态），我依然要提及它是因为它是一种非常严重的状况，急需得到人们的关注。伴侣可能是第一个注意到相关症状的人——与现实失去联结，产生妄想、幻觉或偏执行为。

如果你的伴侣出现行为或言语异常，请立即带她去诊所、急诊室或医院就诊，最好是去往有母婴病房（mother and baby unit，MBU）的医院，以便对其进行诊断和专业的治疗。好消息是，尽管这种病症情况严重，可能给双方带来创伤，但如果得到及时的帮助，女性及其家庭可以完全康复。

应对措施

和你的医生成为朋友，或者寻找一位新的医生结为朋友。如果你还没有开始行动，那么现在是时候与你信任的人建立联结，他可以与你一起踏上为人父母的旅程，为你带来许多支持。进行一次体检和血液检查，了解自己是否存在维生素缺乏或者潜在的健康问题。

从专门研究围产期心理健康状况的心理学家或精神病学家那里**寻求专业帮助**，最好能采用家庭咨询的方式。

与家人聊一聊。问一问家人，在你或你的兄弟姐妹出生时，他们是如何应对的，这可能让你更加了解自己的经历。建立与父母之间的沟通渠道既有启发性又有治愈作用。如果幸运的话，沟通之后你还能得到更多的帮助和照顾。

建立支持系统，获得伴侣、家人、朋友、社区服务、医疗保健、专业人士的帮助。我个人认为，所有正在接受抑郁症或焦虑症治疗的人每周都应该免费享受一次心灵按摩的服务。紧密的联结可以预防焦虑和抑郁，而寻求围产期专家（精神病医生、心理学家或心理咨询师）的支持则是摆脱抑郁和焦虑的一条出路。

调整期望——关于你自己、你的伴侣、你的宝宝、你的兄弟姐妹和新生活的期望。

父亲的心理健康

自从我们有了孩子，我的伴侣就一直很反常。回想起来，其实他在怀孕期间可能就已经开始这样了。

我唯一能想到的原因就是，孩子的到来给我们带来了巨大的压力。

作为一位母亲的你可能觉得，伴侣经历的变化没有你经历的那么剧烈。然而，为人父确实也给他的生活带来了前所未有的冲击。你的伴侣可能也在对一些事情感到焦虑，而他不会分享给你，同时他也在哀悼自己的丧失——包括可能失去你这件事。如果你的伴侣觉得自己没有资格或者没有权利做出这些反应，或者出于某种原因无法适应所有的变化，那么诸如此类的因素可能引发他们的焦虑或抑郁。

产后焦虑在父亲中更为常见，有 17% 的父亲报告的症状与母亲的相似。总的来说，10% 的父亲会经历产后抑郁，而在孩子出生后的三至六个月内，这个比例会上升到 25% 左右。由于男性更不愿意承认自己感到抑郁或焦虑，因此实际的数据比例可能更高。

更令人震惊的是，拥有未经调节的混合心理健康问题（一种双相情感障碍）的新手爸爸的自杀风险会上升 46%。

审视当下

在怀孕期间是否出现了警示信号？ 在妻子的预产期，新手爸爸的压力水平较高（通常是出于财务问题），这通常会使他们对伴侣关系的满意度降低，影响他们与未出生的孩子之间的关系，并增加他们在孩子出生后患抑郁症的风险。

父亲的抑郁症可能与母亲的表现不同。 他们的抑郁症状可能不那么明显，表现为更加情绪化、烦躁不安、沮丧、好斗或者孤僻。正因为症状不那么明显，男性也不愿意承认抑郁的存在，因此它很难得到识别和治疗。这意味着抑郁的影响可能持续更长时间，对整个家庭具有潜在的破坏性。然而，一经识别，抑郁就可以得到控制，新手爸爸就可以恢复正常，家庭也能回到正轨。

即使你可以，你的伴侣也可能应付不来。 父亲天然就会受到伴侣任何变化的影响，即使伴侣能够很好地应对母亲的角色，自己也可能患上抑郁症。生活方式的巨大变化、独立性的丧失、经济负担的增加、感觉孩子的出生让自己"失去"了伴侣，这些都是常见的影响因素。

其他因素还包括有限的社交渠道和朋友圈。 不工作的父亲更容易患上抑郁症，处于强冲突伴侣关系之中的父亲也是如此。传统上，父亲的角色负责保护家庭和供养家庭，而现在的父亲需要承担更多责任。这可能导致他们感到羞耻、困惑、不知所措、无力和抑郁。

创伤可能被重新触发。 在梅林·卡兰德（Meryn Callander）的书《爸爸为什么要离开》（*Why Dads Leave*）中，约翰·特拉维斯（John Travis）医生说，美国有大约 30% 的父亲在孩子出生后的头三年选择离开家庭，有更多的父亲在情感上出走。特拉维斯将这种现象称为男性产后抛弃综合征（male postpartum abandonment syndrome，MPAS）。特拉维斯说，男性在面对发生了许多改变的不堪重负的伴侣时，如果突然与伴侣失去联结，这可能触发男性早期未被识别或干预的童年创伤，包括出生时经历的或者受割礼所带来的心理创伤。这可能引发抑郁以及婚姻破裂，当一位有着未解决的童年抛弃问题的男性现在感到被伴侣抛弃时，除非这个问题被识别并得到解决，否则他有可能抛弃自己的伴侣，即使不是离开家庭，也会在情感上出走。

父亲围产期抑郁症的症状和体征。 患有围产期抑郁症的男性常常感到自己无用、不足、羞愧或像个失败者，但这些情绪通常隐藏在以下行为之中。

※ 烦躁、焦虑和愤怒。

※ 性欲丧失。

※ 食欲改变。

※ 做出冒险行为。

※ 回避和疏远他人。

※ 工作时间增加。

※ 药物或酒精使用量上升。

※ 对宝宝产生怨愤或嫉妒之情。

应对措施

寻求专业帮助。父亲的抑郁会影响整个家庭。研究表明，患有抑郁症的父亲在支持伴侣方面能力较差，这会影响母亲照顾宝宝的心情。患有抑郁症的父亲不太可能与孩子互动（比如阅读、唱歌和讲故事），这会对孩子的语言技能发展产生影响。一项研究发现，如果父亲在男孩童年时饱受抑郁的折磨，那么男孩具有情感和行为问题的风险将增加一倍。与你的医生、精神科医生或心理学家聊一聊，预防相关问题的出现。

使用自助策略。父亲需要为自己腾出时间，增强自己的社会支持，并与伴侣、家人、朋友，甚至是人生导师谈一谈为人父母所带来的变化，来帮助自己了解自己的种种感受是多么正常和普遍。保持业余爱好或参加活动，定期锻炼也很重要。其他的新手爸爸或者理疗师也可以成为你额外的支持来源。

改善与伴侣的关系是缓解压力、焦虑和抑郁的最佳解药。

与你的宝宝互动。对照顾和陪伴宝宝有信心（并得到支持）的父亲与孩子之间的联结会更为紧密，而且不太可能陷入抑郁。

Becoming Us

从不忠、成瘾、虐待中康复

大多数父母没有意识到，在开始组建家庭时，他们的关系尤为脆弱。在宝宝出生前就存在的问题可能持续升级，新问题也会出现。孕期和为人父母早期的生活会给伴侣带来巨大的压力，而在压力之下，关系中的裂痕可能变得更加严重。

有些父母可能用一种对自己、伴侣和家庭更具破坏性的方式来应对这一切，把所有人都拉进更深、更危险的水域。

研究表明，在这期间，许多严重的个人问题和关系问题可能出现或加剧。一些父母可能在努力应对挑战的过程中，制造额外的问题，比如成瘾、不忠或对伴侣实施虐待。

这些问题会在伴侣关系的任何阶段对其产生影响，但在刚刚组建新家庭的这个敏感而特殊的时期，这些事情的出现尤其令人痛苦。

因为当我们成为一家人的时候，我们便把自己的身体、情感、孩子和未来都托付给了伴侣。成瘾、虐待和不忠会侵蚀（或阻止建立）一段健康而可持续的关系的核心——信任。

尽管这些情况让人痛心，但还是有解决方法的，希望也是存在的。在这些问题上能够寻求他人支持（并能够付出所需的艰苦努力）的伴侣最终会比以前更加幸福，伴侣关系也更加健康。

伴侣关系不应基于虚假的希望或盲目的假设，因不忠、成瘾、虐待而关系破裂的伴侣可以重新审视伴侣关系的基础。此外，也要评估重建关系所需的工作量——重建是否可能，双方各自有着怎样的需求。

如果双方能够致力于重建伴侣关系（或者首次建立稳固的关系基础），那么他们至少能够明确地带着智慧、技巧和方法，踏上漫长而曲折的道路，去挖掘、探索、理解和原谅，之后共同创造彼此之间更深层次的信任、联结和治愈。

不　　忠

自从我和伴侣有了孩子后，我发现自己开始被一个同事吸引。这也许没什么……

这很难说出口，我对妻子不忠了。事情就这么发生了，我很后悔。我不知道该怎么办。

我无法相信我的伴侣会背叛我，尤其是在这种时候。

不幸的是，在生活的重大转折点，包括怀孕和孩子出生的时期，伴侣不忠的风险会上升。对于任何关系来说，不忠都是毁灭性的，但在刚刚组建家庭之时，这种影响更为严重，因为这时的新手妈妈更容易在自身的女性角色中变得脆弱，同时更需要依赖伴侣。

不忠并不一定是身体上的。强烈的关注和兴趣——情感上的不忠——也可能破坏伴侣关系，甚至影响到整个家庭。了解彼此的界限所在非常重要，这样双方就不会越界。关于这个问题，我们稍后会讲到。

审视当下

不忠可能源于无伤大雅的开始。如果一方没有意识到自己内心深处存在被排斥、被忽视或不被需要的感觉，或者无法与伴侣分享这些感受，他就可能有意识或无意识地更加珍惜来自他人的关注或认可。友谊或调情可能滋生身体或情感的联结。你能了解"一件事接着另一件事发生"是怎么回事吗？这是一个滑坡效应。

新手妈妈也未必意识到自己与伴侣疏远的过程。筋疲力尽、心烦意乱，努力满足宝宝的需求并应对生活，她们可能深陷于自己海啸一般的生活体验之中，以至于伴侣的体验或缺失根本不在她们的关注范围内。

后果。对于一个信心和自尊可能已经受到打击的母亲来说，伴侣的不忠可能成为一种创伤，甚至可能引发创伤后应激障碍。处理这种情况就像突然面对意外死亡一样——你所熟悉的伴侣关系和期望中的家庭已经消失。

悲痛会经历以下几个阶段：被背叛的震惊；不相信（"你怎么能这样对我——而且是在现在？"）和否认；愤怒和痛苦；疯狂的自我反省；当意识到生活再也无法恢复原状时，痛苦和抑郁随之而来。

其影响远不止关系上的损失。被背叛的伴侣可能觉得失去了自我。不忠在情感上和心理上都会深深地伤害一个人：这个人可能质疑自己的理智（尤其是当背叛者一直否认自己的过错，并对伴侣进行"心理操控"时），自己的现实感，自己对正确、公平和正常的认识。不仅是伴侣不再值得信任，每个人和一切事情都不再值得信任。出于这些原因，不忠可以被视为一种精神和情感虐待。

下游影响。不忠可能摧毁生活、伴侣关系和家庭。不忠所涉及的隐秘、欺骗和否认会侵蚀一段关系的根基——信任。没有信任，婚姻就不健康，也不值得期望。如果信任无法重建，那么很遗憾，原来的关系和家庭将无法维持。就像一座建筑，需要先进行修复工作，之后才能进行重建。如果修复不成功，之后的事情也不会有所改观。这项工作最好是在专业人士的帮助下进行。

界限在哪里？婚姻关系专家雪莉·格拉斯（Shirley Glass）谈论过伴侣关系中的墙和窗户。当你们建立起亲密关系，就可以与对方毫无保留地分享自己的生活。

在不忠的过程中，欺骗的一方开始向伴侣隐瞒信息，保守秘密，在婚姻中筑起高墙，但窗户向第三者敞开。向第三者敞开的窗户越大，伴侣之间的墙越需要加高。修复伤害的唯一方法是关闭向第三方敞开的窗户，重建婚姻的根基。这在一定程度上意味着，要承认在伴侣关系中可能早已存在一些高墙，伴侣双方都要对此承担责任。

应对措施（如果你有不忠的可能或已经不忠）

承担责任。不管你的伴侣做了什么或者没有做什么，都是你做出了选择，将你的个人问题或感情问题带出你们关系的边界，而不是在内部解决它们。

注意这件事对伴侣的影响，它会比你意识到的更严重。伴侣需要更长的时间来恢复，这可能比你能接受的时间要长得多。

为结束关系做好准备。不忠是大多数婚姻誓言（明示或暗示）的底线，因此你的伴侣可能选择结束你们之间的关系。

开诚布公。你的任何不诚实、否认、防御性或隐瞒信息的行为都会加重伤害。解决这个问题的唯一希望是向你的伴侣展示，你能够对他全然地开诚布公。

认识到恢复是一个过程。双方的时间表是不同的。不要给伴侣太大压力来"忘掉过去"。这只会拖延整个过程，让你们两个更加沮丧。

预料到这可能花费数年的时间。你无法控制伴侣处理问题的时间，你只能支持他做出努力的过程。

学会提供情绪支持。你的伴侣会比以前任何时候都更加愤怒、悲伤、困惑、沮丧和受伤。所有这些情绪都是针对你的。你需要准备好承受这些风暴，无论它们持续多久。

承认你的选择和行为给你的伴侣造成了深重的痛苦，以及它们可能毁掉你们的家庭。

竭尽所能地让你的伴侣知道你"明白"自己做了什么。尽你所能做出改变，让一切恢复正常。伴侣以前可能以为一切都很好，现在你要怎么做才能证明你是值得信任的？每天定期与伴侣建立联结，让伴侣知道你在做什么。准备好随时进行交流。

找出问题的根源。不忠的背后可能隐藏着双方对联结、亲密、信任或受到重视的担忧。它也可能与你们的依恋方式有关。你可能利用不忠来满足自己的某种需求。要修复不忠所带来的伤害（如果可能的话），寻找并解决潜在的问题。

处理与这些问题相关的感受——你的伴侣不对你的感受负责。学会了解自己的感受和需求，并适当地表达它们。

寻求专业帮助。通过寻求外部帮助来表现你的决心，为伴侣提供最佳的恢复机会。

应对措施（如果你的伴侣不忠）

让你的伴侣知道这对你产生的影响。不要退缩，需要时表达自己的愤怒，大声表达，（安全地）发泄情绪，哭出来。如果不了解自己的行为所造成的后果，伴侣可能做出必要努力修复关系的意愿就会很低。

如果你不敢直接向伴侣表达自己的感受，请**寻求婚姻咨询**。有些人无法应对伴侣所造成的痛苦，这使得重建关系变得更加困难。尽管如此，无论关系如何，你都需要处理自己遭到抛弃和背叛的感觉，并疗愈自己。如果你的伴侣具有自恋或者虐待倾向，那么你还需要做更多的工作。

从现在开始，令你的伴侣对你开诚布公。在这个时期，保密和否认是破坏性的，比任何时候都要严重。你们俩都需要敞开心扉，以真诚、开放和坦率的态度对待彼此。

处理令人不安的画面。不要让你的伴侣与其情人在一起的画面折磨你。当这些画面闯入你的脑海时，尽量让它们变得荒谬，比如添加或改变一些细节（如疮疤、尾巴、巨大的鼻子、乳房、缺失的牙齿）。这样做可以减弱画面的力量。通过控制它们来赋予自己力量。

令你的伴侣重新赢得你的信任。信任 = 改变行为 + 时间。你们都需要在重建关系方面付出努力。如果你的伴侣不愿意做出努力，那么你需要考虑结束这段关系，否则它永远无法完全康复。

令你的伴侣与第三者断绝一切联结。如果这需要他们换工作，那就这么做。如果你的伴侣拒绝这样做，你可能需要考虑结束这段关系。

重建自我。不忠会动摇你的立足点，你的自我根基也可能因此毁坏。照顾好自己，重建你的自尊心，疗愈自己。关于生产创伤的一些建议也可能对你有所帮助。

如果你愿意，重建你们的关系。当你准备好的时候，探讨引发不忠的生活环境，并反思你们各自可以控制的部分。围绕着你们关系的方方面面，保持沟通渠道的畅通，或者首次打开沟通渠道，这样你们可以更加真诚、坦率地分享彼此对未来的期望。

成　瘾

　　我总是喜欢下班后喝上几杯。我本来打算在我们有了孩子之后就戒掉，但是……

　　我以为，孩子的出生会让伴侣彻底戒酒。

　　对于许多有成瘾行为的父母来说，组建家庭是减少或停止烟酒的巨大动力。然而，对另一些人来说，为人父母带来的压力不断增加，而且往往是出乎意料的压力，这可能导致他们更加依赖那些让自己暂时感觉好一些的物质或活动。

　　成瘾会对伴侣关系产生毁灭性的影响，尤其是在刚刚组建家庭的脆弱时期。你与伴侣的关系本应是你们彼此之间的慰藉、快乐和力量之源，而每当有一方转向某种活动或物质来寻求自我安慰时，他其实是在疏远伴侣。

　　这阻碍了伴侣之间产生联结、感激和欣赏彼此的感觉，阻碍了真正的伴侣关系的形成。更糟糕的是，对成瘾的伴侣来说，如果你阻碍他满足自己的欲望，那么你有可能成为他的敌人。

　　色情成瘾对伴侣关系的影响尤其严重。人们可能在自己喜欢的类型或图像与令自己感到愉悦和释放的感觉之间建立联结。研究表明，随着时间的推移，人们会自然倾向于脱敏。

　　人们经常依赖成瘾性物质或活动来应对压力，但这反而只会令压力增加，而不是减少。成瘾导致家庭关系紧张，从而带来更多压力，进而引发更多成瘾表现，从而带来更多紧张……这种恶性循环令人很难摆脱。成瘾还与虐待伴侣和家庭暴力的风险增加有关，我们接下来会讨论这个问题。

　　你已经发现，孩子的到来可能毁坏你们之间伴侣关系的根基。强迫和成瘾使得伴侣关系变得更加不稳定，因为对于成瘾者来说，最重要的关系是他们与成瘾物之间的关系，其他一切都是次要的。成瘾使人心猿意马、心不在焉、遮遮掩掩、充满戒备。在新手父母阶段，当你希望建立一个坚强而有弹性的家庭根基时，成瘾行为却在削弱这一根基。

审视当下

　　加深理解。成瘾通常源于一种自然的好奇心或尝试的愿望。它满足了我们当时出现的需求或愿望——通过药物提神、通过性爱感受被爱，或通过酒精逃避。

随着时间的推移，这些最初的体验演变成一种习惯，然后变成对某一活动的痴迷或对某种物质的成瘾——导致情感依赖或化学依赖。强迫和成瘾有三个共同点：它们都涉及重复性思维；它们都阻止我们做其他事情；它们都阻碍了真正伴侣关系的发展。

减少污名化。满足强迫或成瘾的方法和手段可能有所不同：药物、酒精、性爱、色情，或者对任何事物的过度关注（进食、工作、消费、锻炼、观看电视、使用电脑）。

一些成瘾症状可能比其他的更加严重、更具有破坏性，但它们的主要作用对所有人都是相同的——抑制情绪。通过强迫和成瘾来进行自我安慰有助于应对不确定、恐惧、愤怒、无聊、不舒服的感觉。正如你在这段旅程中已经了解到的，在这个时期，你们的生活中充满了这些问题和感受。

成瘾可能是未经诊断的精神疾病或状况的一种自我治疗方式，如抑郁症、焦虑症、创伤后应激障碍或注意缺陷 / 多动障碍，这些问题都需要尽早解决，以免随着时间的推移给家庭带来越来越多的问题。

尤其是在为人父母初期，新手父母处于一种充满不确定性的生活状态，他们第一次经历许多事情，感到自己无用、失控、无能、挫败、焦虑、恐惧。如果你或你的伴侣没有学会包容这些情绪状态，就可能被迫通过某种方法来逃避它们，至少让这些情绪暂时消失。

药物、酒精或性行为的尝试通常开始于青少年时期，那时你可能正在与自己的自尊和身份认同问题做斗争，你的情感成熟程度远远没有发展到可以应对这些问题。学会接纳和处理你的情感（而不是否认或压抑它们），通常不是在童年时期就被教授的东西。

现在是时候学习这些技能了：处理情感压力最为健康、最受滋养的方法是个人和关系的成长。

应对措施

要诚实。如果你感觉自己的某一种习惯正在变成更多的东西，请停下来问一问自己潜在的需求是什么。你应对压力的方式对自己和家庭是有益还是有害？扭转局面，给自己一个机会，寻找新的方法来让自己感到快乐、对自己感到满意。

寻求专业帮助。咨询你的医生。潜在的焦虑或抑郁可以得到治疗。尝试一些自然的谈话治疗，健康饮食，实践健康的减压方法。与擅长处理药物、酒精或赌博问题的咨询师合作以克服成瘾，与伴侣关系咨询师合作以修复你的伴侣关系。

寻求伴侣的帮助。不要因为你已经或正在做出的选择而责怪你的伴侣。你的伴侣并不对你的行为负有责任，责怪伴侣只会让你陷入困境。明确表示你将为自己负责，并希望伴侣提供帮助。在这之前，你可能需要修复你们的伴侣关系，你可以向伴侣分享你的努力和一些成就。当你得到伴侣的支持时，与他一同讨论隐含的担忧和潜在的需求，并找到共同的方法来满足你们双方的需求。

学会包容、接纳和管理自己的情绪，学会以适当的方式调控或表达它们。如果你能做到，并支持你的伴侣做同样的事情，你会发现，每一次努力都会让你与伴侣之间的联结感更强。你越善于处理自己的情绪，你就会对自己和伴侣有越多的尊重和钦佩。这会增强你的自尊心，让你感觉良好，而无须借助任何额外的支持。

虐　　待

　　自从我怀孕之后，我的伴侣开始变得粗暴，甚至还推了我几次。

　　虽然我的伴侣没有打我，但他会贬低我，试图用儿子的出生来操控我的生活。

　　这在我们之前的关系中从未发生过，自从我们的女儿出生以来，我的妻子一直在情绪爆发，甚至还扔了几样东西砸我。

虐待不仅是身体上的，它还可以是精神上的和情感上的。威胁他人、玩弄心理游戏（"煤气灯效应"）、操纵他人、胁迫他人或试图控制他人的决定或行为等都是虐待的表现形式。侮辱他人、轻蔑地批评他人、破坏他人的信心、欺凌他人等也属于虐待行为。持续地攻击、贬低或淡化他人的经历也属于虐待。防御也可能是一种虐待。

无论是身体上的、精神上的还是情感上的，虐待都是一个令人不悦的话题，在为人父母阶段所经历的虐待令人更为不适。然而，不幸的是，有研究表明，虐待与为人父母两者是相关的。伴侣关系中的虐待会发生在任何阶段，但在怀孕期间（尤其是意外怀孕）更为常见且更具破坏性。在需要伴侣之间团结一致的时期，虐待会毁掉建立安全感和信任的机会，这对于健康的关系和稳定而有弹性的家庭至关重要。

虐待性的态度和行为可能源于未识别的压力、嫉妒、怨愤或害怕被困住的感受，再加上缺乏自控力，一个人便很容易变得极端。羞耻感与愤怒有着特殊的联结。虐待也可能是精神健康问题或其他症状的一种表现，比如焦虑、创伤后应激障碍、注意缺陷 / 多动障碍、自恋型人格障碍（narcissistic personality disorder，NPD），这些情况都需要得到专业的治疗。

确定任何类型的虐待是有预谋的、有意的、完全无意的，还是在某种情况下的意外结果，这些都是获得帮助和确定结果的关键。

审视当下

清醒地看待你的伴侣关系。你已经了解到，当伴侣开始组建家庭时，他们之间的权力平衡可能发生改变。虐待往往发生在权力极度失衡的情况下——伴侣中的一方总是试图削弱另一方，以使自己感觉更强大。

问一问自己是否有这种感觉。我们被自己在原生家庭中所认识到的"爱"所吸引。这种不言而喻的动力可能像在童年时存在的那样，在我们成年后的伴侣关系中发挥作用。之后，如果没有发生改变，这些动力可能传给下一代……

深入了解。在伴侣关系中，对权力的渴望可能源于潜在的无力感。回想一下你在"成长"一章中了解到的内在小孩的概念，童年时期强烈的情感现在被困在成年人的身体里。心理学家认为，童年时代被忽视或被低估的感觉可能引发发展倒退和行为失控。被抛弃、嫉妒或不被爱的感觉常被用作缺乏自控力的借口。虐待者通常认为自己是受害者。很可能他们在童年时期就遭受了虐待，而虐待往往是代际传递的。

情绪会驱动对权力和控制的需求。一个具有虐待或控制倾向的人可能尚未掌握自我调节和自我安慰的能力。他们试图通过控制环境和伴侣来调控自己的情绪。这种做法当然是行不通的，尤其是涉及孩子时，他们内心的紧张情绪会不断累积。

对伴侣关系的影响。稳固的关系和强大的家庭建立在两个平等而独立的个体选择在一起的基础之上。虐待存在的地方便没有平等，没有独立，选择也很少，除了离开没有什么好方法。

对孩子的影响。目睹虐待行为的孩子本身就是虐待的受害者，即使是非常年幼的孩子也是如此。婴儿和小孩子在能够通过语言沟通之前，会通过语调、肢体动作和面部表情来"读懂"周围的人，这使得他们对情绪格外敏感。

在虐待关系中，始终存在一种潜在的紧张感、焦虑感、恐惧感。孩子会像海绵一样吸收这些毒素，这会使他们更容易出现情绪问题和行为问题，在学业上难以集中注意力，学业表现不佳，缺乏自尊，甚至有可能长大后变得和父母一样。

应对措施（如果你的伴侣有施虐行为）

知道这不是你的错，你也不需要对此负有责任。唯一需要对你的伴侣负责任的人是他自己。可能有些情况会触发伴侣的不良情绪，但管理这些触发因素并恰当地表达自己的情绪是他的责任。

寻求自我支持。阅读图书、寻求团体支持、与接受过伴侣关系虐待或家庭暴力培训的专业人士进行个体心理治疗，以增加对自己处境的理解，确定行动方案，并进行重建、修复和治愈的个人努力。如果你想进行婚姻咨询，在你的伴侣做出自己的努力之前，这是不合适的。

如果暴力情况出现，请立即寻求帮助。身体暴力在第一次出现之后，再次发生的风险会增加。

打破沉默。告诉你的家人、值得信任的朋友、医生、护士、心理咨询师或家庭暴力咨询机构。你有许多资源可以使用，在网上搜索你所在地区的相关资源，发送信息或拨打电话寻求帮助。

一步步建立内心的力量。首先，变得足够坚强，勇敢地表达自己。如果这无法改变事态，请整合你的资源，开始思考构建自己独立的生活，同时决定下一步要做什么。如果你的伴侣仍未改变，那么你要变得足够坚强，考虑离开他，并确保离开后你能够得到支持。

应对措施（如果你有施虐行为）

诚实对待自己。大多数有虐待行为的人在某种程度上都对自己不满意。诚实对待自己需要很大的勇气。你的家人会因此敬佩和尊重你。

为了自己做决定。当你了解自己会做出何种反应时，你的信心和自尊都会提升。随着信心和自尊的提升，你将对自己有更强的掌控力。想象六个月之后你想成为什么样的人，开始采取行动、做出决策，这样你就可以从现在开始成为那样的人。

为了你的孩子做决定。为人父母，你有责任为孩子创造一个最为安全的家庭环境。家庭是孩子的安全网。如果他们在家中感到安全，他们就有信心去面对世界，成为最好的自己。

为了你的伴侣做决定。权力的失衡会导致关系的不稳定，这种关系无法持久。爱与恐惧不能共存。要做好心理准备，你的伴侣可能离开你，以寻找安全感和修复关系的机会。

深入探讨带来的好处比坏处多得多。与愤怒做斗争的人会发现，当他们克服愤怒时，其他被压抑的情感终于得到释放。他们可能开始感受到失望、悲伤和痛苦，但同时感受到更多的正向情感，比如喜悦、活力、宽慰、自豪和爱。放弃权力和控制，深入了解彼此可能最初会引发一些焦虑感受，但正是管理这些焦虑能够让你获得个人力量。

寻求帮助。改变很难，但如果有人了解这个过程，并与你一起努力，事情会变得容易一些。一位好的心理咨询师不会让你感到羞愧或尴尬。他会尊重你寻求帮助的勇气。愤怒管理计划可能适用于偶尔的不寻常的情绪爆发，但不足以改变你潜在的态度、动力、施虐和暴力模式。你需要更深入地去解决这个问题。

检查你的榜样。你在自己的家庭中是否目睹过虐待行为？父母为孩子树立了在特定情况下如何表现的榜样。这些模式会在几代人之间传递下去，直到有人站出来改变它们，打破旧有模式。成为你的家庭中第一个具备自我意识和自控力的人。正如奥普拉所说："人们会尽其所知做到最好，当他们知道得更多时，他们就会做得更好。"这是你变得更好的机会。

学过的东西，你也可以忘记。只有先意识到自己的行为，你才能改变自己的行为。当你明白你的行为和反应如何在成长过程中随着环境而变化时，你就可以看到你现在的环境是不同的，也可以理解为什么你的行为需要得到改变。你需要与你的战斗 / 逃跑反应和谐共处。随着时间的推移，行为的改变可以重建信任。

学会安全地表达自己。虐待是无法控制强烈情绪冲动的表现，在有孩子之前，你可能没有机会或动力去了解这一点。现在你有了。学会果断地说"我很生气"，而不是把负面情绪发泄出来然后说"我很抱歉"。不仅仅是用言语，还要用让家人能够重新靠近你的方式做出行动。

本节描述的挑战可能会摧毁一个家庭。如果你们之间的关系还有挽回的机会，那么我想告诉你：为人父母的日常压力和紧张感可能会将你们的关系推到舒适区的边缘，而极端事件，比如这里探讨的那些，可能会让你失控。但失控也可以迫使你学习、改变和成长。

成长和疗愈是相辅相成的。当你割伤自己时，新的皮肤细胞会覆盖伤口，使其愈合。当你治愈自己的伤痛并支持你的伴侣进行自我疗愈时，无论你们是共同前行还是分开行动，你们都可以从中不断成长。

如果你们无法重建最初的家庭，你也许可以参考本书中的指导，与孩子的另一位家长最终建立共同抚养孩子的友谊关系，以及与你的下一位伴侣建立更有爱和更持久的伴侣关系。我祝愿你能够实现这个愿望。

Becoming
Us

后 记

现在你已经了解为何为人父母像是一场跨入未知领域的冒险。在这片未知的领域，你可能会不时地迷失自我，我希望我已经帮助你重新找到了方向。你先是迈出了一小步，后来又有了巨大的飞跃，攀登过高峰，潜入过深海，经历过风暴，穿越过荒野。如果你觉得一切"并没有那么困难"，那么也许说明我已经很好地完成了为人父母的向导工作。

你们面对过一些恐惧，承担过一些艰巨的责任，经历过一些丧失，树立过许多里程碑。希望在此期间，你能有足够多的时间放松身心，享受为人父母带来的奇妙体验和宝贵财富。

随着你们"成为我们"的旅程继续，你们会与自己建立更紧密的联结，与伴侣建立更紧密的联结，成为更有信心的父母，拥有更有弹性的家庭氛围。在未来的生活中，你们会拥有更多温和而快乐的晴天。希望你们现在已经明白，要更多地"成为我们"，并不是通过避开家庭生活中的变化和挑战来实现的，而是通过勇敢面对它们，与伴侣手牵手共同成长。

在你们结婚或许诺作为彼此的人生伴侣之后，我认为只有到为人父母这个阶段你们才能兑现这一诺言。这是因为只有在拥有家庭之后，你才能完全了解你们所许诺的生活和未来。

因此，请为自己和伴侣感到自豪，为你们共同创造的一切感到自豪。庆祝一下吧！特别是在这个特殊时期，你们不得不逆流而上。你们甚至可以考虑做些事情来纪念你们做出的努力，以及未来将要继续做出的努力。我喜欢这件事——伴侣在真正全面地体验到"成为我们"这个过程后，举行一个美好而有意义的祝福会或再次许诺仪式。

在我们分别之前，我能请你帮我一个忙吗？开始和他人聊一聊书中所谈论的这些事情。你已经知道，为人父母既幸福又艰辛，既令人敬畏又令人害怕，既令人满足又令人紧张，等等。一些父母只分享生活中快乐的一面，另一些父母只分享生活中狼狈的一面。我们越早开始分享所有的这些事情，对我们所有人以及未来的新手父母来说都会越好。

你现在也知道，哪怕只是做一点准备也能产生很大的影响。也许你可以为在超市结账时排在你前面的准父母播种一颗小小的种子。也许你可以告诉他们："也许有人会说你无法为为人父母做好准备，但实际上并非如此，你可以做很多事情。"然后看一看接下来的对话会是怎样的。如果你觉得本书对你有帮助，也许你可以推荐给他们。你可能永远不知道这会结出什么样的果实，对他们的家庭来说，可能会生长出某种真正美好的东西。

我们终于快要说再见了。感谢你让我走进你的生活，感谢你信任我，让我陪伴你、指引你前行。我要为你留下这些建议：与变化和谐共处，而不是抗拒它们；与你的内心保持联结，关注点投向哪里，能量就会流向哪里。尽可能多地关爱自己和伴侣，你们将在未来的旅程中一起爱、学习、成长和绽放。

我为你们家庭的美好未来感到兴奋！

Becoming Us

致　谢

　　我将永远感激我的经纪人珍妮·达林（Jenny Darling）和哈珀·柯林斯出版社（澳大利亚）（Harper Collins Publishing Australia）出版我的书稿《养育联盟：新手父母需要了解的 85 个关键问题》。这是一切的开始。

　　研究人员和作者之所以能成为研究人员和作者，都要归功于在其之前进行研究和写作的人。我深知我的工作是站在一些巨人的肩膀上的。我要向本书末尾所提到的人表示敬意，他们的工作让我受益良多，也为我的客户提供了帮助。他们的智慧还多次拯救了我的理智。特别感谢苏·约翰逊（Sue Johnson）、莱斯利·格林伯格（Leslie Greenberg）、约翰·戈特曼（John Gottman）、朱莉·施瓦茨·戈特曼（Julie Schwartz Gottman）、菲利普·考恩（Philip Cowan）、卡罗琳·佩普·考恩（Carolyn Pape Cowan）、杰伊·贝尔斯基（Jay Belsky）、约翰·凯利（John Kelly）、哈维尔·亨德里克斯（Harville Hendrix）、丹·怀尔（Dan Wile）、丹尼尔·西格尔（Daniel Siegel）、埃琳·巴德（Ellyn Bader）、彼得·皮尔逊（Peter Pearson）、乔丹·保罗（Jordan Paul）、玛格丽特·保罗（Margaret Paul）、布琳·布朗（Brene Brown）、苏珊·坎贝尔（Susan Campbell），以及澳大利亚的史蒂夫·比达尔夫（Steve Biddulph）、沙伦·比达尔夫（Sharon Biddulph）、罗宾·格里尔（Robin Grille）、温迪·勒布朗（Wendy le Blanc）。

一路走来，我有了很多新朋友和新同事，我对你们每一个人都表示感谢。我很高兴这本指南为我们之间建立联结和共同成长铺平了道路。

感谢产后支持国际组织（Postpartum Support International）邀请我在2014年的会议上介绍本书，也感谢会后与我交流并希望了解更多信息的每一位朋友。那是本书进入下一个阶段的开始。感谢伴随我度过这过山车般旅程的苏·霍金斯（Sue Hawkins）。

感谢43位勇敢的首批报名培训者，他们毫不犹豫地参加了我们第一期在线的"成为我们"专业培训。我喜欢听到你们各自如何将这项至关重要的工作带到你们的社区中的故事。

感谢我们的第一位毕业生巴布·苏亚雷斯（Barb Suarez）为推广这项工作付出的努力。同时感谢育儿和孕产教育的前主管丹尼丝·博杜安（Denise Beaudoin）和俄勒冈州波特兰市传统医院（Legacy Hospital）妇女服务的前经理卡丽·韦斯特（Carrie West），她们让巴布有机会体验我们的"在宝宝出生前成为我们"课程，这门课程原计划进行一年，但实际上持续了近三年，并扩展了"在宝宝出生后成为我们"课程。

感谢德博拉·西姆斯（Deborah Sims）和瑞文研究所（Raven Institute of Research）的团队处理"成为我们"课程的数据。我为我们的下一阶段感到兴奋！

同时感谢产后支持国际组织将"成为我们"专业培训列入认可提供商名单，感谢分娩和产后专业协会（CAPPA）将本书列为新手父母教育的必读书目，感谢其他将本书视为必读书或推荐阅读书目的专业组织。你们的来访者也会感激你们的。

感谢约翰·特拉维斯（John Travis）为本书提供的知识、智慧、存在主义的挑战、奇妙的幽默感和敏锐的视角。感谢珍·达德利（Jen Dudley）一直能够从本书中发现我看不到的新机遇。感谢埃里克·弗莱彻（Eric Fletcher）

提供的技术支持和即使在深夜也无私付出的努力。感谢诺拉·泰勒（Nola Taylor）的图书设计建议和苏杰瓦·拉克马尔（Sujeewa Lakmal）为本书制作的精美封面。

没有读者，一本书就毫无意义。因此，谢谢你！我喜欢听到你们关于如何发现和使用本书的故事，比如和伴侣晚上在床上一起阅读本书，有些读者甚至还对书中内容画线和做标注。我也很高兴听到许多父亲购买本书与他们的伴侣分享。我感激每一位已经成为先锋的单亲家长，他们摆脱了世界上一些不那么有益、不健康的方式，朝着更能让自己和家庭绽放的方向前行。

我最感激的永远都是我的家人。康（Con）、扎克（Zach）、克洛艾（Chloe）和莉拉（Lila），我知道撰写本书的过程以及随后的一切，有时会让我没有时间陪伴你们。但我希望本书也能让我们更加紧密地生活在一起。对我们所有人来说，这都是一段很特别的旅程，你们每个人对我来说都意义非凡，超过了本书所有语言所能表达的，谢谢你们！

Becoming Us

参考文献

Arp, D. & C. (1998). *Love Life for Parents: How to Have Kids and a Sex Life Too*. Zondervan Publishing House.

Axness, M. (2012). *Parenting for Peace: Raising the Next Generation of Peacemakers*. Sentient Publications.

Bader, E & Pearson, P. (2001). *Tell Me No Lies, How to Stop Lying to Your Partner—and Yourself—in the 4 Stages of Marriage*. Skylight Press.

Belsky, J & Kelly, J. (1994). *The Transition to Parenthood: How a First Child Changes a Marriage*. Bantam Doubleday.

Biddulph, S. & Biddulph, S. (1988). *The Making of Love*. Doubleday.

Biddulph, S. (1998). *The Secret of Happy Children*. Bay Books.

Biddulph, S. (2002). *Manhood*. (3rd Edition), Finch Publishing Pty Limited.

Brenner, H.G. (2003). *I Know I'm in There Somewhere: A Woman's Guide to Finding Her Inner Voice and Living a Life of Authenticity*. Gotham Books.

Brown, B. (2007). *I Thought it was Just Me, Making the Journey from "What Will People Think?" to "I am Enough"*. Gotham Books.

Buckley, S.J. (2007). *Gentle Birth, Gentle Mothering*. Celestial Arts.

Burgess, A. (1997). *Fatherhood Reclaimed, the Making of the Modern Father*. Vermilion.

Buttrose, I. & Adams, P. (2005). *Motherguilt—Australian Women Reveal Their True Feelings about Motherhood*. Penguin Books.

Callander, M.G. (2012). *Why Dads Leave, Insights and Resources for When Partners Become Parents*. Akasha Publications.

Cameron, J. (2002). *The Artist's Way, A Spiritual Path to Higher Creativity.* Souvenir Press.

Campbell, S. (2015), *The Couple's Journey, Intimacy as a Path to Wholeness.* Kindle edition.

Campbell, S.M. & Grey, J. (2015). *Five-Minute Relationship Repair: Quickly Heal Upsets, Deepen Intimacy, and Use Differences to Strengthen Love.* HJ Kramer/New World Library.

Chamberlain, D (2013). *Windows to the Womb, Revealing the Conscious Baby from Conception to Birth.* North Atlantic Books.

Chapman, G. (2010). *The Five Love Languages.* Northfield Publishing.

Clinton, H.R. (1996). *It Takes a Village and Other Lessons Children Teach Us.* Simon & Schuster.

Cockrell, S., O'Neill, C., & Stone, J. (2007). *Babyproofing Your Marriage— How to Laugh More, Argue Less And Communicate Better as Your Family Grows.* HarperCollins.

Code, D. (2009). *To Raise Happy Kids, Put Your Marriage First.* Crossroad Publishing.

Cornelius, H. & Faire, S. (2006). *Everyone Can Win—Responding to Conflict Constructively* (2nd Edition). Simon & Schuster.

Cowan, C.P. & Cowan, P.A., (1992). *When Partners Become Parents: The Big Life Change for Couples.* Basic Books.

Di Properzio, J. & Margulis, J. (2008). *The Baby Bonding Book for Dads: Building a Closer Connection with your Baby.* Willow Creek Press.

Doidge, N. 2007. *The Brain that Changes Itself.* Penguin.

Engel, B. (2002). *The Emotionally Abusive Relationship: How to Stop Being Abused and How to Stop Abusing.* John Wiley & Sons.

Evans, P. (1992). *The Verbally Abusive Relationship: How to Recognise it and How to Respond.* Adams Media Corporation.

Feeney, J.A., Hohaus, L., Noller, P. and Alexander, R.P. (2001). *Becoming Parents: Exploring the Bonds Between Mothers, Fathers and their Infants.* Cambridge University Press.

Fletcher, R. (2011). *The Dad Factor.* Finch Publishing.

Flory, V (2013). *Your Child's Emotional Needs: What they are and how to Meet Them.* Finch Publishing.

Gottman, J.M. & DeClaire, J. (2001). *The Relationship Cure: A Five Step Guide to Strengthening Your Marriage, Family and Friendships.* Three Rivers Press.

Gottman, J.M. & DeClaire, J. (1997). *Raising an Emotionally Intelligent Child.* Simon & Schuster.

Gottman, J.M. & Gottman, J.S. (2007). *And Baby Makes Three: The Six-Step Plan for Preserving Marital Intimacy and Rekindling Romance After Baby Arrives.* Crown Publishers.

Gottman, J.M. & Silver, N. (1999). *The Seven Principles for Making Marriage Work.* Three Rivers Press.

Greenberg, L.S. & Goldman R.N. (2008). *Emotion-Focused Couples Therapy: The Dynamics of Emotion, Love and Power.* American Psychological Association.

Grille, R. (2019). *Inner Child Journeys.* Vox Cordis Press.

Grille, R. (2018). *Parenting for a Peaceful World.* Vox Cordis Press.

Grille, R. (2012). *Heart-to-Heart Parenting.* Vox Cordis Press.

Harley, W.F. (2011). *His Needs, Her Needs: Building an Affair-Proof Marriage.* Revell.

Hendrix, H. (1988). *Getting the Love You Want, A Guide for Couples.* Henry Holt and Company.

Hendrix, H. & Hunt, H.L. (1997). *Giving the Love that Heals: A Guide for Parents.* Atria Books.

Hiatt, J.M. (2006). *ADKAR: A Model for Change in Business, Government and our Community.* Prosci Learning Centre Publications.

Johnson, S.M. (1996). *The Practice of Emotionally Focused Marital Therapy.* Brunner.

Johnson, S.M. (2002). *Emotionally Focused Couple Therapy with Trauma Survivors.* The Guilford Press.

Johnson, S.M. (2008). *Hold Me Tight: Seven Conversations for a Lifetime of Love.* Little, Brown and Company.

Jordan, P.L., Stanley, S.M. & Markman, H.J. (2001). *Becoming Parents: How to Strengthen Your Marriage as Your Family Grows.* Jossey-Bass.

Kendall-Tackett, K. (2014). *Handbook of Women, Stress and Trauma.* Routledge.

Kirshenbaum, M. (1997). *Too Good to Leave, Too Bad to Stay—A Step-by-Step Guide to Help You Decide Whether to Stay In or Get Out of Your Relationship.* Plume, New York.

Kitzinger, S. (1992). *Ourselves as Mothers: The Universal Experience of Motherhood.* Addison-Wesley Publishing.

Kleiman, K. (2019). *Good Moms Have Scary Thoughts: A Healing Guide to the Secret Fears of New Mothers.* Familius.

Kleiman, K. (2000). *The Postpartum Husband: Practical Solutions for living with Postpartum Depression.* Xlibris.

Le Blanc, W. (1999). *Naked Motherhood.* Random House Australia, Sydney.

Lerner, H. (2014). *The Dance of Anger: A Woman's Guide to Changing the Patterns of Intimate Relationships.* William Morrow.

Levine, A. & Heller, R.S.F. (2010). *Attached: The New Science of Adult Attachment and How It Can Help You Find—and Keep—Love.* Tarcher.

Lynn, V. (2012). *The Mommy Plan: Restoring Your Post-Pregnancy Body Naturally, Using Women's Traditional Wisdom.* Post-Pregnancy Wellness Publishers.

MacKenzie, J. (2019). *Whole Again: Healing Your Heart and Rediscovering Your True Self After Toxic Relationships and Emotional Abuse*, TarcherPerigee.

Margulis, J. (2013). *The Business of Baby: What Doctors Don't Tell You, What Corporations Try to Sell You and How to Put Your Pregnancy, Childbirth, and Baby Before Their Bottom Line.* Scribner.

Markman, H.J., Stanley, S.M., and Blumberg S.L. (2001). *Fighting for Your Marriage.* Jossey-Bass.

Martyn, E. (2001). *Babyshock! Your Relationship Survival Guide.* Ebury Press.

Masters, R.A. (2012). *Transformation Through Intimacy: The Journey Toward Awakened Monogamy.* North American Books.

Maushart, S. (2000). *The Mask of Motherhood: How Becoming a Mother Changes Our Lives and Why We Never Talk About It.* Penguin.

Paul J & Paul M (1994). *Do I Have to Give Up Me to Be Loved By You?* Hazelden.

Paulson, J.F., Sharnail, D., & Bazemore, M.S. (2010). "Prenatal and postpartum depression in fathers and its association with maternal depression: a meta-analysis," *Journal of the American Medical Association:* 303(19): 1961-1969.

Petre, D. (2000). *Father and Child: Men Talk Honestly About Family Life—In All its Stages.* Pan Macmillan Australia.

Power, J. & von Doussa, H. (2013). *Work, Love, Play: Understanding Resilience in Same-Sex Parented Families: Brief Report.* La Trobe University, Melbourne.

Pudney, W. & Cottrell, J. (1998). *Beginning Fatherhood: A Guide for Expectant Fathers.* Finch.

Ramchandri et. al. quoted in Roberts M & Roberts O 2001, *No Sex Please, We're Parents.* ABC Books, Sydney, p. 190.

Real, T. (2008). *The New Rules of Marriage: What You Need to Know to Make Love Work.* Ballantine Books.

Roberts-Fraser, M. (2001). *No Sex Please, We're Parents: How Your Relationship Can Survive the Children and What to do if it Doesn't.* ABC Books (Australian Broadcasting System).

Rothschild, B. (2000). *The Body Remembers: The Psychophysiology of Trauma and Trauma Treatment.* W.W. Norton & Co.

Sachs, B. (1992). *Things Just Haven't Been the Same: Making the Transition from Marriage into Parenthood.* William Morrow.

Siegel, D.J. & Hartzell, M. (2003). *Parenting from the Inside Out: How a Deeper Self-Understanding Can Help You Raise Children Who Thrive.* Tarcher/Putnam.

Siegel, D.J. & Bryson, T.P. (2011). *The Whole Brain Child: 12 Revolutionary Strategies to Nurture Your Child's Developing Mind.* Delacorte.

Solomon, M. & Tatkin, S. (2011). *Love and War in Intimate Relationships: Connection, Disconnection and Mutual Regulation in Couple Therapy.* W.W. Norton & Co.

Speier, D. (2019), *Life After Birth: A Parent's Holistic Guide for Thriving in the Fourth Trimester.* Praeclarus Press.

Tatkin, S (2011). *Wired for Love: How Understanding Your Partner's Brain and Attachment Style Can Help You Diffuse Conflict and Build a Secure Relationship.* New Harbinger Publications.

Twomey, T. (2009). *Understanding Postpartum Psychosis: A Temporary Madness.* Praeger Publishing.

Verny, T. (1982). *The Secret Life of the Unborn Child, How You Can Prepare Your Unborn Baby for a Happy, Healthy Life.* Dell Publishing.

Viorst, J. (2010). *Necessary Losses: The Loves, Illusions, Dependencies, and Impossible Expectations That All of Us Have to Give up in Order to Grow.* Simon & Shuster.

Wile, D. (2008). *After the Honeymoon: How Conflict and Improve your Relationship.* Collaborative Couple Therapy Group.

Williams, M. (2018). *Daddy Blues: Postnatal Depression and Fatherhood.* Trigger Publishing.

Wilson, L & Peters, T.W. (2011). *The Greatest Pregnancy Ever: Keys to the MotherBaby Bond.* Lotus Life Press.

Wolf, N. (2002). *Misconceptions.* Vintage.

原 生 家 庭

《母爱的羁绊》

作者：[美]卡瑞尔·麦克布莱德 译者：于玲娜

爱来自父母，令人悲哀的是，伤害也往往来自父母，而这爱与伤害，总会被孩子继承下来。

作者找到一个独特的角度来考察母女关系中复杂的心理状态，读来平实、温暖却又发人深省，书中列举了大量女儿们的心声，令人心生同情。在帮助读者重塑健康人生的同时，还会起到激励作用。

《不被父母控制的人生：如何建立边界感，重获情感独立》

作者：[美]琳赛·吉布森 译者：姜帆

已经成年的你，却有这样"情感不成熟的父母"吗？他们情绪极其不稳定，控制孩子的生活，逃避自己的责任，拒绝和疏远孩子……

本书帮助你突破父母的情感包围圈，建立边界感，重获情感独立。豆瓣8.8分高评经典作品《不成熟的父母》作者琳赛重磅新作。

《被忽视的孩子：如何克服童年的情感忽视》

作者：[美]乔尼丝·韦布 克里斯蒂娜·穆塞洛 译者：王诗溢 李沁芸

"从小吃穿不愁、衣食无忧，我怎么就被父母给忽视了？"美国亚马逊畅销书，深度解读"童年情感忽视"的开创性作品，陪你走出情感真空，与世界重建联结。

本书运用大量案例、练习和技巧，帮助你在自己的生活中看到童年的缺失和伤痕，了解情绪的价值，陪伴你进行自我重建。

《超越原生家庭（原书第4版）》

作者：[美]罗纳德·理查森 译者：牛振宇

所以，一切都是童年的错吗？全面深入解析原生家庭的心理学经典，全美热销几十万册，已更新至第4版！

本书的目的是揭示原生家庭内部运作机制，帮助你学会应对原生家庭影响的全新方法，摆脱过去原生家庭遗留的问题，从而让你在新家庭中过得更加幸福快乐，让你的下一代更加健康地生活和成长。

《不成熟的父母》

作者：[美]琳赛·吉布森 译者：魏宁 况辉

有些父母是生理上的父母，心理上的孩子。不成熟父母问题专家琳赛·吉布森博士提供了丰富的真实案例和实用方法，帮助童年受伤的成年人认清自己生活痛苦的源头，发现自己真实的想法和感受，重建自己的性格、关系和生活；也帮助为人父母者审视自己的教养方法，学做更加成熟的家长，给孩子健康快乐的成长环境。

更多>>>

《拥抱你的内在小孩（珍藏版）》 作者：[美]罗西·马奇-史密斯
《性格的陷阱：如何修补童年形成的性格缺陷》 作者：[美]杰弗里·E.杨 珍妮特·S.克罗斯科
《为什么家庭会生病》 作者：陈发展

全 年 龄 段

《叛逆不是孩子的错：不打、不骂、不动气的温暖教养术（原书第2版）》

作者：[美] 杰弗里·伯恩斯坦 译者：陶志琼

放弃对孩子的控制，才能获得更多的掌控权；不再强迫孩子听话。孩子才会开始听你的话，樊登读书倾力推荐，十天搞定叛逆孩子

《硅谷超级家长课：教出硅谷三女杰的TRICK教养法》

作者：[美] 埃丝特·沃西基 译者：姜帆

"硅谷教母"埃丝特·沃西基养育了三个卓越的女儿，分别是YouTube的CEO、基因公司创始人和名校教授。她的秘诀就在本书中

《学会自我接纳：帮孩子超越自卑，走向自信》

作者：[美] 艾琳·肯尼迪-穆尔 译者：张海龙 郭霞 张俊林

为什么我们提高孩子自信心的方法往往适得其反？
解决孩子自卑的深层次根源问题，帮助孩子形成真正的自信；
满足孩子在联结、能力和选择三个方面的心理需求；
引导孩子摆脱不健康的自我关注状态，帮助孩子提升自我接纳水平

《去情绪化管教，帮助孩子养成高情商、有教养的大脑！》

作者：[美] 丹尼尔·J.西格尔 等 译者：吴蒙琦

无须和孩子产生冲突，也无须愤怒、哭泣和沮丧！用爱与尊重的方式让孩子守规矩，使孩子朝着成功和幸福的人生方向前进

《爱的管教：将亲子冲突变为合作的7种技巧》

作者：[美] 贝基·A.贝利 译者：温旻

美国亚马逊畅销书。只有家长先学会自律，才能成功指导孩子的行为。自我控制的七种力量和由此而生的七种管教技巧，让父母和孩子共同改变。在过去15年中，成千上万的家庭因这7种力量变得更加亲密和幸福

更多>>>

《儿童教育心理学》 作者：[奥地利] 阿尔弗雷德·阿德勒 译者：杜秀敏
《我不是坏孩子，我只是压力大：帮助孩子学会调节压力、管理情绪》 作者：[加]斯图尔特·尚卡尔 等 译者：黄镇华
《如何让孩子爱上阅读》 作者：[澳] 梅根·戴利 译者：卫妮